한약(생약) 중 색소 시험분석 사례집

포황 등 17품목

식품의약품안전처
식품의약품안전평가원

CONTENTS

01 배경 1

02 시약 및 실험 기구·장비 5
    가. 시약 6
    나. 기구 6
    다. 장비 7

03 품목별 색소 분석 사례 9
    가. 포황, 위령선 11
        1) 품목 개요 12
        2) 시험 방법 13
    나. 구기자, 단삼, 홍화 25
        1) 품목 개요 26
        2) 시험 방법 27
    다. 오미자, 산사, 산수유, 오매, 대황, 소목, 숙지황 39
        1) 품목 개요 40
        2) 시험 방법 42
    라. 황련, 황백, 건강, 석곡, 토사자 65
        1) 품목 개요 66
        2) 시험 방법 69

주의사항 87

한약(생약) 중 색소 시험분석 사례집

포황 등 17품목

01.

배경

1. 배경

- 의약품 용도로 사용되는 타르색소의 경우, 우리나라는 의약품 및 의약외품으로 59종, 미국은 의약품용으로 36종, 일본은 의약품용으로 83종의 타르순색소를 법적으로 허용하고 있는 등 색소 종류나 관리기준 등 구체적인 사항은 국가별로 상이하다.

- 중국 내의 보도자료에 의하면 한약재 야생자원의 부족 및 시장요구의 확대에 따라 한약재 가격이 매년 증가하고 있으며, 품질이 높은 한약재인 것처럼 보이기 위해 인위적으로 한약재를 염색하는 위·변조 사례가 증가하고 있다. 특히 2007~2011년도에 , 중국 내 재배 농민들이 한약재에 공업용 염료를 사용하여 염색을 진행하기도 하고, 한약재 절편에 염색을 하여 약재의 외관의 색깔을 보기 좋게 하는 등 불법행위 사례가 적발되었다. 이에, 중국 국가식품약품감독총국에서는 색소 혼입 여부를 빠르게 검사할 수 있는 방법을 마련하여, 불법행위를 근절하고자 노력하고 있다.

- 전체 한약재 수입 중 중국에서 수입한 한약재는 전체 한약재 수입액의 40%에 달할 정도로 가장 비중이 높다. 이러한 중국 내 색소 불법행위와 관련하여 식품의약품안전평가원에서는 한약재 중 색소 혼입 우려가 높은 '포황 등 17품목'을 우선적으로 선정하여, 적색 5종(아조루빈, 아마란스, 뉴콕신, 에리스로신B, 애시드레드73) 및 황색 5종(타르트라진, 오라민O, 메타닐옐로우, 오렌지II, 선셋옐로우)을 동시 분석할 수 있는 시험법을 마련하였다. 한약재마다 매질의 특성이 각기 달라 이에 따른 각종 간섭 물질의 영향이 존재하여, 품목별로 최적화하였다.

- 또한 식품의약품평가원에서는 마련된 한약재 '홍화, 포황'에 대한 색소 시험법을 한약재 품질검사기관에 제공 및 교육하였으며, '홍화, 포황'을 제조하는 일부 한약재 제조업체에 해당 제품에 대한 색소시험을 한약재 검사기관에 의뢰하여 결과를 제출하도록 하는 등 유통 한약재 중 색소에 대한 품질관리에 힘쓰고 있다.

- 이렇게 개발된 시험법을 현장의 시험검사자가 쉽게 이해할 수 있도록 「한약(생약) 중 색소 시험분석 사례집」을 마련하였다. 이를 통해 한약재 제조업체, 시험검사기관 및 연구기관 등 관련 실무자가 쉽게 한약재 중 색소에 대한 혼입 여부를 확인하는 등 자가품질검사 등에 활용할 수 있을 것으로 기대된다.

한약(생약) 중
색소 시험분석 사례집
포황 등 17품목

한약(생약) 중 색소 시험분석 사례집

포황 등 17품목

02.

시약 및 실험 기구·장비

2. 시약 및 실험 기구·장비

가 시약

- 타르트라진 표준품[CAS No.: 1934-21-0, Sigma Aldrich, purity≥99%]
- 오라민 O 표준품[CAS No.: 2465-27-2, Sigma Aldrich, purity≥85%]
- 메타닐 옐로우 표준품[CAS No.: 587-98-4, Sigma Aldrich, purity≥98%]
- 아마란스 표준품[CAS No.: 915-67-3, Sigma Aldrich, purity≥98%]
- 뉴콕신 표준품[CAS No.: 2611-82-7, Sigma Aldrich, purity≥99%]
- 선셋옐로우 표준품[CAS No.: 2783-94-0, Sigma Aldrich, purity≥95%]
- 아조루빈 표준품[CAS No.: 3567-69-9, Sigma Aldrich, purity≥98%]
- 에리스로신 B 표준품[CAS No.: 16423-68-0, Sigma Aldrich, purity≥98%]
- 엑시드레드 73 표준품[CAS No.: 5413-75-2, Sigma Aldrich, purity≥97%]
- 오렌지 II 표준품[CAS No.: 633-96-5, Sigma Aldrich, purity≥98%]
- 암모늄 아세테이트[CAS No.: 631-61-8, Sigma Aldrich]
- 물, 메탄올, 아세토니트릴 : HPLC급

나 기구

- 용량 플라스크 : 10 mL
- 50 mL 코니칼 튜브
- 컬럼 : Osakasoda C18 UG120 (250 mm x 4.6 mm i.d. 5 µm), YMC-Pack ODS-A
- 멤브레인필터 (이동상용, 0.45 µm)
- 0.45 µm 시린지 필터 (전처리용)
- 5 mL, 10 mL 시린지

다 장비

- 분석용 저울
- 마이크로 피펫(20-100 µL, 50-200 µL, 100-1000 µL, 1000-10000 µL)
- 고속액체크로마토그래피(HPLC)
- 검출기 : Photodiode Array Detector
- 초음파추출기
- 원심분리기
- Vortex mixer, stirrer

한약(생약) 중
색소 시험분석 사례집

포황 등 17품목

03.

품목별 색소 분석 사례

3. 품목별 색소 분석 사례

가.
포황, 위령선

1) 품목 개요

품목	기원	사진
포황	부들 *Typha orientalis* C. Presl 또는 기타 동속식물(부들과 Typhaceae)의 꽃가루	
위령선	으아리 *Clematis mandshurica* Ruprecht, 좁은잎사위질빵 *Clematis hexapetala* Pallas 또는 위령선(威靈仙) *Clematis chinensis* Osbeck (Ranunculaceae) 미나리아재비과의 뿌리 및 뿌리줄기	

2) 시험 방법

▣ 표준용액 제조

(1) 1차 표준원액

① 색소표준품 10종을 약 25.0 mg을 정밀하게 달아 10 mL 정량플라스크에 넣는다.
  - 실제 측정 무게(mg) = 측정해야하는 무게(mg) X 100 / 순도(%)

② 타르트라진, 뉴콕신, 아마란스, 선셋옐로우, 아조루빈, 엑시드레드73, 오렌지 II 색소는 70% 메탄올에 오라민 O, 메타닐 옐로우, 에리스로신 B 색소는 100% 메탄올에 용해하여 단일 색소표준원액(2,500 μg/mL)을 조제한다.

표 1. 검량선 작성을 위한 1차 표준원액(순도 보정)의 농도별 조제 방법(예시)

Standard	Purity(%)	실제 측정 무게(mg)	Volume(mL)
Tartrazine	99.1	25.2	10
Auramine O	90	27.8	10
Metanil Yellow	98	25.5	10
Amaranth	98	25.5	10
New coccine	99	25.3	10
Sunset Yellow	95.3	26.2	10
Azorubine	98	25.5	10
Erythrosin B	98	25.5	10
Acid red 73	97.9	25.5	10
Orange II	99.2	25.2	10

그림 1. 검량선 작성을 위한 1차 표준원액(순도 보정)의 농도별 조제 방법

(2) 2차 혼합색소 표준원액

- 1차 표준원액 10종을 각 2 mL씩 취한 뒤, 혼합하여 10종 혼합색소 표준원액(250 µg/mL)으로 조제한다.

(3) 혼합색소 표준용액(ESTD calibration으로 할 경우)

- 검량선 작성을 위해 2차 혼합색소 표준원액을 70% 메탄올로 희석하여 1, 5, 10, 25, 50 µg/mL농도로 조제한다.

표 2. 검량선 작성을 위한 혼합색소 표준용액의 농도별 조제 방법

표준용액의 농도 (µg/mL)	취한 부피(mL) 2차 혼합색소 표준원액	취한 부피(mL) 70% 메탄올	최종 부피(mL)
1	0.04	9.96	10.0
5	0.20	9.80	10.0
10	0.40	9.60	10.0
25	1.00	9.00	10.0
50	2.00	8.00	10.0

(4) 혼합색소 표준용액(Matrix matched calibration으로 할 경우)

- 바탕시료의 기질(matrix)의 영향을 줄이기 위해 표준품을 바탕시료에 녹이는 matrix matched 법을 사용하여 검량선을 작성할 수 있다.
- 포황 또는 위령선 시료에 2차 표준원액(250 µg/mL)을 아래 표3과 같이 첨가하여 Matrix matched 10종 혼합색소 표준원액(50 µg/mL)과 Matrix matched 희석액(바탕시료)으로 조제하였다. 검량선 작성을 위해 아래 표 4와 같이 1, 5, 10, 25, 50 µg/mL 농도로 희석하여 사용하였다.

표 3. Matrix matched 검량선 작성을 위한 혼합색소 표준원액 및 희석액 조제 방법

Matrix matched 검량선	Sample (g)	분취량 (mL) 10종 혼합색소 표준원액 250(µg/ml)	추출용매의 첨가량 (mL) 70% MeOH + 100mM AA (1st)	추출용매의 첨가량 (mL) 70% MeOH + 100mM AA (2nd)	최종 농도 (µg/ml)
Matrix matched 혼합색소 표준원액	2	-	20	20	0
Matrix matched 희석액	2	8	12	20	50

표 4. Matrix matched 검량선 작성을 위한 혼합색소 표준용액의 농도별 조제 방법

표준액의 농도 (μg/mL)	취한 부피(mL)		최종 부피(mL)
	Matrix matched 표준용액	Matrix matched 희석액	
1	0.2	9.8	10.0
5	1.0	9.0	10.0
10	2.0	8.0	10.0
25	5.0	5.0	10.0
50	10.0	0	10.0

▣ 용액 조제

(1) 50 mM 암모늄 아세테이트가 함유된 70% 메탄올

① 정량 플라스크 1 L에 Ammonium acetate* 3.854 g을 정밀히 달아 물 300 mL을 넣어 완전히 녹인다.
 * 계산식: 몰농도 × 부피 × 몰질량 = 0.05 × 77.08 × 1

② ①에 메탄올로 1 L가 되도록 정용하여 stirrer에 혼합한다(70% 메탄올).

(2) 100 mM 염산이 함유된 70% 메탄올

① 정량 플라스크 1 L에 물 300 mL, 염산(원액, 37%)* 8.28 mL 를 넣어 잘 혼합한다.
 * 계산식: 몰농도 × 부피 × 몰질량 / 순도 / 밀도 = 0.1 × 1 × 36.46 / 0.37 / 1.19

② ①에 메탄올로 1 L가 되도록 정용하여 stirrer에 혼합한다(70% 메탄올).

(3) 25 mM 암모늄 아세테이트 용액

① 정량 플라스크 1 L에 Ammonium acetate 1.927 g을 정밀히 달아 물 1 L로 정용하여 stirrer에 혼합한다.

▣ 검액 제조

① 한약재 2.0 g를 정밀하게 무게를 측정하여 conical tube에 담는다.
② 무게를 잰 tube에 50mM 암모늄 아세테이트가 포함된 70% 메탄올 20 mL를 넣는다.
③ Vortexing 후, 20분간 초음파 추출한다.
④ 방냉 후, 초음파 추출 후 생긴 가스를 제거하기 위해 뚜껑을 한번 열고 닫은 후 원심분리(3200 × g, 10분)한다.
⑤ 일회용 스포이드를 이용하여 상층액 1을 취한다. 상층액은 새로운 conical tube에 취하며, 상층액을 취할 시 최대한 모든 액체를 취하도록 한다.

3. 품목별 색소 분석 사례 - 가. 포황, 위령선

⑥ 남은 침전물에 100 mM 염산이 포함된 70% 메탄올 20 mL를 넣는다.
⑦ Vortexing 후 20분간 초음파 추출한다.
⑧ 방냉 후, 초음파 추출 후 생긴 가스를 제거하기 위해 뚜껑을 한번 열고 닫은 후 원심분리(3200xg, 10분)한다.
⑨ 일회용 스포이드를 이용하여 상층액 2를 취해 상층액 1과 합한다. 상층액을 취할 시 최대한 모든 액체를 취하도록 한다. (대략 38-39 mL 정도 취해짐)
⑩ 합한 상층액을 Vortexing하여 잘 섞어준 후, 0.45 ㎛의 시린지 필터로 여과한 여액을 검액으로 한다.

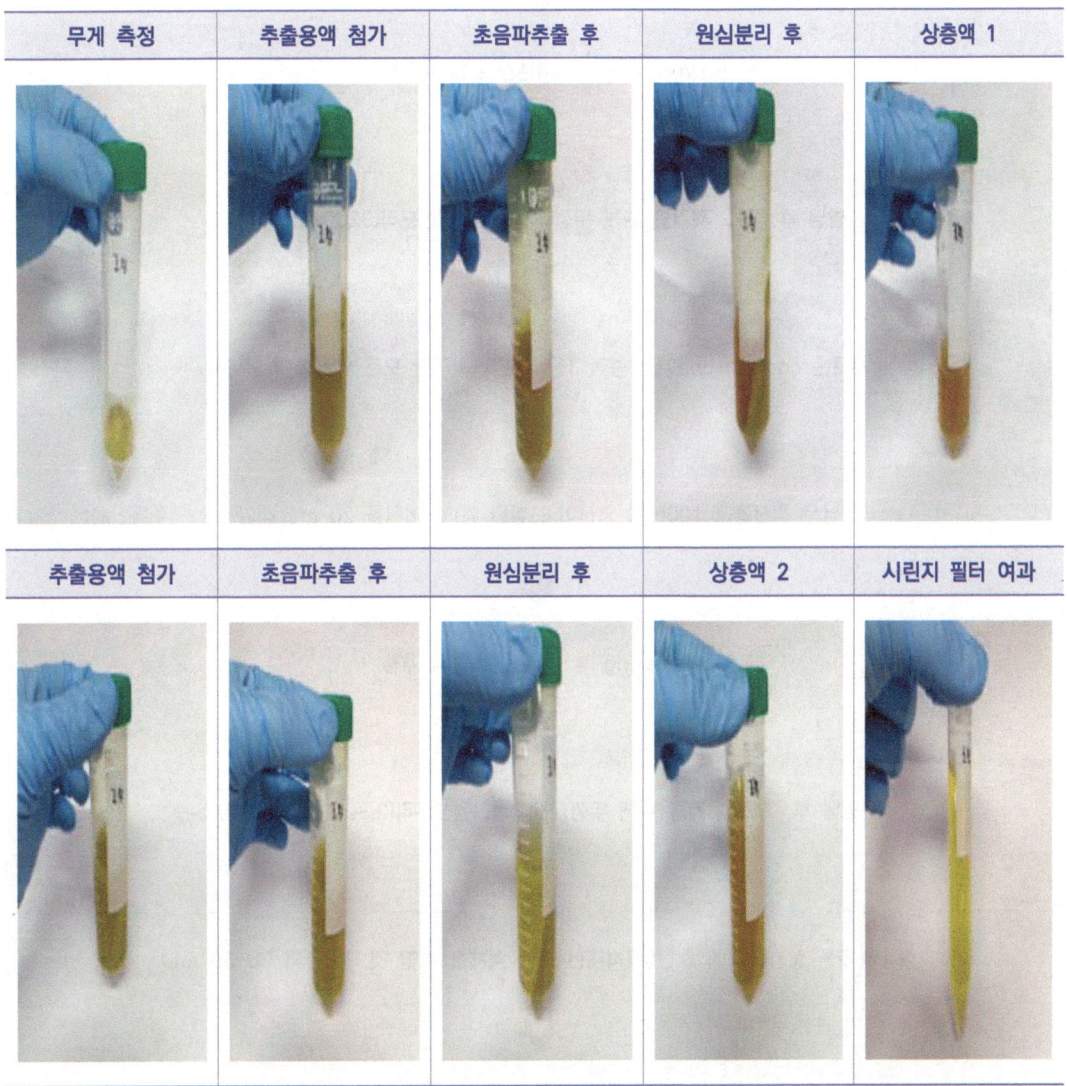

그림 2. 검액 제조를 위한 전처리 방법 예시 (사진)

```
50 ml conical tube에 한약재 2.0 g
          ↓
conical tube에 50 mM 암모늄 아세테이트가 포함된 70% 메탄올 20 mL 첨가
          ↓
Vortexing 후 20분간 초음파 추출
          ↓
방냉 후, 가스 제거를 위해 뚜껑 개폐 후, 원심분리(3200xg, 10분)
          ↓
새로운 conical tube에 상층액 1을 취한다(최대한 모든 액체를 취할 것)
          ↓
남은 침전물에 100mM 염산이 포함된 70% 메탄올 20 mL 첨가
          ↓
Vortexing 후 20분간 초음파 추출
          ↓
방냉 후, 가스 제거를 위해 뚜껑 개폐 후, 원심분리(2,300 × g, 10분)
          ↓
상층액 2를 상층액 1에 합한다.(최대한 모든 액체를 취할 것, 총량 약 38~39 mL)
          ↓
Voltexing 후 합한 상층액을 0.45 ㎛ 시린지 필터로 여과
```

그림 3. 검액 제조를 위한 전처리 방법 순서도

3. 품목별 색소 분석 사례 - 가. 포황, 위령선

◘ 기기 분석

(1) 기기 분석 조건

사용장비	HPLC		
검출기	UV (Waters 2998 Photodiode Array Detector)		
사용컬럼	Osakasoda C18 UG120 (250 mm x 4.6 mm i.d. 5 μm) 또는 이와 동등한 것		
이동상	time(min)	25 mM ammonium acetate	acetonitrile
	0	95	5
	40	55	45
	45	55	45
	46	30	70
	50	30	70
	51	95	5
	60	95	5
유량	1 mL/min		
컬럼온도	30℃		
주입량	5 μL		
측정파장	타르트라진, 오라민 O, 메타닐옐로우 : 428 nm		
	아마란스, 뉴콕신, 선셋옐로우, 아조루빈, 에리스로신 B, 엑시드레드 73, 오렌지 II : 500 nm		

(2) 색소 표준물질의 크로마토그램

① 공시험(용매_블랭크) 및 10종 혼합색소표준액의 크로마토그램은 다음과 같다.
- 428 nm: tartrazine, auramine O, metanil yellow
- 500 nm: amaranth, new coccine, sunset yellow, azorubine, erythrosin B, acid red 73, orange II

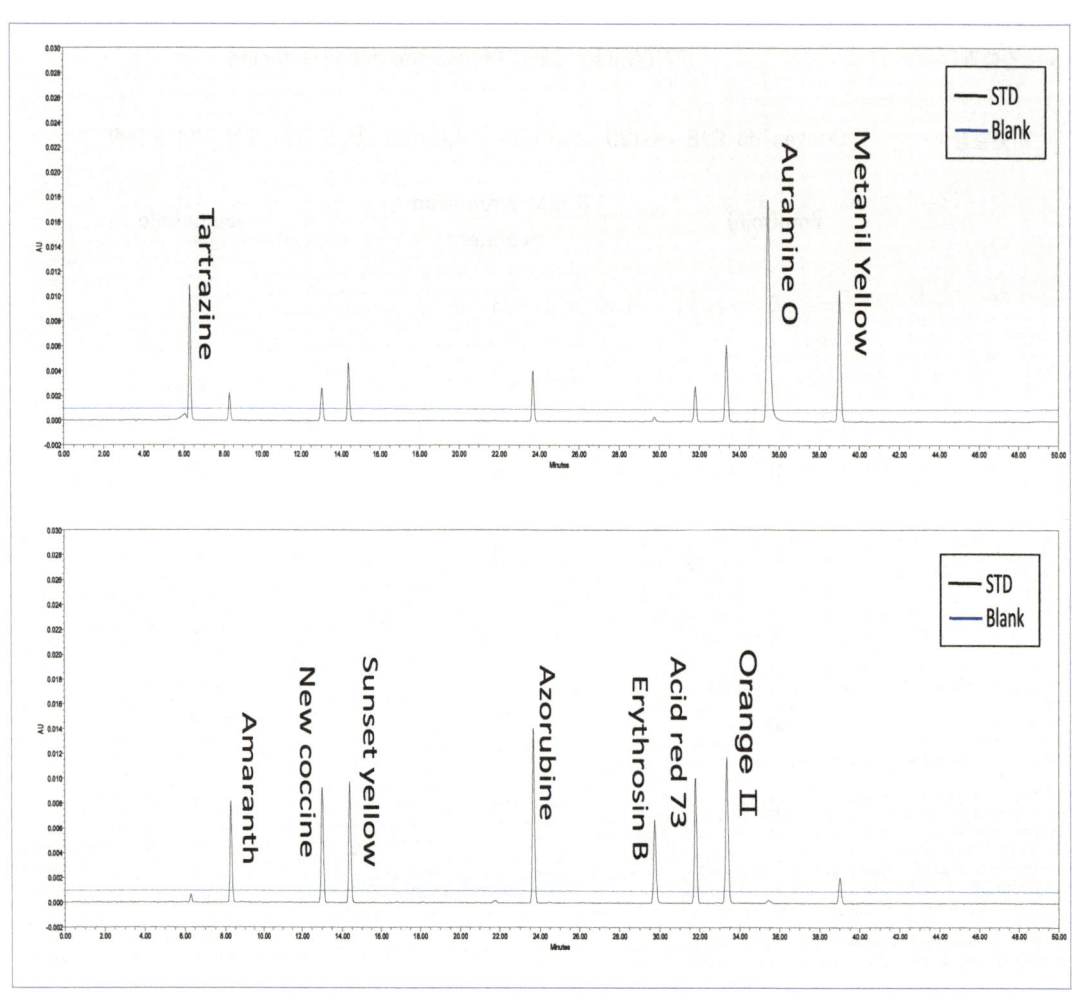

그림 4. Blank + 10종 혼합색소표준액

② 포황 바탕시료(블랭크) 및 10종 혼합색소표준액를 spiking한 시료의 크로마토그램은 다음과 같다.
 - 428 nm: tartrazine, auramine O, metanil yellow
 - 500 nm: amaranth, new coccine, sunset yellow, azorubine, erythrosin B, acid red 73, orange II

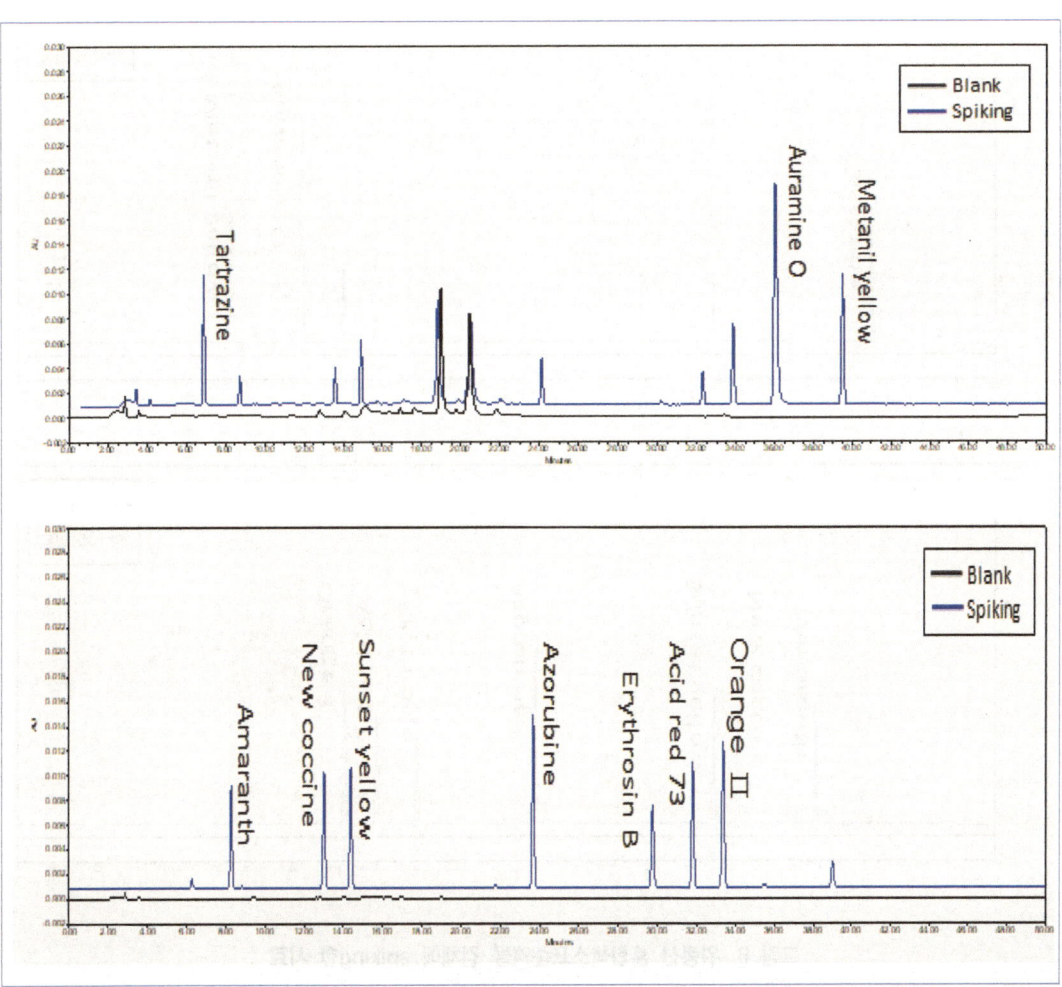

그림 5. 포황 혼합색소표준액을 검체에 spiking한 시료

③ 위령선 바탕시료(블랭크) 및 10종 혼합색소표준액를 spiking한 시료의 크로마토그램은 다음과 같다.
- 428 nm: tartrazine, auramine O, metanil yellow
- 500 nm: amaranth, new coccine, sunset yellow, azorubine, erythrosin B, acid red 73, orange II

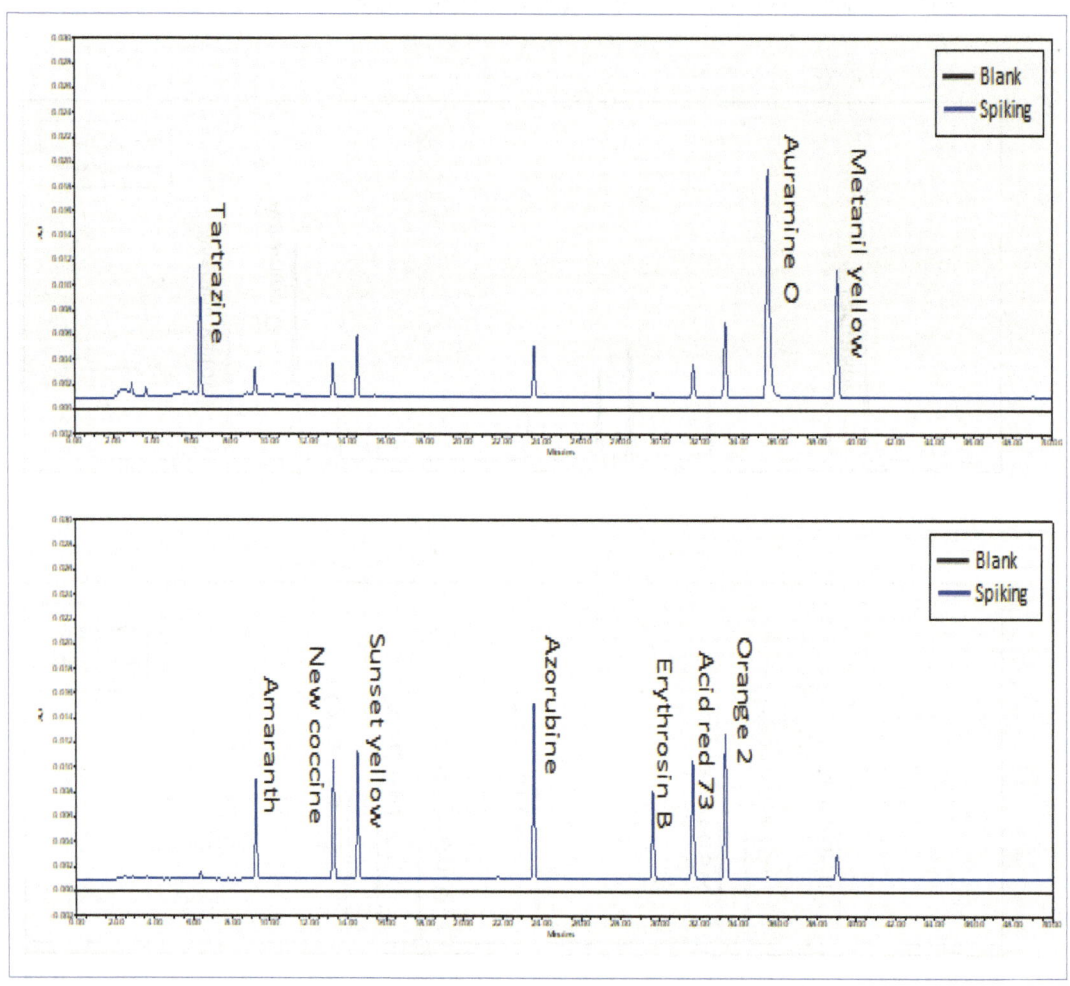

그림 6. 위령선 혼합색소표준액을 검체에 spiking한 시료

🔲 결과계산

① 크로마토그램을 확인하고 색소 peak의 머무름 시간을 확인한다.
② 표준용액과 검액의 피크면적을 측정한다.
③ 표준용액에서 얻어진 피크면적에 따라 검량선을 작성한다.
④ 검액의 피크면적을 검량선에 대입하여 검액 중에 포함된 색소의 농도(µg/mL)를 계산한다.
⑤ 다음 식에 따라 한약재 중 색소의 함량(µg/mL)을 계산한다.

$$\text{색소 검출량}(\mu g/g) = \frac{\text{검체 중의 색소 농도 }(\mu g/mL) \times \text{추출용매 부피}(mL)}{\text{검체 무게}(g)}$$

3. 품목별 색소 분석 사례

나.
구기자, 단삼, 홍화

1) 품목 개요

품목	기원	사진
구기자	구기자나무 *Lycium chinense* Miller의 열매 (가지과 Solanaceae)의 열매	
	영하구기(寧夏枸杞) *Lycium barbarum* Linné (가지과 Solanaceae)의 열매	
단삼	단삼 *Salvia miltiorrhiza* Bunge (꿀풀과, Labiatae)의 뿌리	
홍화	잇꽃 *Carthamus tinctorius* Linné (국화과 Compositae)의 관상화	

2) 시험 방법

▣ 표준용액 제조

(1) 1차 표준원액

① 색소표준품 10종을 약 25.0 mg을 정밀하게 달아 10 mL 정량플라스크에 넣는다.
   - 실제 측정 무게(mg) = 측정해야하는 무게(mg) X 100 / 순도(%)

② 타르트라진, 뉴콕신, 아마란스, 선셋옐로우, 아조루빈, 엑시드레드 73, 오렌지 II색소는 70% 메탄올에 오라민 O, 메타닐 옐로우, 에리스로신 B 색소는 100% 메탄올에 용해하여 단일 색소표준원액 2500 ㎍/mL으로 조제한다.

표 5. 검량선 작성을 위한 개별색소 표준용액(순도 보정)의 농도별 조제 방법(예시)

Standard	Purity(%)	실제 측정 무게(mg)	Volume(mL)
Tartrazine	99.1	25.2	10
Auramine O	90	27.8	10
Metanil Yellow	98	25.5	10
Amaranth	98	25.5	10
New coccine	99	25.3	10
Sunset Yellow	95.3	26.2	10
Azorubine	98	25.5	10
Erythrosin B	98	25.5	10
Acid red 73	97.9	25.5	10
Orange II	99.2	25.2	10

그림 7. 검량선 작성을 위한 개별색소 표준용액(순도 보정)의 농도별 조제 방법

(2) 2차 혼합색소 표준원액

- 1차 표준원액 10종을 각 2 mL씩 취한 뒤, 혼합하여 10종 혼합색소 표준원액(250 µg/mL)으로 조제한다.

(3) 혼합색소 표준용액

- 검량선 작성을 위해 2차 혼합색소 표준원액을 70% 메탄올로 희석하여 1, 5, 10, 25, 50 µg/mL 농도로 조제한다.

표 6. 검량선 작성을 위한 혼합색소 표준용액의 농도별 조제 방법

표준용액의 농도 (µg/mL)	취한 부피(mL)		
	2차 혼합색소 표준원액	70% 메탄올	최종 부피
1	0.04	9.96	10.0
5	0.20	9.80	10.0
10	0.40	9.60	10.0
25	1.00	9.00	10.0
50	2.00	8.00	10.0

용액 조제

(1) 50 mM 암모늄 아세테이트가 함유된 70% 메탄올

① 정량 플라스크 1 L에 Ammonium acetate* 3.854 g을 정밀히 달아 물 300 mL을 넣어 완전히 녹인다.
 * 계산식: 몰농도 × 부피 × 몰질량 = 0.05 × 77.08 × 1

② ①에 메탄올로 1 L가 되도록 정용하여 stirrer에 혼합한다(70% 메탄올).

(2) 100 mM 염산이 함유된 70% 메탄올

① 정량 플라스크 1 L에 물 300 mL, 염산(원액, 37%)* 8.28 mL 를 넣어 잘 혼합한다.
 * 계산식: 몰농도 × 부피 × 몰질량 / 순도 / 밀도 = 0.1 × 1 × 36.46 / 0.37 / 1.19

② ①에 메탄올로 1 L가 되도록 정용하여 stirrer에 혼합한다(70% 메탄올).

(3) 25 mM 암모늄 아세테이트 용액

① 정량 플라스크 1 L에 Ammonium acetate 1.927 g을 정밀히 달아 물 1 L로 정용하여 stirrer에 혼합한다.

검액 제조

① 한약재 2.0 g를 정밀하게 무게를 측정하여 conical tube에 담는다.
② 무게를 잰 tube에 50 mM 암모늄 아세테이트가 포함된 70% 메탄올 20 mL를 넣는다.
③ Vortexing 후, 20분간 초음파 추출한다.
④ 방냉 후, 초음파 추출 후 생긴 가스를 제거하기 위해 뚜껑을 한번 열고 닫은 후 원심분리(3200×g, 10분)한다.
⑤ 일회용 스포이드를 이용하여 상층액 1을 취한다. 상층액은 새로운 conical tube에 취하며, 상층액을 취할 시 최대한 모든 액체를 취하도록 한다.
⑥ 남은 침전물에 100 mM 염산이 포함된 70% 메탄올 20 mL를 넣는다.
⑦ Vortexing 후 20분간 초음파 추출한다.
⑧ 방냉 후, 초음파 추출 후 생긴 가스를 제거하기 위해 뚜껑을 한번 열고 닫은 후 원심분리(3200 × g, 10분)한다.
⑨ 일회용 스포이드를 이용하여 상층액 2를 취해 상층액 1과 합한다. 상층액을 취할 시 최대한 모든 액체를 취하도록 한다. (대략 38-39 mL 정도 취해짐)
⑩ 합한 상층액을 Vortexing하여 잘 섞어준 후, 0.45 μm의 시린지 필터로 여과한 여액을 검액으로 한다.

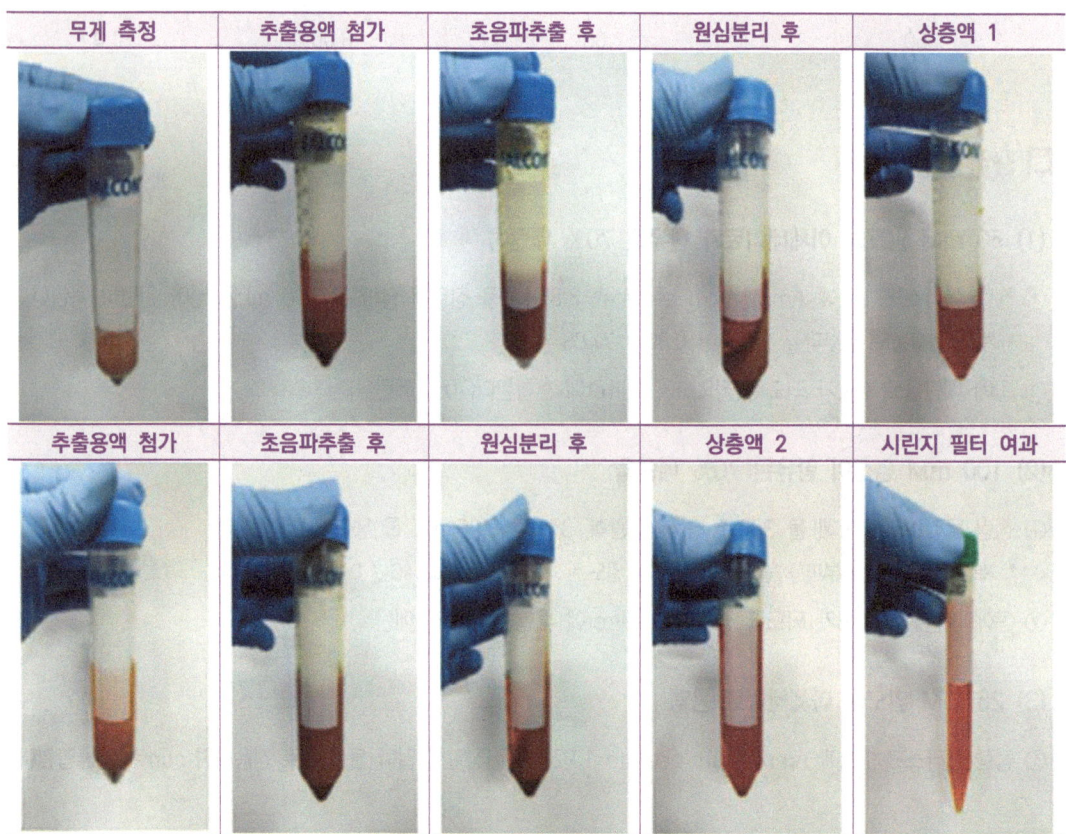

그림 8. 검액 제조를 위한 전처리 방법 예시 (사진)

3. 품목별 색소 분석 사례 - 나. 구기자, 단삼, 홍화

```
50 ml conical tube에 한약재 2.0 g
          ↓
conical tube에 50 mM 암모늄 아세테이트가 포함된 70% 메탄올 20 mL 첨가
          ↓
Vortexing 후 20분간 초음파 추출
          ↓
방냉 후, 가스 제거를 위해 뚜껑 개폐 후, 원심분리(3200 × g, 10분)
          ↓
새로운 conical tube에 상층액 1을 취한다(최대한 모든 액체를 취할 것)
          ↓
남은 침전물에 100 mM 염산이 포함된 70% 메탄올 20 mL 첨가
          ↓
Vortexing 후 20분간 초음파 추출
          ↓
방냉 후, 가스 제거를 위해 뚜껑 개폐 후, 원심분리(2300 × g, 10분)
          ↓
상층액 2를 상층액 1에 합한다.(최대한 모든 액체를 취할 것, 총량 약 38~39 mL)
          ↓
Voltexing 후 합한 상층액을 0.45 ㎛ 시린지 필터로 여과
```

그림 9. 검액 제조를 위한 전처리 방법 순서도

기기 분석

(1) 기기 분석 조건

사용장비	HPLC		
검출기	UV (Waters 2998 Photodiode Array Detector)		
사용컬럼	Osakasoda C18 UG120 (25 0mm x 4.6 mm i.d. 5 μm) 또는 이와 동등한 것		
이동상	time(min)	25 mM ammonium acetate	acetonitrile
	0	95	5
	40	55	45
	45	55	45
	46	30	70
	50	30	70
	51	95	5
	60	95	5
유량	1 mL/min		
컬럼온도	30℃		
주입량	5 μL		
측정파장	타르트라진, 오라민 O, 메타닐옐로우 : 428 nm 아마란스, 뉴콕신, 선셋옐로우, 아조루빈, 에리스로신 B, 엑시드레드 73, 오렌지 II : 500 nm		

(2) 색소 표준물질의 크로마토그램

① 공시험(용매_블랭크) 및 10종 혼합색소표준액의 크로마토그램은 다음과 같다.
  - 428 nm: tartrazine, auramine O, metanil yellow
  - 500 nm: amaranth, new coccine, sunset yellow, azorubine, erythrosin B, acid red 73, orange II

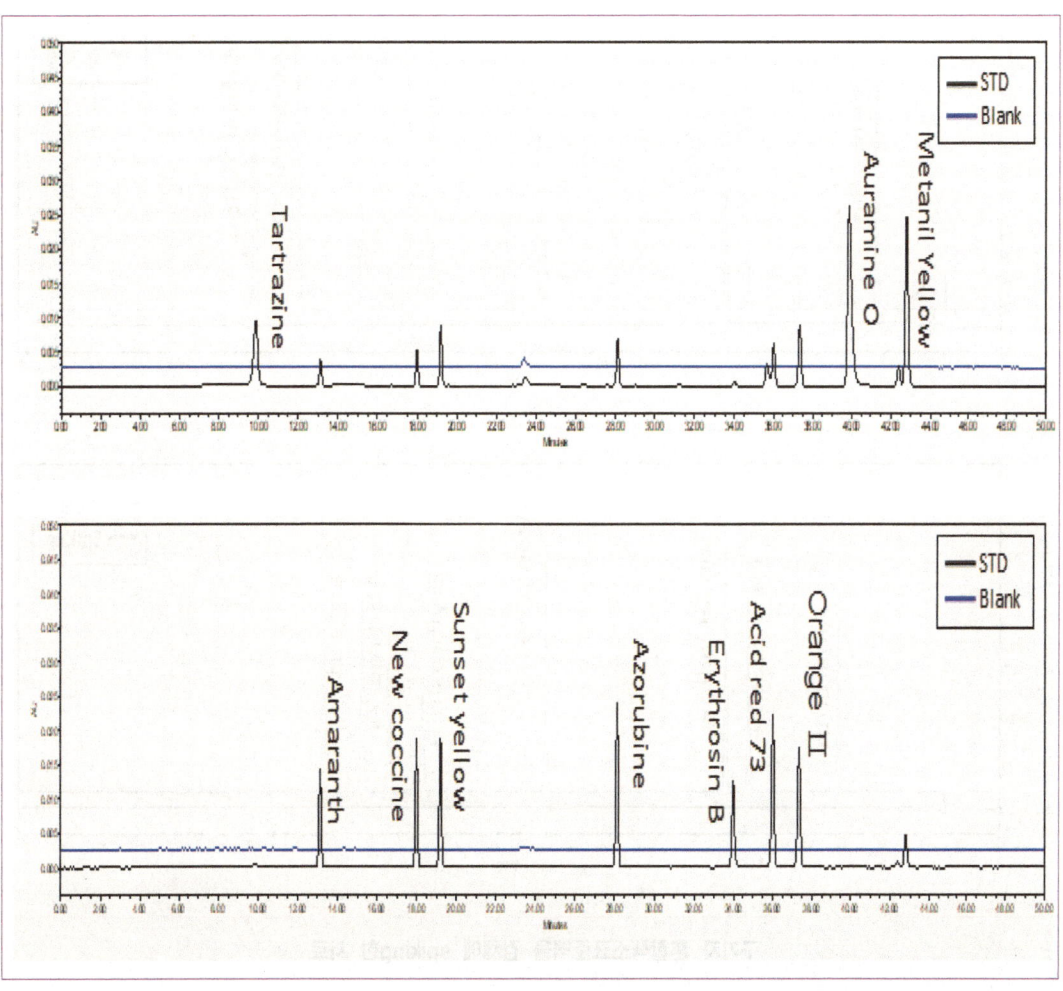

Blank + 10종 혼합색소표준액

② 구기자 바탕시료(블랭크) 및 10종 혼합색소표준액를 spiking한 시료의 크로마토그램은 다음과 같다.
  - 428 nm: tartrazine, auramine O, metanil yellow
  - 500 nm: amaranth, new coccine, sunset yellow, azorubine, erythrosin B, acid red 73, orange Ⅱ

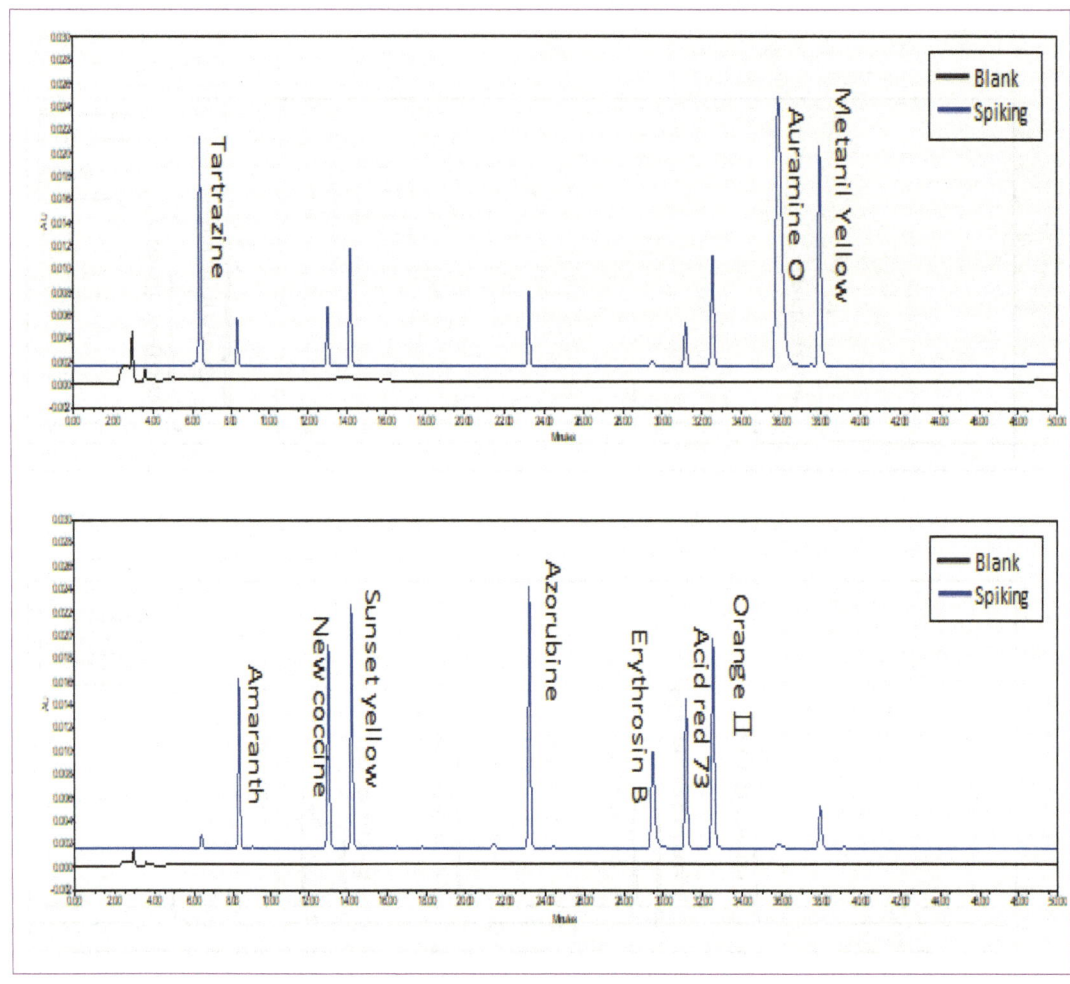

구기자 혼합색소표준액을 검체에 spiking한 시료

③ 단삼 바탕시료(블랭크) 및 10종 혼합색소표준액를 spiking한 시료의 크로마토그램은 다음과 같다.
  - 428 nm: tartrazine, auramine O, metanil yellow
  - 500 nm: amaranth, new coccine, sunset yellow, azorubine, erythrosin B, acid red 73, orange II

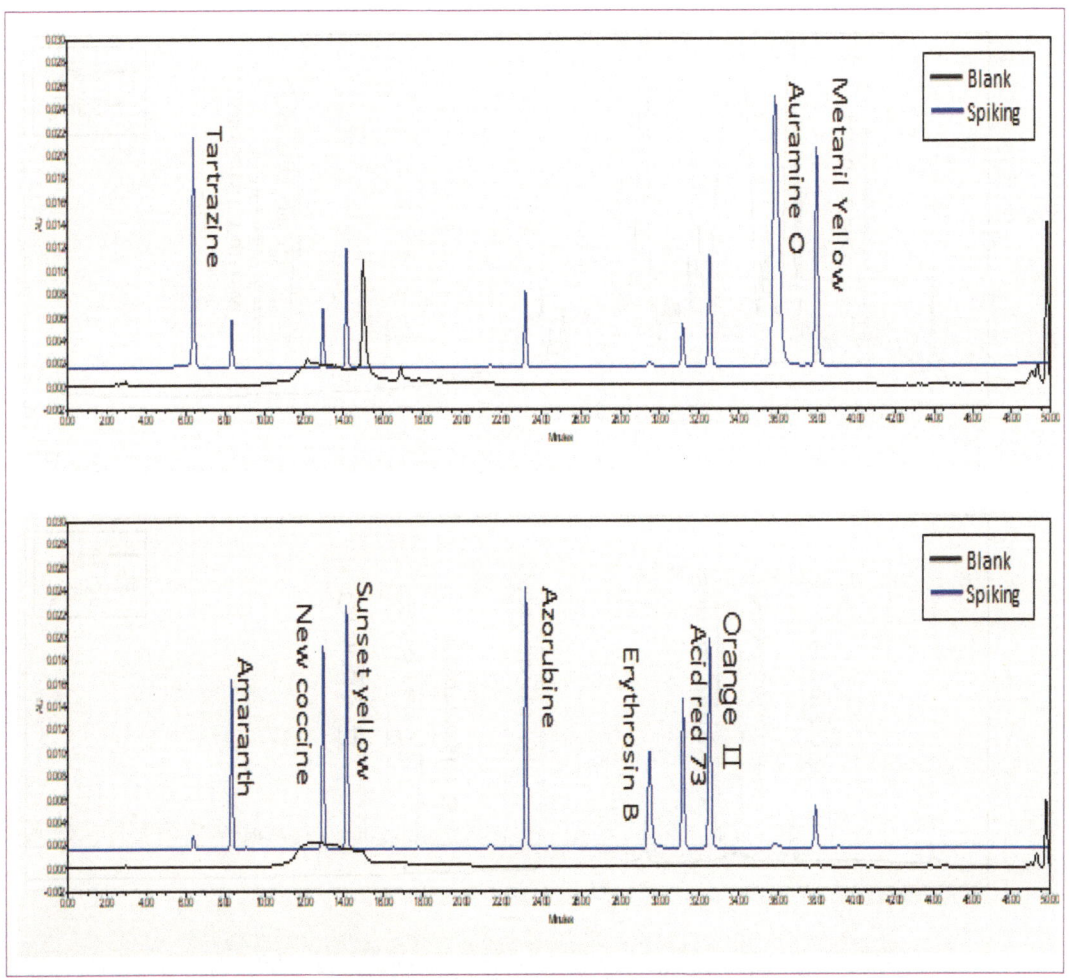

단삼 혼합색소표준액을 검체에 spiking한 시료

④ 홍화 바탕시료(블랭크) 및 10종 혼합색소표준액를 spiking한 시료의 크로마토그램은 다음과 같다.
 - 428 nm: tartrazine, auramine O, metanil yellow
 - 500 nm: amaranth, new coccine, sunset yellow, azorubine, erythrosin B, acid red 73, orange II

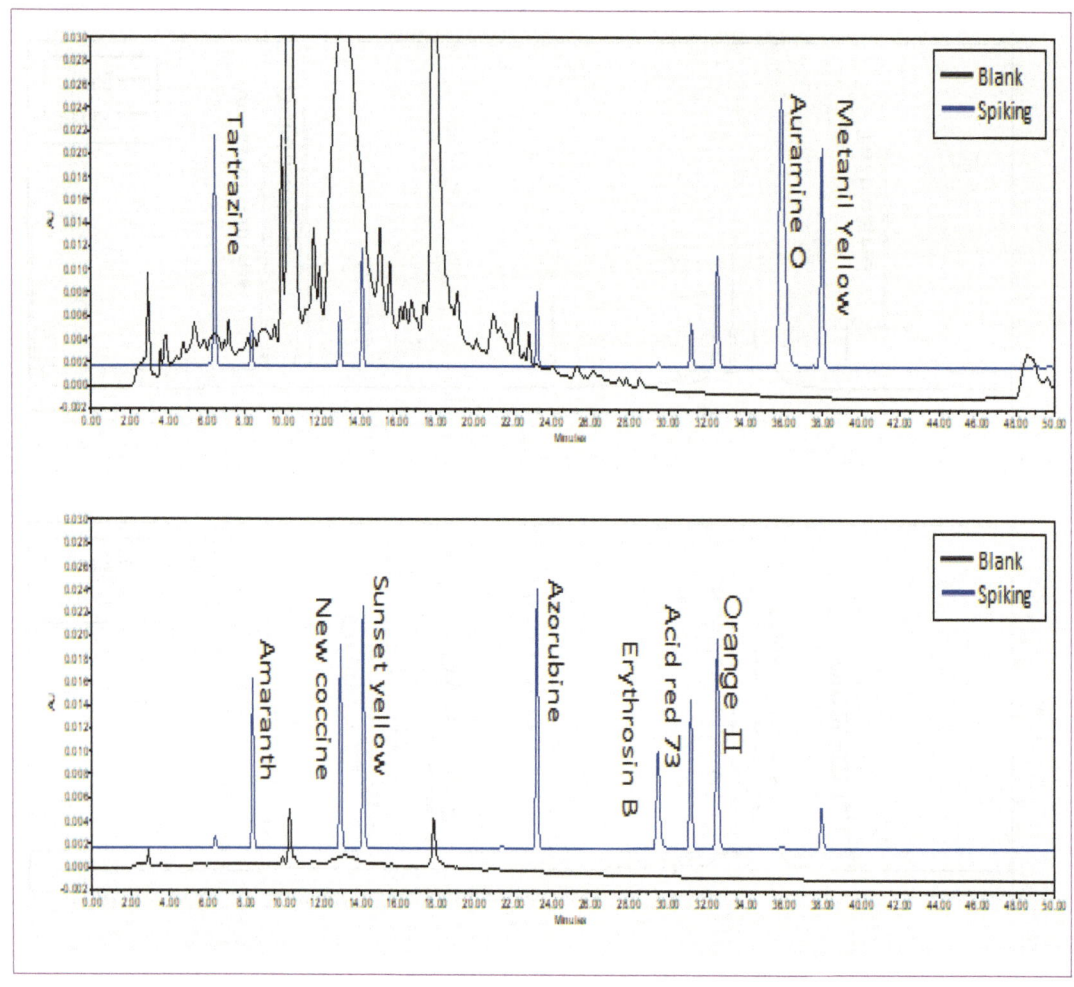

홍화 혼합색소표준액을 검체에 spiking한 시료

결과계산

① 크로마토그램을 확인하고 색소 peak의 머무름 시간을 확인한다.
② 표준용액과 검액의 피크면적을 측정한다.
③ 표준용액에서 얻어진 피크면적에 따라 검량선을 작성한다.
④ 검액의 피크면적을 검량선에 대입하여 검액 중에 포함된 색소의 농도(μg/mL)를 계산한다.
⑤ 다음 식에 따라 한약재 중 색소의 함량(μg/mL)을 계산한다.

$$\text{색소 검출량}(\mu g/g) = \frac{\text{검체 중의 색소 농도 }(\mu g/mL) \times \text{추출용매 부피}(mL)}{\text{검체 무게}(g)}$$

3. 품목별 색소 분석 사례

다.
오미자, 산사, 산수유, 오매, 대황, 소목, 숙지황

1) 품목 개요

품목	기원	사진
오미자	오미자 Schisandra chinensis (Turcz.) Baillon (오미자과 Schisandraceae)의 잘 익은 열매	
산사	산사나무 Crataegus pinnatifida Bunge 및 그 변종(장미과 Rosaceae)의 잘 익은 열매	
산수유	산수유나무 Cornus officinalis Siebold et Zuccarini (층층나무과 Cornaceae)의 잘 익은 열매로서 씨를 제거한 것	

3. 품목별 색소 분석 사례 - 다. 오미자, 산사, 산수유, 오매, 대황, 소목, 숙지황

품목	기원	사진
오매	매실나무 *Prunus mume* Siebold et Zuccarini (장미과 Rosaceae)의 덜 익은 열매로서 적절한 방법으로 말린 것	
대황	장엽대황(掌葉大黃) *Rheum palmatum* Linné, 탕구트대황 *Rheum tanguticum* Maximowicz ex Balfour 또는 약용대황(藥用大黃) *Rheum officinale* Baillon (마디풀과 Polygonaceae)의 뿌리 및 뿌리줄기로서 주피를 제거한 것	
소목	소목(蘇木) *Caesalpinia sappan* Linné (콩과 Leguminosae)의 심재	
숙지황	지황 *Rehmannia glutinosa* Liboschitz ex Steudel (현삼과 Scrophulariaceae)의 뿌리를 포제 가공한 것	

2) 시험 방법

▶ 표준용액 제조

(1) 1차 표준원액

① 색소표준품 10종을 약 25.0 mg을 정밀하게 달아 10 mL 정량플라스크에 넣는다.
② 타르트라진, 뉴콕신, 아마란스, 선셋옐로우, 아조루빈, 엑시드레드 73, 오렌지 II색소는 70% 메탄올에 오라민 O, 메타닐 옐로우, 에리스로신 B 색소는 100% 메탄올에 용해하여 단일 색소표준원액 2500 µg/mL으로 조제한다.

표 7. 검량선 작성을 위한 개별색소 표준용액의 농도별 조제 방법(예시)

Standard	Purity(%)	실제 측정 무게(mg)	Volume(mL)
Tartrazine	99	25.1	10
Auramine O	85	25.0	10
Metanil Yellow	98	25.0	10
Amaranth	98	25.0	10
New coccine	99	25.0	10
Sunset Yellow	95	25.1	10
Azorubine	98	25.3	10
Erythrosin B	98	25.1	10
Acid red 73	97	25.2	10
Orange II	98	25.1	10

* 결과값 계산시 순도를 반영하여 보정값으로 계산 필요

Standard	Purity(%)	실제 측정 무게(mg)	Volume(mL)	Storage
Tartrazine	99	25.1	10	
Auramine O	85	25.0	10	
Metanil yellow	98	25.0	10	
Amaranth	98	25.1	10	
New coccine	99	25.0	10	

Standard	Purity(%)	실제 측정 무게(mg)	Volume(mL)	Storage
Sunset yellow	95	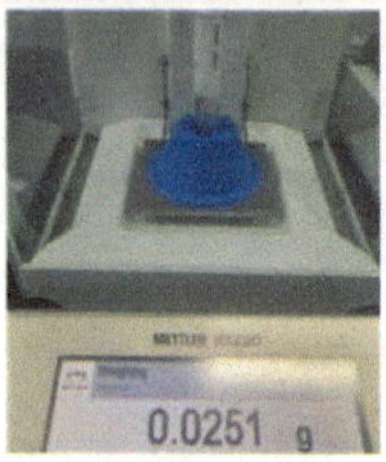 25.1	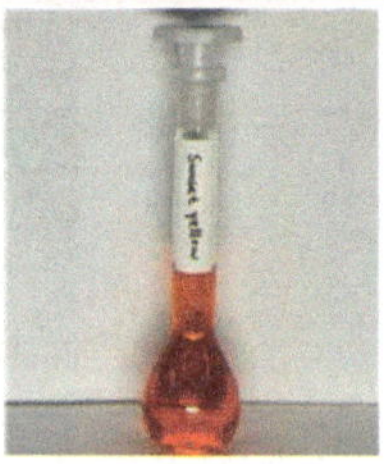 10	
Azorubine	98	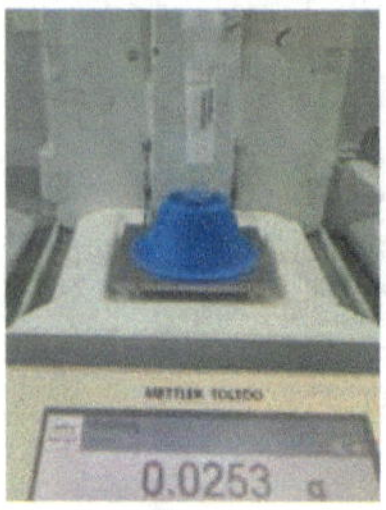 25.3	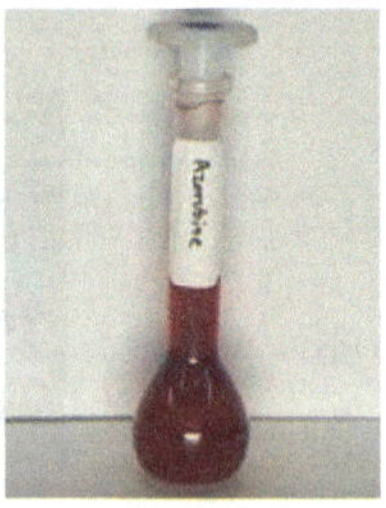 10	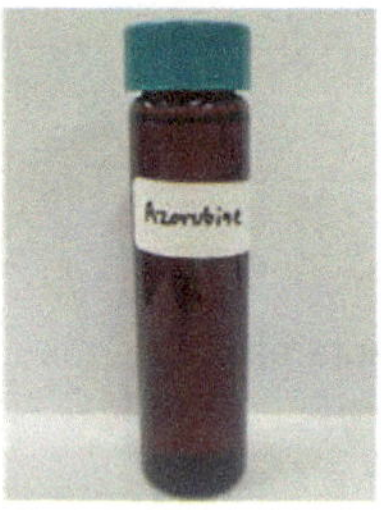
Erythrosin B	98	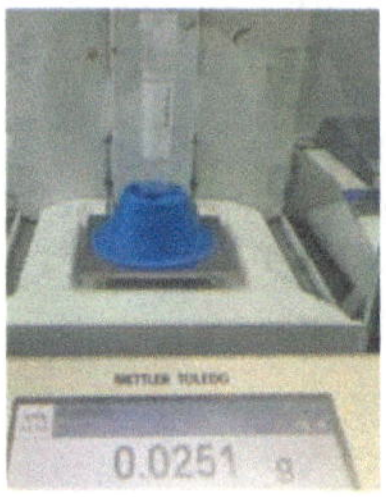 25.1	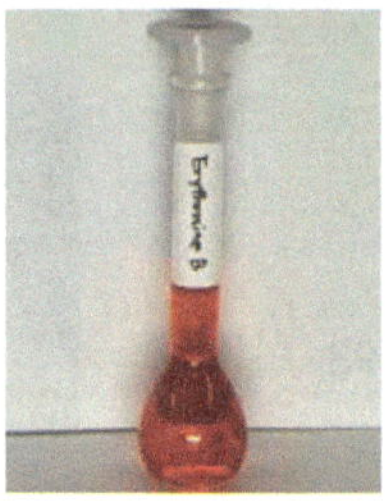 10	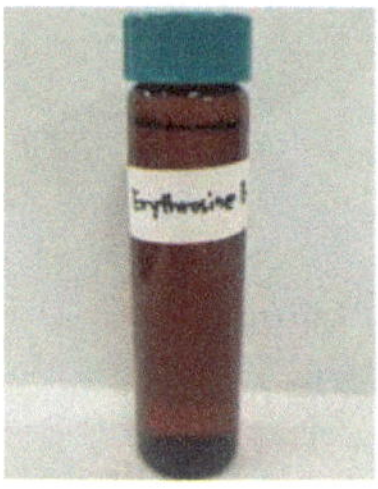
Acid red 73	97	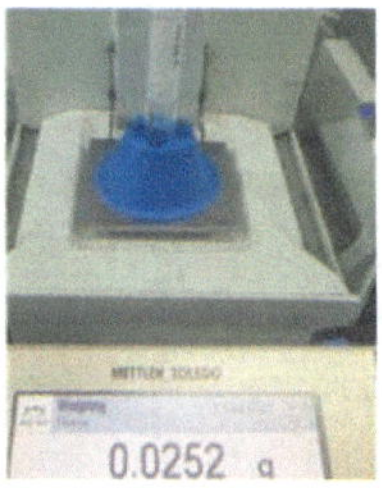 25.2	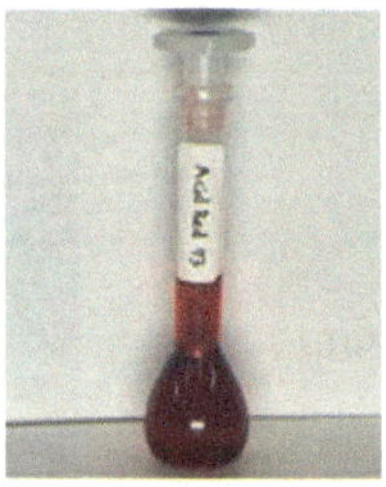 10	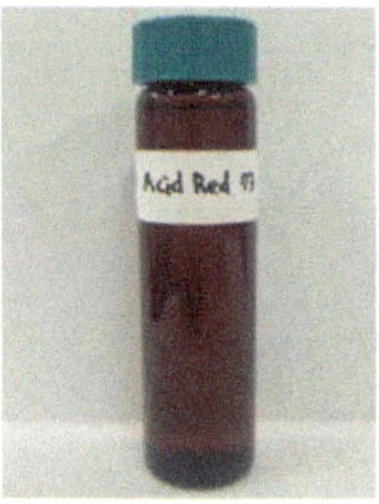
Orange II	98	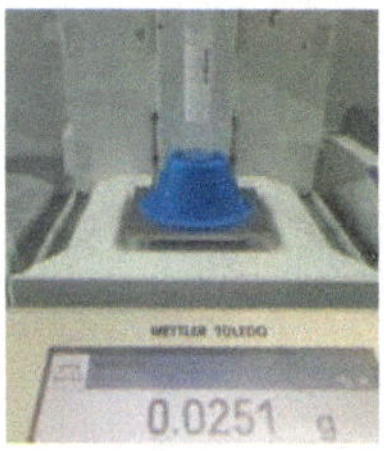 25.1	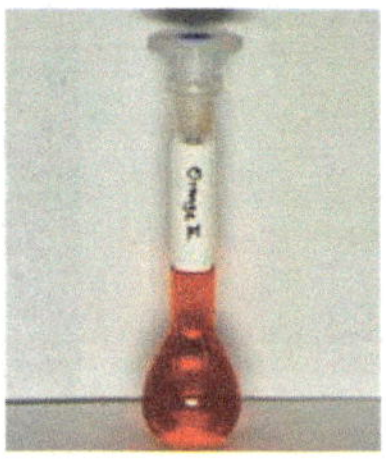 10	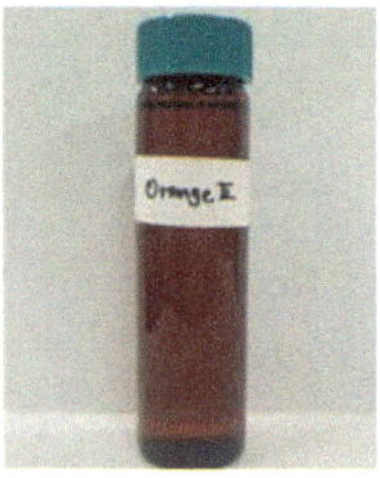

그림 10. 검량선 작성을 위한 개별색소 표준용액의 농도별 조제 방법

(2) 2차 혼합색소 표준원액

- 1차 표준원액 10종을 각 2 mL씩 취한 뒤, 혼합하여 10종 혼합색소 표준원액(250 µg/mL)으로 조제한다.

(3) 혼합색소 표준용액

- 검량선 작성을 위해 2차 혼합색소 표준원액을 70% 메탄올로 희석하여 1, 5, 10, 20, 40 µg/mL농도로 조제한다.

표 8. 검량선 작성을 위한 혼합색소 표준용액의 농도별 조제 방법

표준용액의 농도 (µg/mL)	취한 부피(mL)		
	2차 혼합색소 표준원액	70% 메탄올	최종 부피
1	0.04	9.96	10.0
5	0.20	9.80	10.0
10	0.40	9.60	10.0
20	0.80	9.20	10.0
40	1.60	8.40	10.0

◼ 용액 제조

(1) 100 mM 암모늄 아세테이트가 함유된 70% 메탄올

① 정량 플라스크 1 L에 Ammonium acetate 7.708 g*을 정밀히 달아 물 300 mL을 넣어 완전히 녹인다.
   * 계산식: 몰농도(M) × 부피(L) × 몰질량(g) = 0.1 × 1 × 77.08

② ①에 메탄올로 1 L가 되도록 정용하여 stirrer에 혼합한다(70% 메탄올).

(2) 50 mM 암모늄 아세테이트 용액

① 정량 플라스크 1 L에 Ammonium acetate 3.854 g을 정밀히 달아 물 1L로 정용하여 stirrer에 혼합한다.

◼ 검액 제조

① 한약재 2.0 g를 정밀하게 무게를 측정하여 conical tube에 담는다.
② 무게를 잰 tube에 100 mM 암모늄 아세테이트가 포함된 70% 메탄올 20 mL를 넣는다.
   * 회수율 확보를 위해 기존 시험법 추출조건 변경(50 mM → 100 mM)
③ Vortexing 후, 30분간 초음파 추출한다.
   * 회수율 확보를 위해 기존 시험법 추출조건 변경(20분 → 30분)

④ 방냉 후, 초음파 추출 후 생긴 가스를 제거하기 위해 뚜껑을 한번 열고 닫은 후 원심분리(4000 × g, 10분)한다.
   * 회수율 확보를 위해 기존 시험법 추출조건 변경(3200 g → 4000 g)
⑤ 10 mL 피펫을 이용하여 상층액 1을 취한다. 상층액은 새로운 Conical tube에 취하며, 상층액을 취할 시 최대한 모든 액체를 취하도록 한다.
⑥ 남은 침전물에 100 mM 암모늄 아세테이트가 포함된 70% 메탄올 20 mL를 넣는다.
⑦ Vortexing 후 30분간 초음파 추출한다.
   * 회수율 확보를 위해 기존 시험법 추출조건 변경(20 분 → 30분)
⑧ 방냉 후, 초음파 추출 후 생긴 가스를 제거하기 위해 뚜껑을 한번 열고 닫은 후 원심분리(4000 × g, 10분)한다.
   * 회수율 확보를 위해 기존 시험법 추출조건 변경(2300 g → 4000 g)
⑨ 10 mL 피펫을 이용하여 상층액 2를 취해 상층액 1과 합한다. 상층액을 취할 시 최대한 모든 액체를 취하도록 한다. (대략 39 mL 정도 취해짐)
⑩ 합한 상층액을 Vortexing하여 잘 섞어준 후, 0.45 μm의 시린지 필터로 여과한 여액을 검액으로 한다.

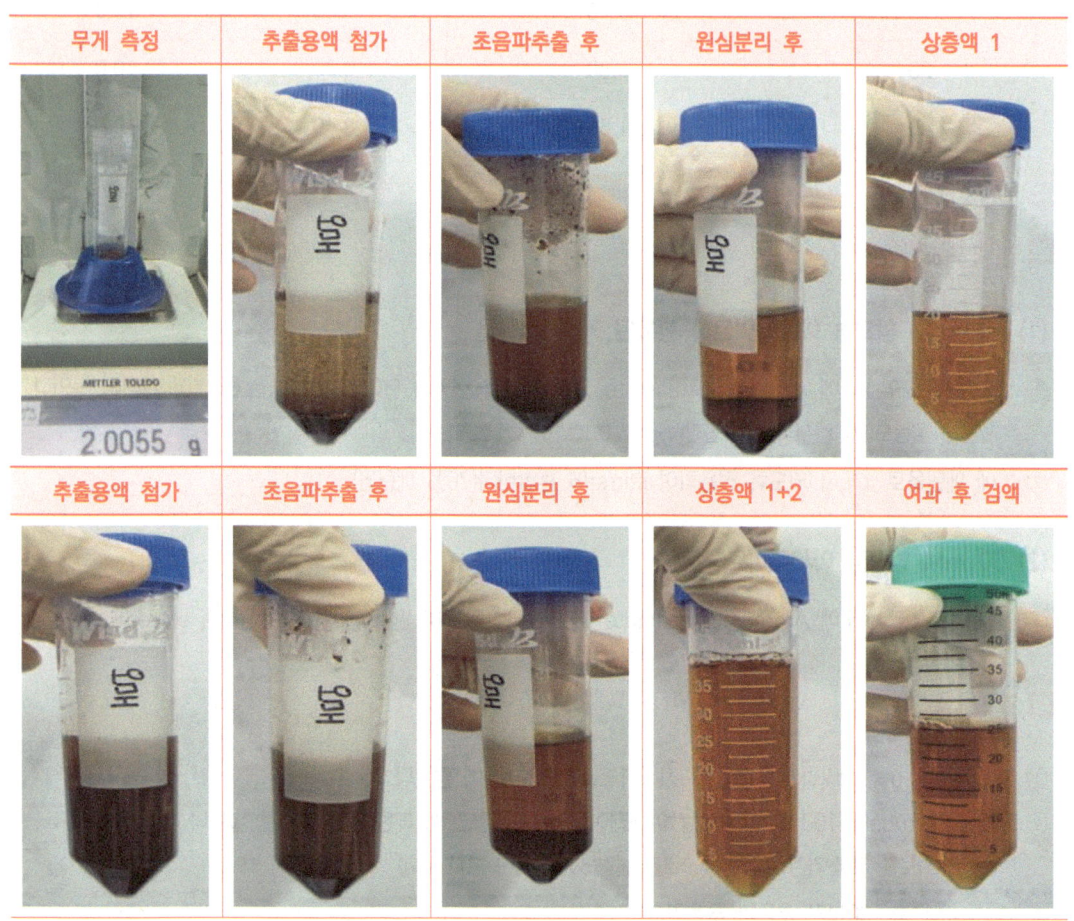

그림 11. 검액 제조를 위한 전처리 방법 예시 (사진)

3. 품목별 색소 분석 사례 - 다. 오미자, 산사, 산수유, 오매, 대황, 소목, 숙지황

```
┌─────────────────────────────────────────────────────┐
│        50 mL conical tube에 한약재 2.0 g 칭량         │
└─────────────────────────────────────────────────────┘
                          ▼
┌─────────────────────────────────────────────────────┐
│ Conical tube에 100 mM 암모늄 아세테이트가 포함된 70% 메탄올 20 mL 첨가 │
└─────────────────────────────────────────────────────┘
                          ▼
┌─────────────────────────────────────────────────────┐
│           Vortexing 후 30분간 초음파 추출            │
└─────────────────────────────────────────────────────┘
                          ▼
┌─────────────────────────────────────────────────────┐
│ 방냉 후 가스 제거를 위해 뚜껑을 여닫은 후, 원심분리(4000 × g, 10분) │
└─────────────────────────────────────────────────────┘
                          ▼
┌─────────────────────────────────────────────────────┐
│    새로운 conical tube에 상층액을 모두 취한다(상층액 1).    │
└─────────────────────────────────────────────────────┘
                          ▼
┌─────────────────────────────────────────────────────┐
│ 남은 침전물에 100 mM 암모늄 아세테이트가 포함된 70% 메탄올 20 mL 첨가 │
└─────────────────────────────────────────────────────┘
                          ▼
┌─────────────────────────────────────────────────────┐
│           Vortexing 후 30분간 초음파 추출            │
└─────────────────────────────────────────────────────┘
                          ▼
┌─────────────────────────────────────────────────────┐
│ 방냉 후 가스 제거를 위해 뚜껑을 여닫은 후, 원심분리(4000 × g, 10분) │
└─────────────────────────────────────────────────────┘
                          ▼
┌─────────────────────────────────────────────────────┐
│     상층액을 모두 취하여 상층액 1에 합한다(상층액 1+2).      │
└─────────────────────────────────────────────────────┘
                          ▼
┌─────────────────────────────────────────────────────┐
│  상층액 1+2를 Vortexing 후 0.45 ㎛ 시린지 필터로 여과   │
└─────────────────────────────────────────────────────┘
```

그림 12. 검액 제조를 위한 전처리 방법 순서도

기기 분석

(1) 기기 분석 조건

사용장비	HPLC
검출기	UV (Waters 2998 Photodiode Array Detector)
사용컬럼	Osakasoda C18 UG120 (250 mm x 4.6 mm i.d. 5 μm)

이동상	time(min.)	50 mM ammonium acetate	acetonitrile
	0	95	5
	40	55	45
	45	55	45
	46	0	100
	50	0	100
	51	95	5
	60	95	5

유량	1 mL/min
컬럼온도	30℃
주입량	5 μL
측정파장	타르트라진, 오라민 O, 메타닐옐로우 : 428 nm
	아마란스, 뉴콕신, 선셋옐로우, 아조루빈, 에리스로신 B, 엑시드레드 73, 오렌지 II : 500 nm

(2) 색소 표준물질의 크로마토그램

① 공시험(용매), 10종 혼합색소표준액, 오미자 바탕시료 및 10종 혼합색소표준액을 spiking 한 시료의 크로마토그램은 다음과 같다.

  - 428 nm: tartrazine, auramine O, metanil yellow
  - 500 nm: amaranth, new coccine, sunset yellow, azorubine, erythrosin B, acid red 73, orange II

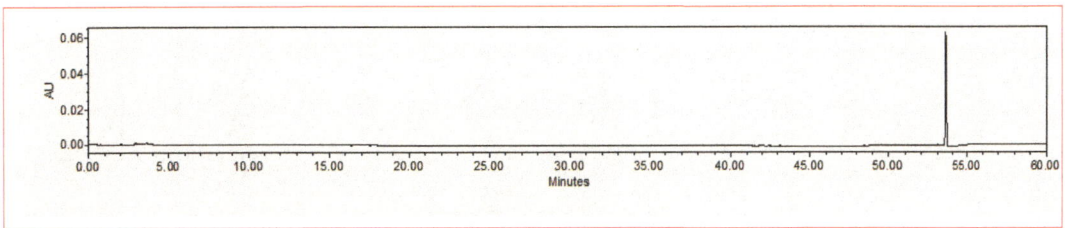

공시험액 (A), (428nm)

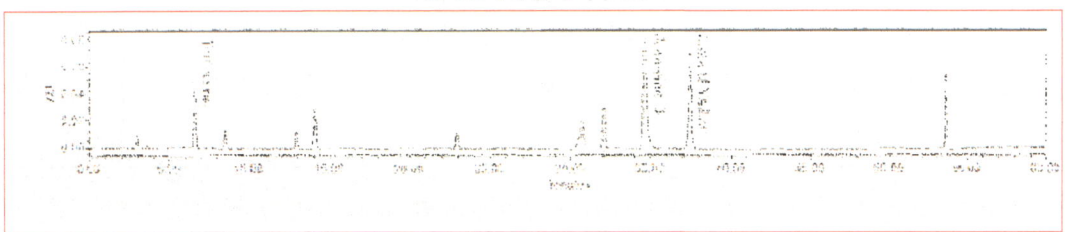

혼합색소표준액(B), (428nm)

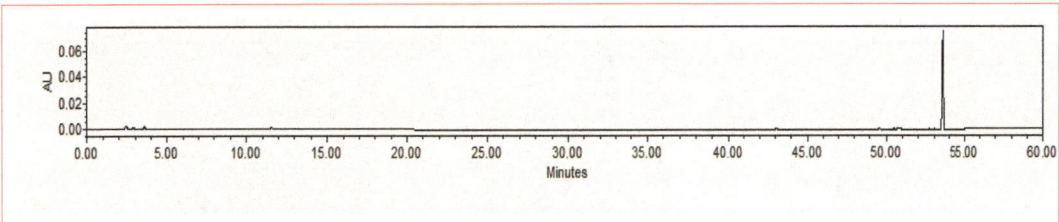

바탕시료(C), (428nm)

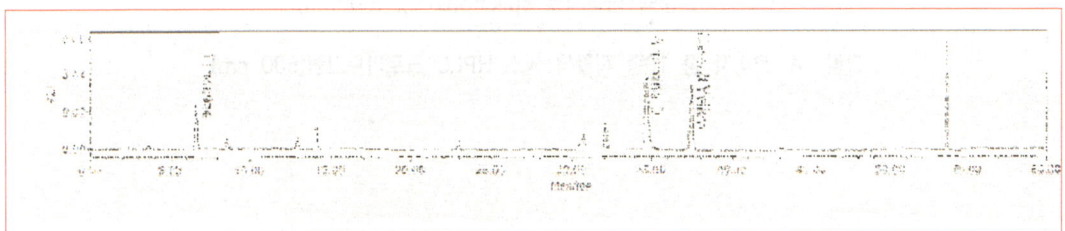

혼합색소표준액+바탕시료 spiking(B+C), (428nm)

그림 13. 오미자 중 10종 적황색 색소 HPLC 크로마토그램(428 nm)

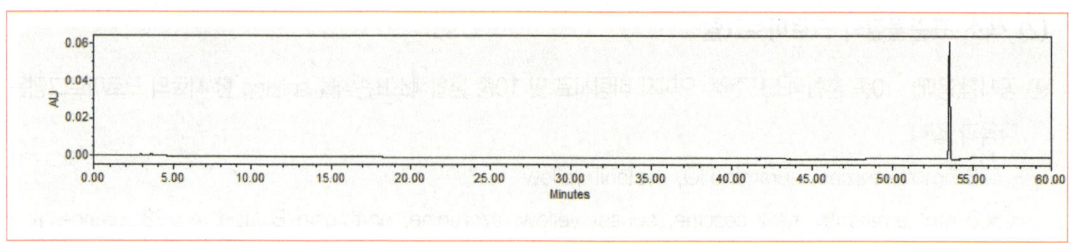

공시험액 (A), (500nm)

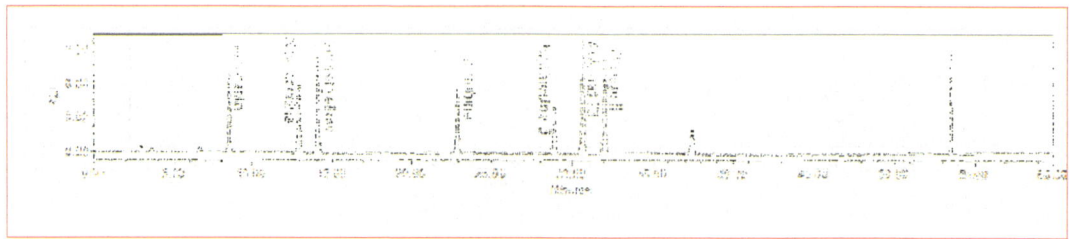

혼합색소표준액(B), (500nm)

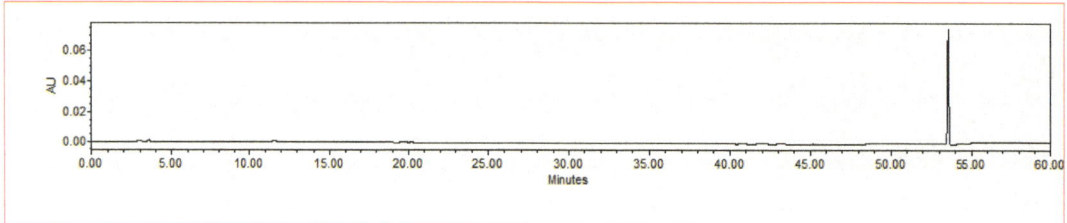

바탕시료(C), (500nm)

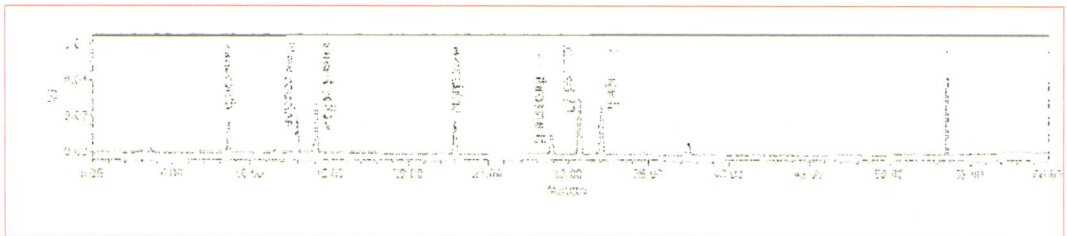

혼합색소표준액+바탕시료 spiking(B+C), (500nm)

그림 14. 오미자 중 10종 적황색 색소 HPLC 크로마토그램(500 nm)

② 공시험(용매), 10종 혼합색소표준액, 산사 바탕시료 및 10종 혼합색소표준액을 spiking 한 시료의 크로마토그램은 다음과 같다.
- 428 nm: tartrazine, auramine O, metanil yellow
- 500 nm: amaranth, new coccine, sunset yellow, azorubine, erythrosin B, acid red 73, orange II

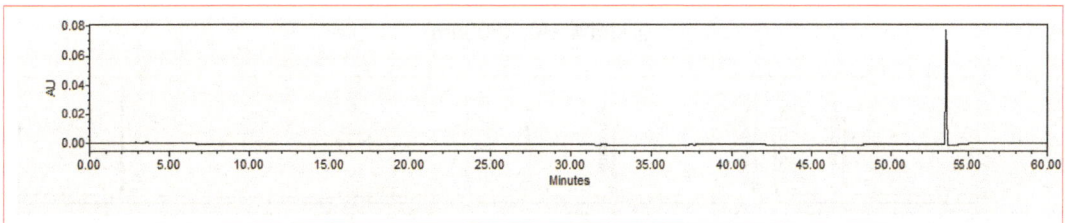

공시험액 (A), (428nm)

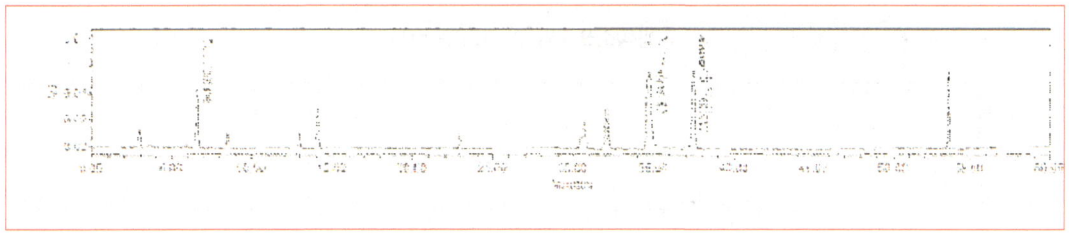

혼합색소표준액(B), (428nm)

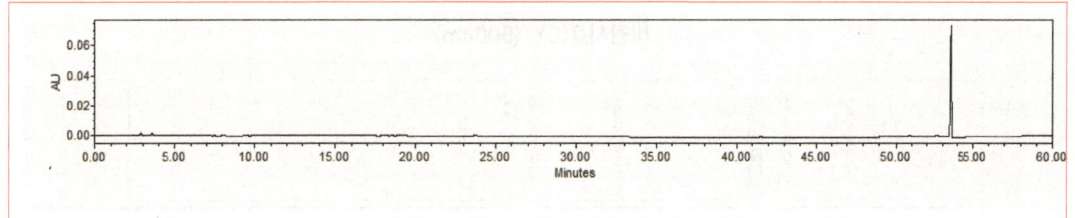

바탕시료(C), (428nm)

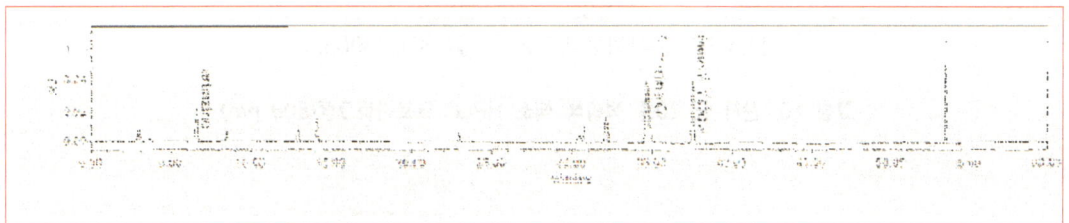

혼합색소표준액+바탕시료 spiking(B+C), (428nm)

그림 15. 산사 중 10종 적황색 색소 HPLC 크로마토그램(428 nm)

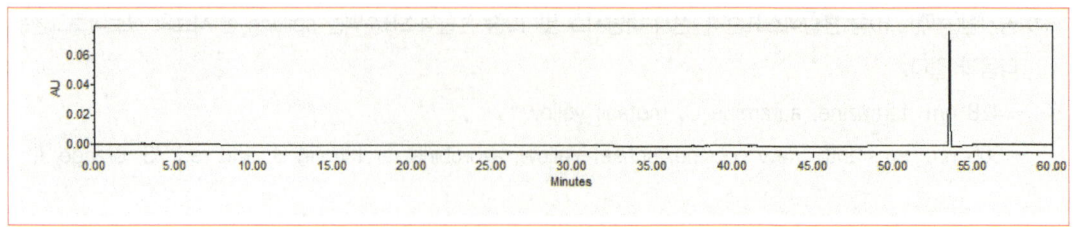

공시험액 (A), (500nm)

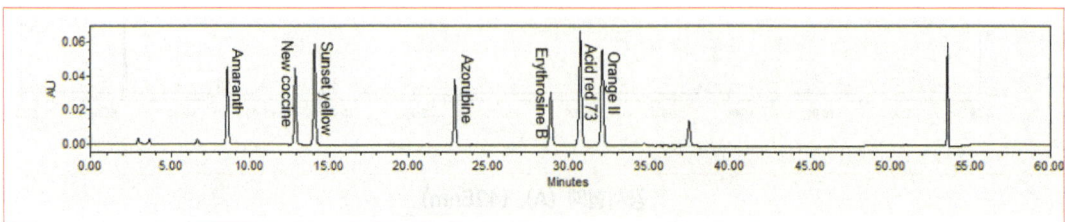

혼합색소표준액(B), (500nm)

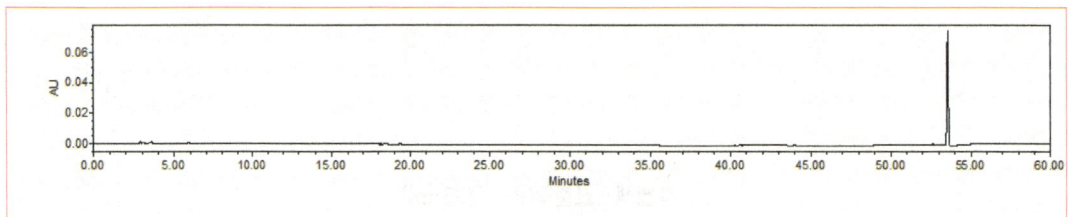

바탕시료(C), (500nm)

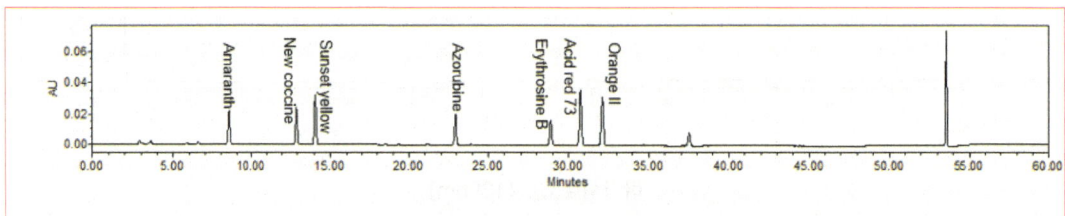

혼합색소표준액+바탕시료 spiking(B+C), (500nm)

그림 16. 산사 중 10종 적황색 색소 HPLC 크로마토그램(500 nm)

③ 공시험(용매), 10종 혼합색소표준액, 산수유 바탕시료 및 10종 혼합색소표준액을 spiking 한 시료의 크로마토그램은 다음과 같다.
- 428 nm: tartrazine, auramine O, metanil yellow
- 500 nm: amaranth, new coccine, sunset yellow, azorubine, erythrosin B, acid red 73, orange II

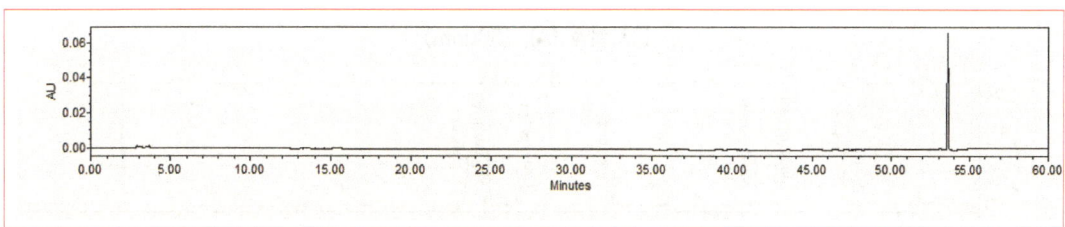

공시험액 (A), (428nm)

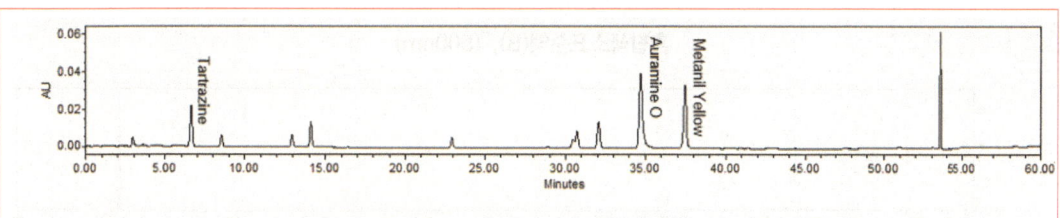

혼합색소표준액(B), (428nm)

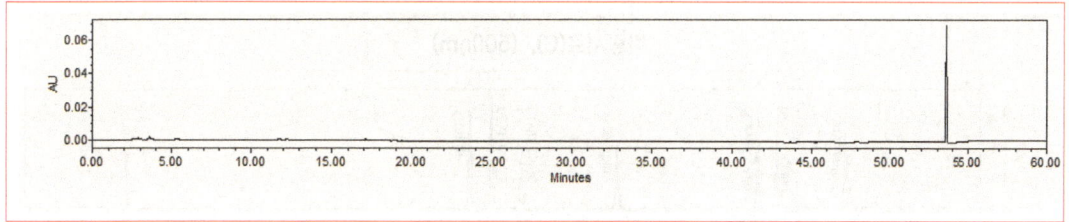

바탕시료(C), (428nm)

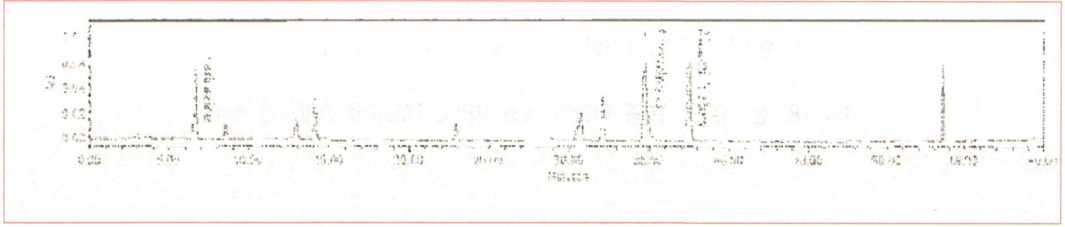

혼합색소표준액+바탕시료 spiking(B+C), (428nm)

그림 17. 산수유 중 10종 적황색 색소 HPLC 크로마토그램(428 nm)

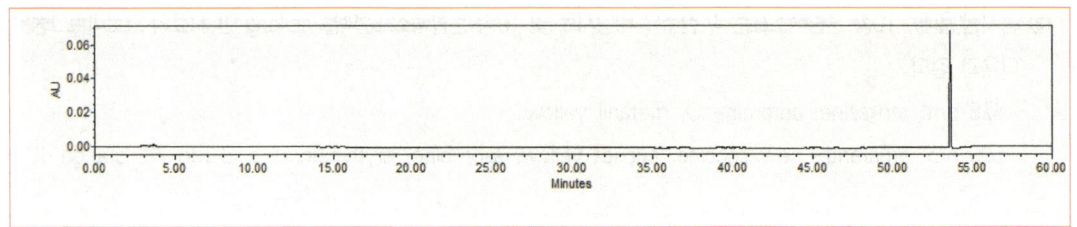

공시험액 (A), (500nm)

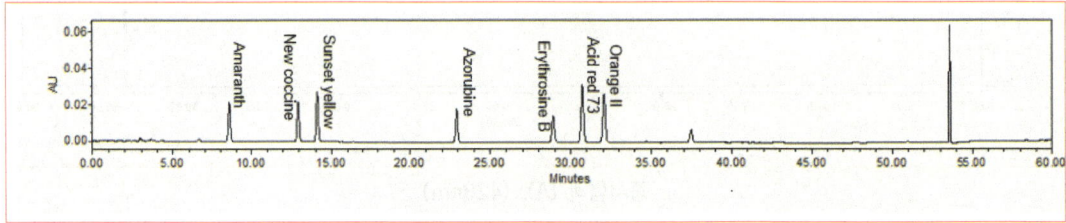

혼합색소표준액(B), (500nm)

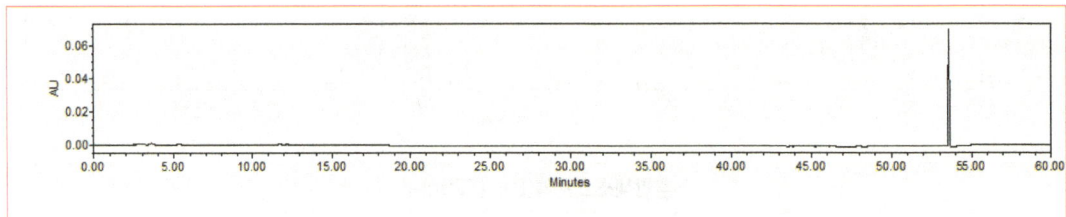

바탕시료(C), (500nm)

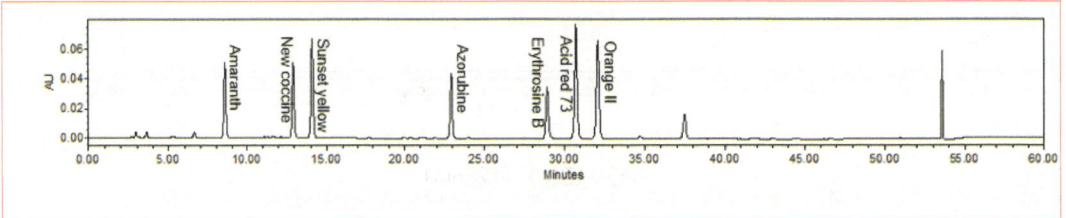

혼합색소표준액+바탕시료 spiking(B+C), (500nm)

그림 18. 산수유 중 10종 적황색 색소 HPLC 크로마토그램(500 nm)

④ 공시험(용매), 10종 혼합색소표준액, 오매 바탕시료 및 10종 혼합색소표준액을 spiking 한 시료의 크로마토그램은 다음과 같다.
- 428 nm: tartrazine, auramine O, metanil yellow
- 500 nm: amaranth, new coccine, sunset yellow, azorubine, erythrosin B, acid red 73, orange II

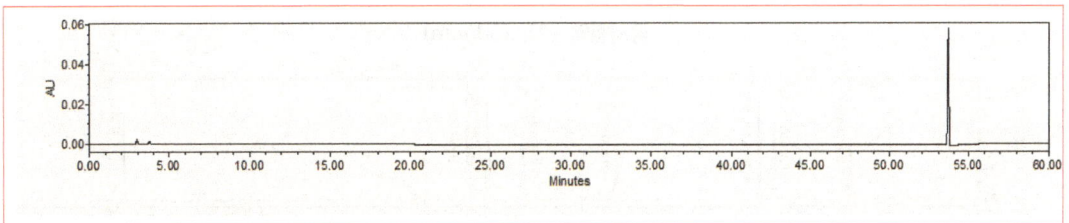

공시험액 (A), (428nm)

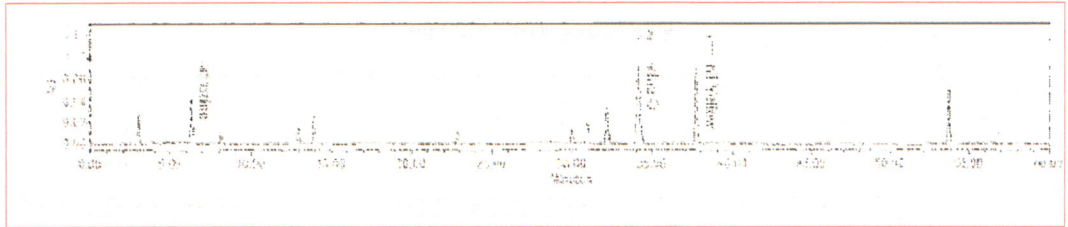

혼합색소표준액(B), (428nm)

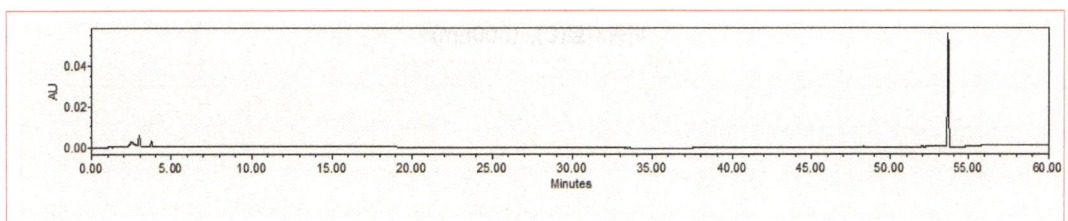

바탕시료(C), (428nm)

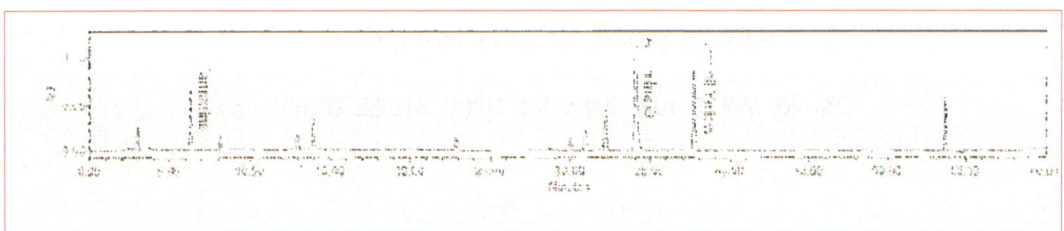

혼합색소표준액+바탕시료 spiking(B+C), (428nm)

그림 19. 오매 중 10종 적황색 색소 HPLC 크로마토그램(428 nm)

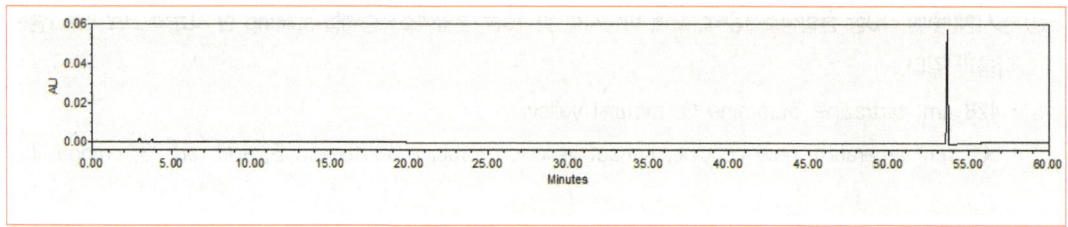

공시험액 (A), (500nm)

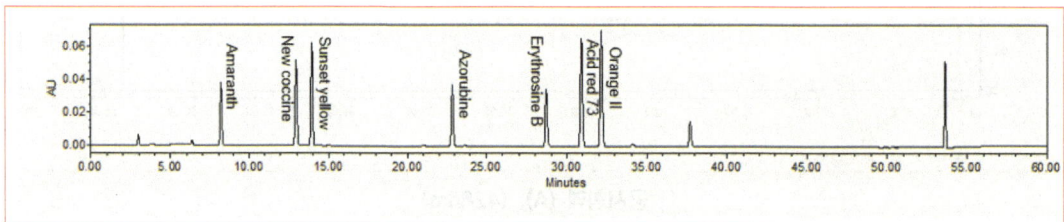

혼합색소표준액(B), (500nm)

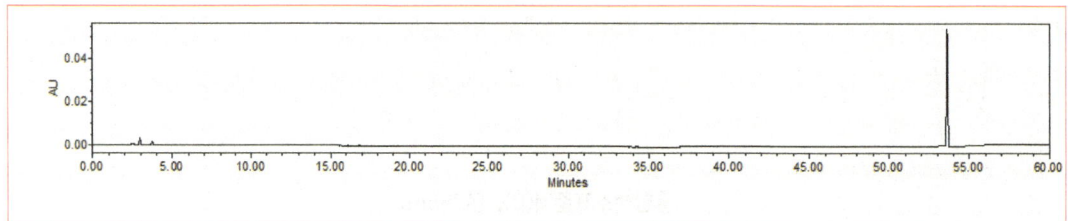

바탕시료(C), (500nm)

혼합색소표준액+바탕시료 spiking(B+C), (500nm)

그림 20. 오매 중 10종 적황색 색소 HPLC 크로마토그램(500 nm)

⑤ 공시험(용매), 10종 혼합색소표준액, 대황 바탕시료 및 10종 혼합색소표준액을 spiking 한 시료의 크로마토그램은 다음과 같다.
- 428 nm: tartrazine, auramine O, metanil yellow
- 500 nm: amaranth, new coccine, sunset yellow, azorubine, erythrosin B, acid red 73, orange II

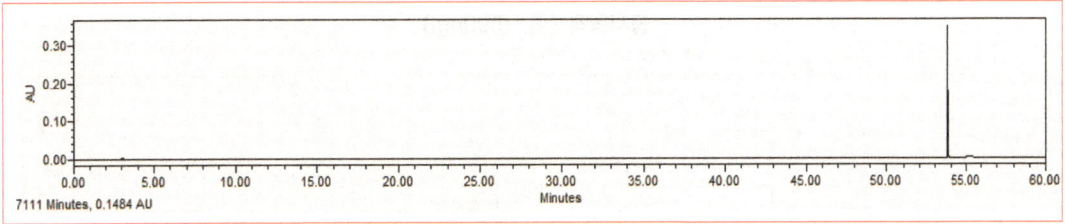

공시험액 (A), (428nm)

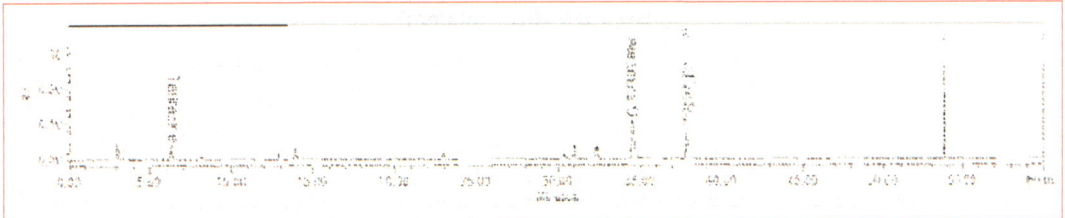

혼합색소표준액(B), (428nm)

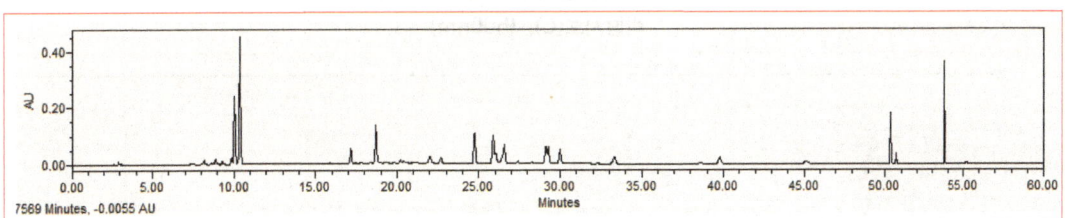

바탕시료(C), (428nm)

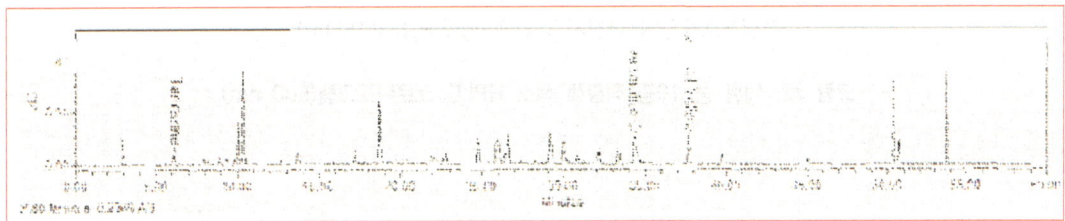

혼합색소표준액+바탕시료 spiking(B+C), (428nm)

그림 21. 대황 중 10종 적황색 색소 HPLC 크로마토그램(428 nm)

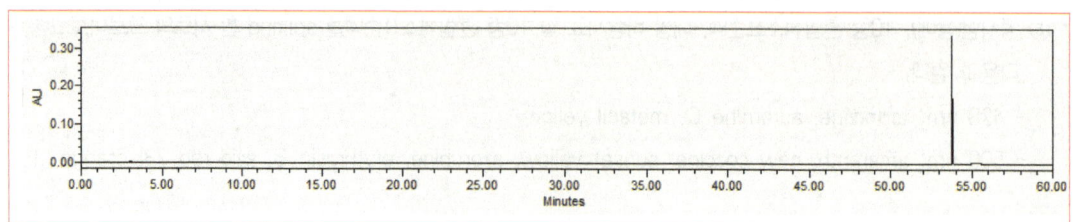
공시험액 (A), (500nm)

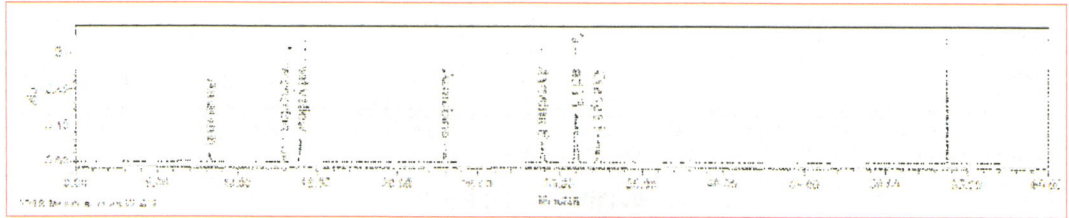
혼합색소표준액(B), (500nm)

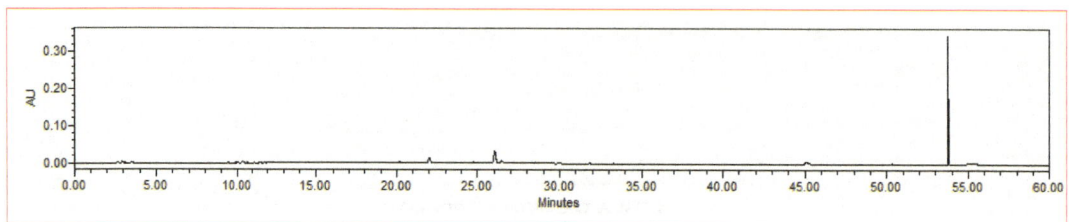
바탕시료(C), (500nm)

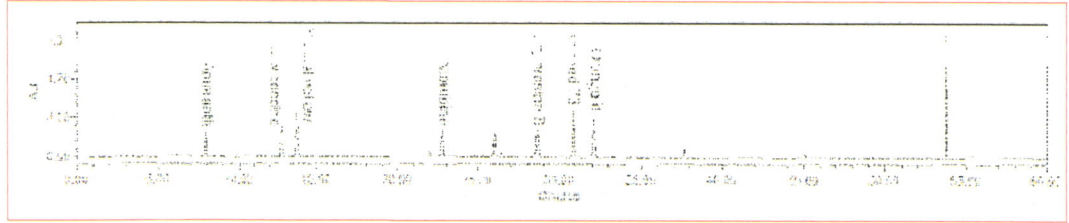
혼합색소표준액+바탕시료 spiking(B+C), (500nm)

그림 22. 대황 중 10종 적황색 색소 HPLC 크로마토그램(500 nm)

⑥ 공시험(용매), 10종 혼합색소표준액, 소목 바탕시료 및 10종 혼합색소표준액을 spiking 한 시료의 크로마토그램은 다음과 같다.
- 428 nm: tartrazine, auramine O, metanil yellow
- 500 nm: amaranth, new coccine, sunset yellow, azorubine, erythrosin B, acid red 73, orange II

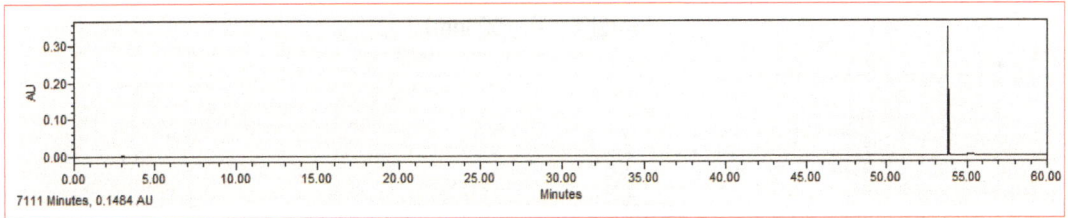
공시험액 (A), (428nm)

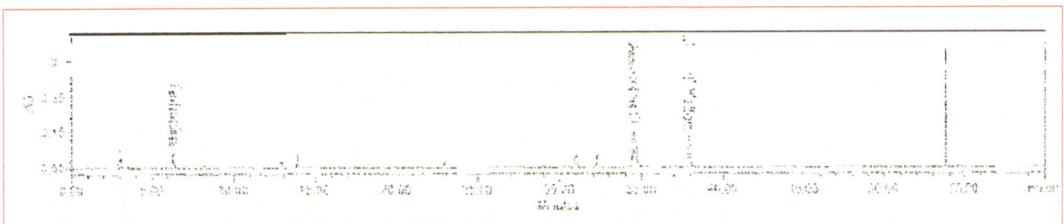
혼합색소표준액(B), (428nm)

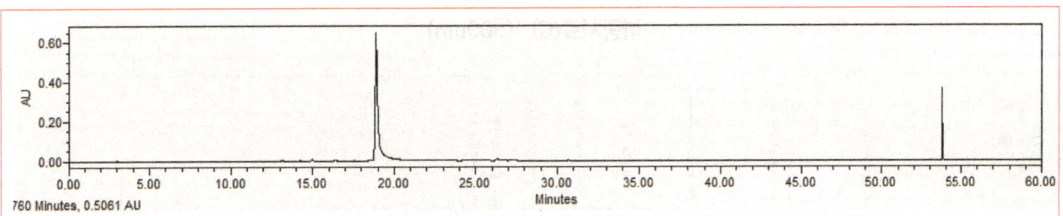
바탕시료(C), (428nm)

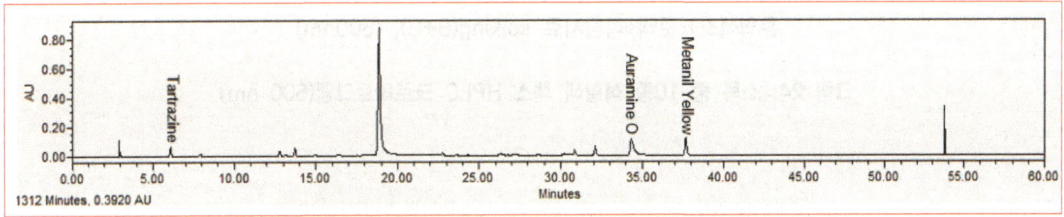
혼합색소표준액+바탕시료 spiking(B+C), (428nm)

그림 23. 소목 중 10종 적황색 색소 HPLC 크로마토그램(428 nm)

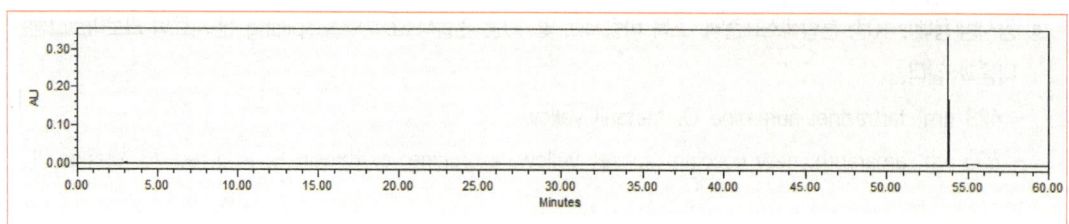
공시험액 (A), (500nm)

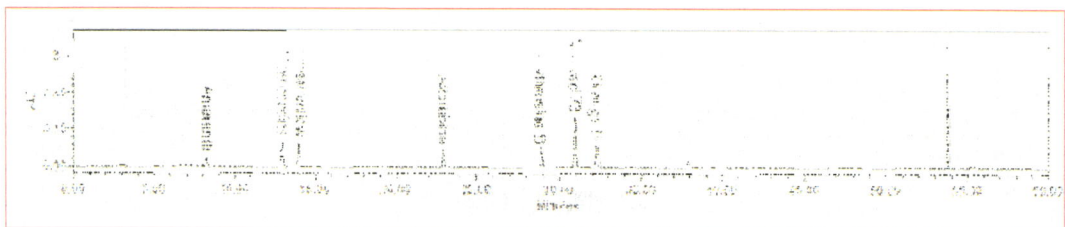
혼합색소표준액(B), (500nm)

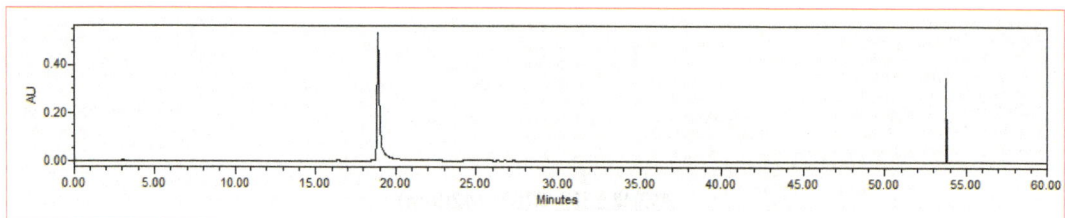
바탕시료(C), (500nm)

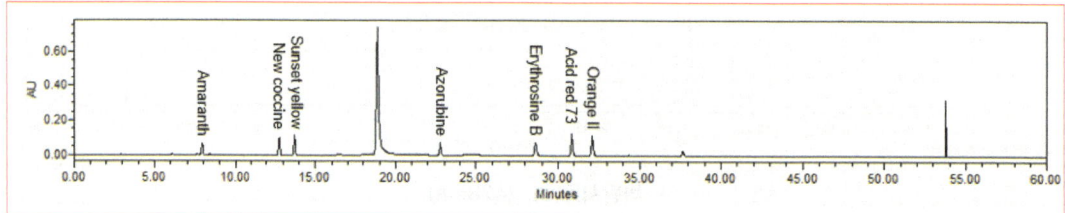
혼합색소표준액+바탕시료 spiking(B+C), (500nm)

그림 24. 소목 중 10종 적황색 색소 HPLC 크로마토그램(500 nm)

⑦ 공시험(용매), 10종 혼합색소표준액, 숙지황 바탕시료 및 10종 혼합색소표준액을 spiking 한 시료의 크로마토그램은 다음과 같다.
- 428 nm: tartrazine, auramine O, metanil yellow
- 500 nm: amaranth, new coccine, sunset yellow, azorubine, erythrosin B, acid red 73, orange II

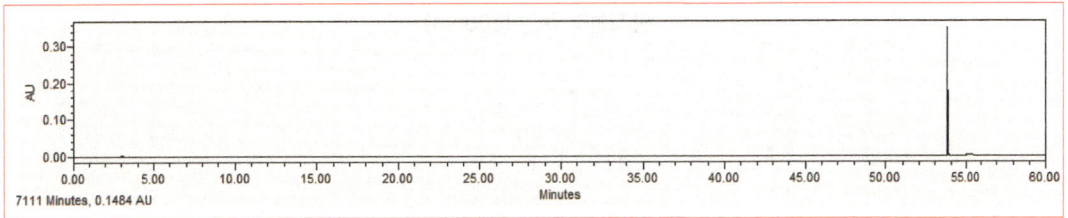
공시험액 (A), (428nm)

혼합색소표준액(B), (428nm)

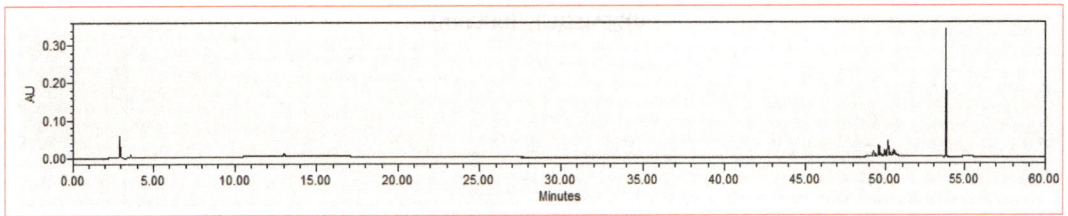
바탕시료(C), (428nm)

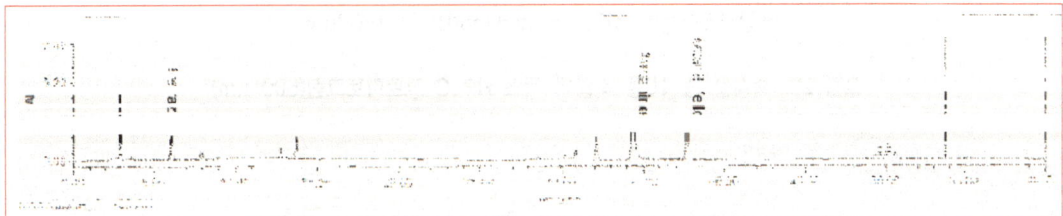
혼합색소표준액+바탕시료 spiking(B+C), (428nm)

그림 25. 숙지황 중 10종 적황색 색소 HPLC 크로마토그램(428 nm)

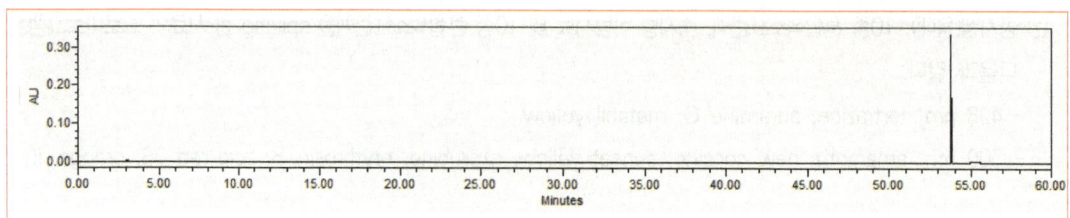
공시험액 (A), (500nm)

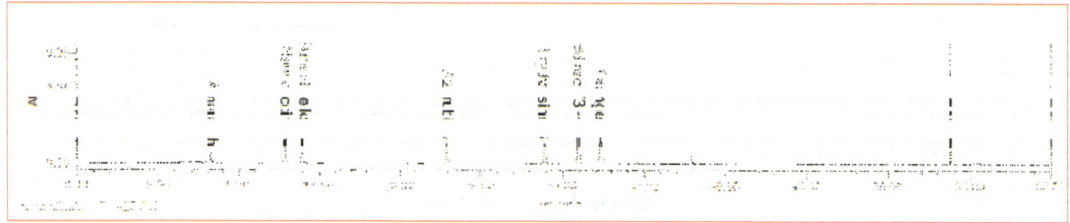
혼합색소표준액(B), (500nm)

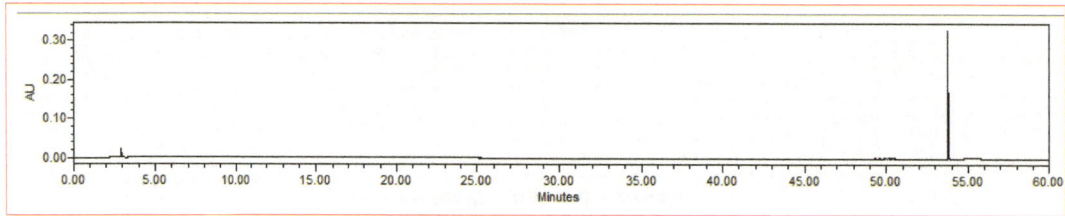
바탕시료(C), (500nm)

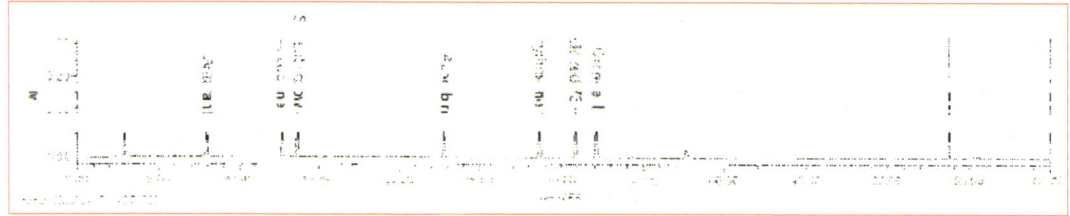
혼합색소표준액+바탕시료 spiking(B+C), (500nm)

그림 26. 숙지황 중 10종 적황색 색소 HPLC 크로마토그램(500 nm)

결과계산

① 크로마토그램을 확인하고 색소의 머무름 시간을 확인한다.
② 표준용액과 검액의 피크면적을 측정한다.
③ 측정된 면적값에 순도를 반영하여 순도보정값을 계산한다.
④ 표준용액에서 얻어진 보정된 값에 따라 검량선을 작성한다.
⑤ 검액의 피크면적을 검량선에 대입하여 검액 중에 포함된 색소의 농도(μg/mL)를 계산한다.
⑥ 다음 식에 따라 한약재 중 색소의 함량(μg/mL)을 계산한다.

$$\text{색소 검출량(μg/g)} = \frac{\text{검체 중의 색소 농도 (μg/mL)} \times \text{추출용매 부피(mL)}}{\text{검체 무게(g)}}$$

3. 품목별 색소 분석 사례

라.
황련, 황백, 건강, 석곡, 토사자

1) 품목 개요

품목	기원	사진
황련	황련 *Coptis japonica* Makino. (미나리아재비과 Ranunculaceae)의 뿌리줄기로서 뿌리를 제거한 것	
	중국황련(中國黃連) *Coptis chinensis* Franch. (미나리아재비과 Ranunculaceae)의 뿌리줄기로서 뿌리를 제거한 것	
	삼각엽황련(三角葉黃連) *Coptis deltoidea* C. Y. Cheng et P. K. Hsiao (미나리아재비과 Ranunculaceae)의 뿌리줄기로서 뿌리를 제거한 것	
	운련(雲連) *Coptis teeta* Wallich (미나리아재비과 Ranunculaceae)의 뿌리줄기로서 뿌리를 제거한 것	

품목	기원	사진
황백	황벽나무 *Phellodendron amurense* Ruprecht (운향과 Rutaceae)의 줄기껍질로서 주피를 제거한 것이다.	
	황피수(黃皮樹) *Phellodendron chinense* Schneider (운향과 Rutaceae)의 줄기껍질로서 주피를 제거한 것이다.	
건강	생강 *Zingiber officinale* Roscoe (생강과 Zingiberaceae)의 뿌리줄기를 말린 것	

품목	기원	사진
석곡	금채석곡(金釵石斛) *Dendrobium nobile* Lindl. 환초석곡(環草石斛) *Dendrobium loddigesii* Rolfe. 마편석곡(馬鞭石斛) *Dendrobium fimbriatum* var. oculatum Hook. 황초석곡(黃草石斛) *Dendrobium chrysanthum* Wall. ex Lindl. 또는 철피석곡(鐵皮石斛) *Dendrobium candidum* Wall. ex Lindl. (난초과 Orchidaceae)의 줄기	
토사자	갯실새삼 *Cuscuta chinensis* Lam. (메꽃과 Convolvulaceae)의 씨	

2) 시험 방법

📘 표준용액 제조

(1) 1차 표준원액

① 색소표준품 5종을 약 25.0 mg을 정밀하게 달아 10 mL 정량플라스크에 넣는다.

   실제 측정 무게(mg) = 측정해야하는 무게(mg) X 100 / 순도(%)

② 타르트라진, 선셋옐로우, 오렌지 II색소는 70% 메탄올에 오라민 O, 메타닐 옐로우 색소는 100% 메탄올에 용해하여 단일 색소표준원액 2500 µg/mL으로 조제한다.

표 9. 검량선 작성을 위한 개별색소 표준용액의 농도별 조제 방법(예시)

Standard	Purity(%)	실제 측정 무게(mg)	Volume(mL)
Tartrazine	99.1	25.2	10
Auramine O	90	27.8	10
Metanil Yellow	98	25.5	10
Sunset Yellow	95.3	26.2	10
Orange II	99.2	25.2	10

Standard	Purity(%)	실제 측정 무게(mg)	Volume(mL)	Storage
Tartrazine	99	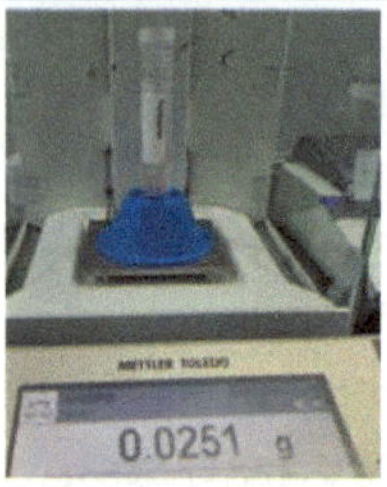 25.1	 10	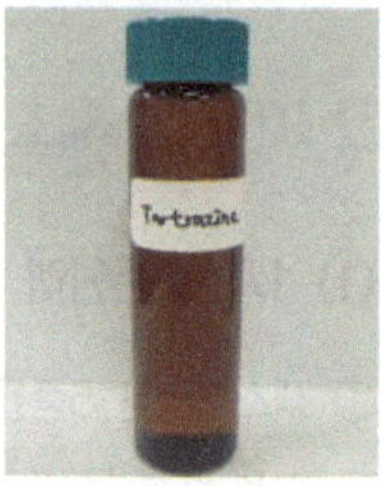
Auramine O	85	 25.0	 10	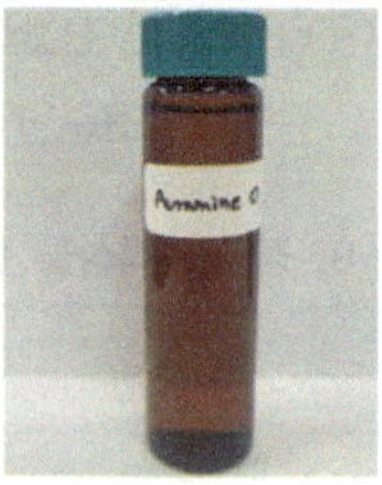
Metanil yellow	98	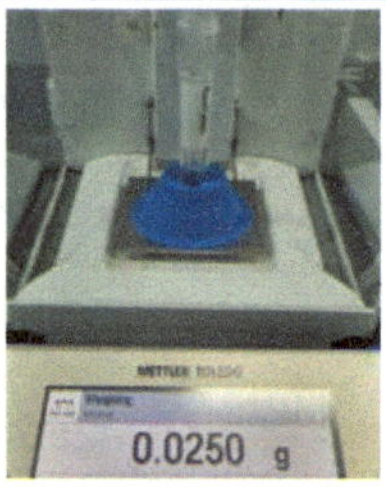 25.0	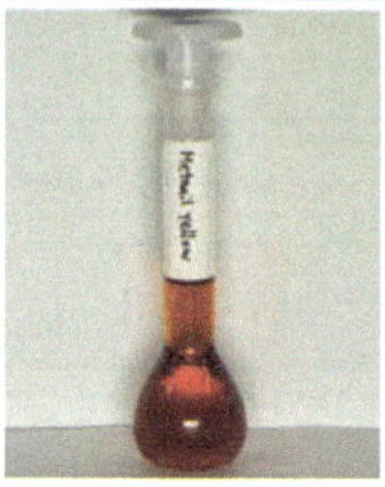 10	
Sunset yellow	95	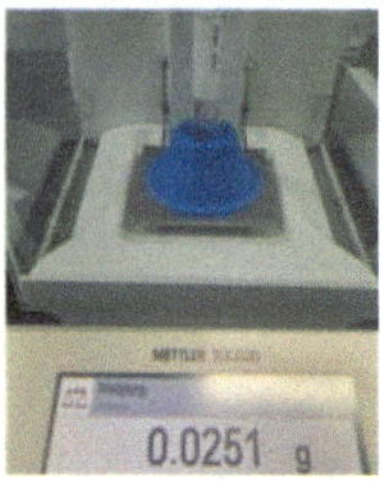 25.1	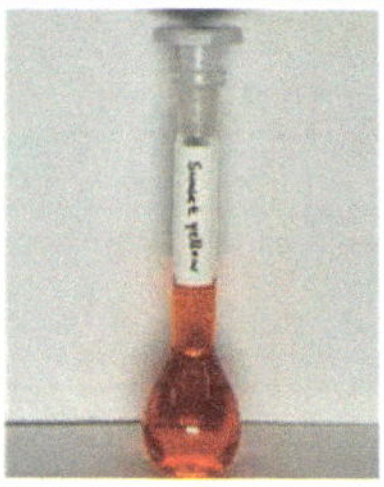 10	
Orange II	98	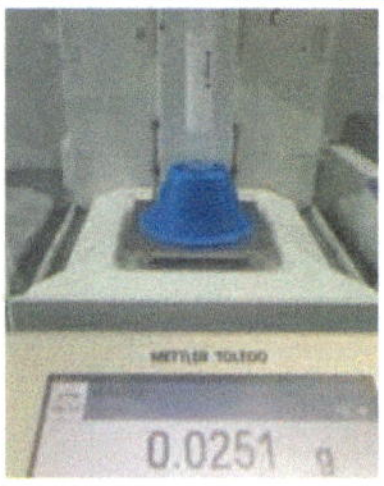 25.1	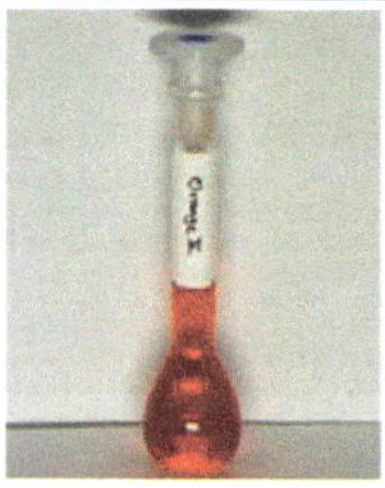 10	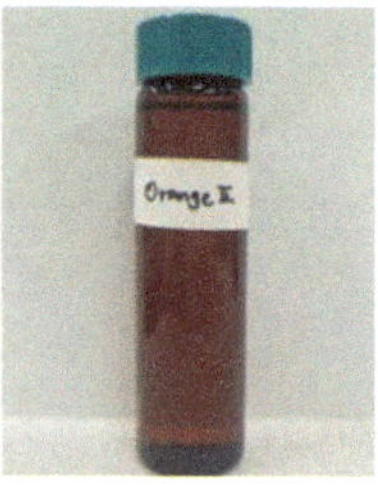

그림 27. 검량선 작성을 위한 개별색소 표준용액의 농도별 조제 방법

(2) 2차 혼합색소 표준원액

- 1차 표준원액 10종을 각 2 mL씩 취한 뒤, 혼합하여 5종 혼합색소 표준원액(500 µg/mL)으로 조제한다.

(3) 혼합색소 표준용액(ESTD calibration으로 할 경우)

- 검량선 작성을 위해 2차 혼합색소 표준원액을 70% 메탄올로 희석하여 1, 5, 10, 20, 40 µg/mL농도로 조제한다.

표 10. 검량선 작성을 위한 혼합색소 표준용액의 농도별 조제 방법

표준용액의 농도 (µg/mL)	취한 부피(mL)		
	2차 혼합색소 표준원액	70% 메탄올	최종 부피
1	0.02	9.98	10.0
5	0.10	9.90	10.0
10	0.20	9.80	10.0
20	0.40	9.60	10.0
40	0.80	9.20	10.0

(4) 혼합색소 표준용액(Matric matched calibration으로 할 경우)

- 황련 또는 황백 시료에 2차 표준원액(500 µg/mL)을 표 11과 같이 첨가하여 Matrix matched 5종 혼합색소 표준원액(500 µg/mL)과 Matrix matched 희석액(바탕시료)으로 조제하였다. 검량선 작성을 위해 표 12와 같이 1, 5, 10, 20, 40 µg/mL 농도로 희석하여 사용하였다.

표 11. Matrix matched 검량선 작성을 위한 혼합색소 표준원액 및 희석액 조제 방법

Matrix matched 검량선	Sample (g)	분취량 (mL)	추출용매의 첨가량 (mL)		최종 농도 (µg/ml)
		5종 혼합색소 표준원액 500(µg/ml)	70% MeOH + 100mM AA (1st)	70% MeOH + 100mM 염산 (2nd)	
Matrix matched 혼합색소 표준원액	2	-	20	20	0
Matrix matched 희석액	2	8	12	20	50

표 12. Matrix matched 검량선 작성을 위한 혼합색소 표준용액의 농도별 조제 방법

표준액의 농도 (g/mL)	취한 부피(mL)		최종 부피
	Matrix matched 표준용액	Matrix matched 희석액	
1	0.2	9.8	10.0
5	1.0	9.0	10.0
10	2.0	8.0	10.0
20	4.0	6.0	10.0
40	8.0	2.0	10.0

■ 용액 제조

(1) 100 mM 암모늄 아세테이트가 함유된 70% 메탄올

① 정량 플라스크 1 L에 Ammonium acetate 7.708 g*을 정밀히 달아 물 300 mL을 넣어 완전히 녹인다.
  * 계산식: 몰농도(M) × 부피(L) × 몰질량(g) = 0.1 × 1 × 77.08
② ①에 메탄올로 1 L가 되도록 정용하여 stirrer에 혼합한다(70% 메탄올).

(2) 100 mM 염산이 함유된 70% 메탄올

① 정량 플라스크 1 L에 물 300 mL, 염산(원액, 37%)* 8.28 mL 를 넣어 잘 혼합한다.
  * 계산식: 몰농도 × 부피 × 몰질량 / 순도 / 밀도 = 0.1 × 1 × 36.46 / 0.37 / 1.19
② ①에 메탄올로 1 L가 되도록 정용하여 stirrer에 혼합한다(70% 메탄올).

(3) 50 mM 암모늄 아세테이트 용액

① 정량 플라스크 1 L에 Ammonium acetate 3.854 g을 정밀히 달아 물 1 L로 정용하여 stirrer에 혼합한다.

■ 검액 제조

① 한약재 2.0 g를 정밀하게 무게를 측정하여 conical tube에 담는다.
② 무게를 잰 tube에 100 mM 암모늄 아세테이트가 포함된 70% 메탄올 20 mL를 넣는다.
③ Vortexing 후, 30분간 초음파 추출한다.
④ 방냉 후, 초음파 추출 후 생긴 가스를 제거하기 위해 뚜껑을 한번 열고 닫은 후 원심분리(4000 × g, 10분)한다.
⑤ 10 mL 피펫을 이용하여 상층액 1을 취한다. 상층액은 새로운 Conical tube에 취하며, 상층액을 취할 시 최대한 모든 액체를 취하도록 한다.

⑥ 남은 침전물에 100 mM 암모늄 아세테이트가 포함된 70% 메탄올 20 mL를 넣는다.
   (황련, 황백의 경우 100mM 염산이 함유된 70% 메탄올을 이용)
⑦ Vortexing 후 30분간 초음파 추출한다.
⑧ 방냉 후, 초음파 추출 후 생긴 가스를 제거하기 위해 뚜껑을 한번 열고 닫은 후 원심분리(4000 × g, 10분)한다.
⑨ 10 mL 피펫을 이용하여 상층액 2를 취해 상층액 1과 합한다. 상층액을 취할 시 최대한 모든 액체를 취하도록 한다. (대략 39 mL 정도 취해짐)
⑩ 합한 상층액을 Vortexing하여 잘 섞어준 후, 0.45 μm의 시린지 필터로 여과한 여액을 검액으로 한다.

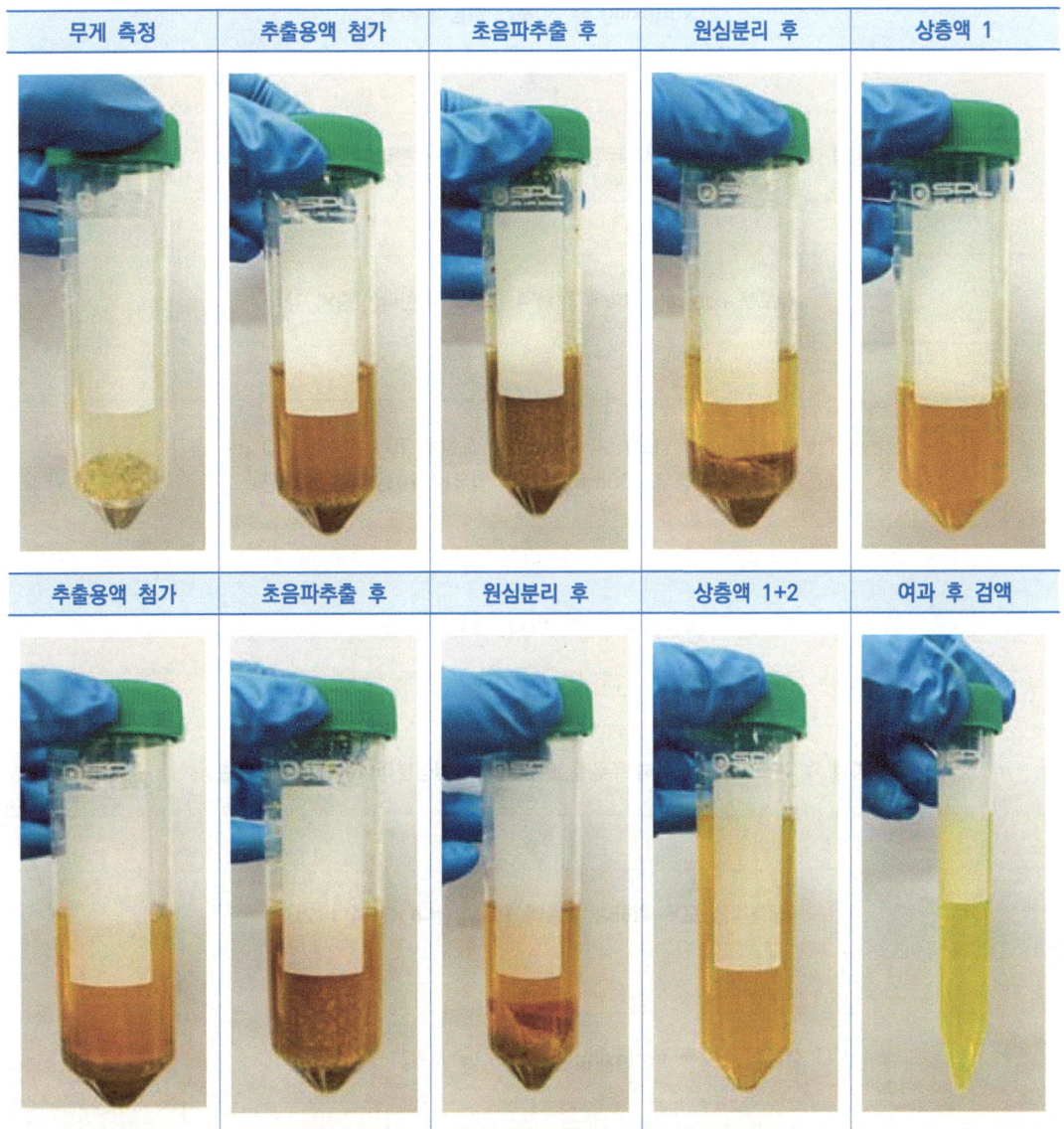

그림 28. 검액 제조를 위한 전처리 방법 예시 (사진)

50 mL conical tube에 한약재 2.0 g 칭량

Conical tube에 100 mM 암모늄 아세테이트가 포함된 70% 메탄올 20 mL 첨가

Vortexing 후 30분간 초음파 추출

방냉 후 가스 제거를 위해 뚜껑을 여닫은 후, 원심분리(4000 × g, 10분)

새로운 conical tube에 상층액을 모두 취한다(상층액 1).

남은 침전물에 100 mM 암모늄 아세테이트가 포함된 70% 메탄올 20 mL 첨가
(황련, 황백의 경우 100mM 염산이 함유된 70% 메탄올 이용)

Vortexing 후 30분간 초음파 추출

방냉 후 가스 제거를 위해 뚜껑을 여닫은 후, 원심분리(4000 × g, 10분)

상층액을 모두 취하여 상층액 1에 합한다(상층액 1+2).

상층액 1+2를 Vortexing 후 0.45 ㎛ 시린지 필터로 여과

그림 29. 검액 제조를 위한 전처리 방법 순서도

🗒 기기 분석

(1) 기기 분석 조건

사용장비	HPLC		
검출기	UV (Waters 2998 Photodiode Array Detector)		
사용컬럼	YMC-Pack ODS-A (250 mm × 4.6 mm i.d. 5 μm) 또는 이와 동등한 것		
이동상	time(min.)	50 mM ammonium acetate	acetonitrile
	0	95	5
	40	55	45
	45	55	45
	46	0	100
	50	0	100
	51	95	5
	60	95	5
유량	1 mL/min		
컬럼온도	30℃		
주입량	10 μL		
측정파장	타르트라진, 오라민 O, 메타닐옐로우 : 428 nm 선셋옐로우, 오렌지II : 500 nm		

(2) 색소 표준물질의 크로마토그램

① 공시험(용매), 5종 혼합색소표준액, 황련 바탕시료 및 5종 혼합색소표준액을 spiking 한 시료의 크로마토그램은 다음과 같다.
- 428 nm: tartrazine, auramine O, metanil yellow
- 500 nm: sunset yellow, orange II

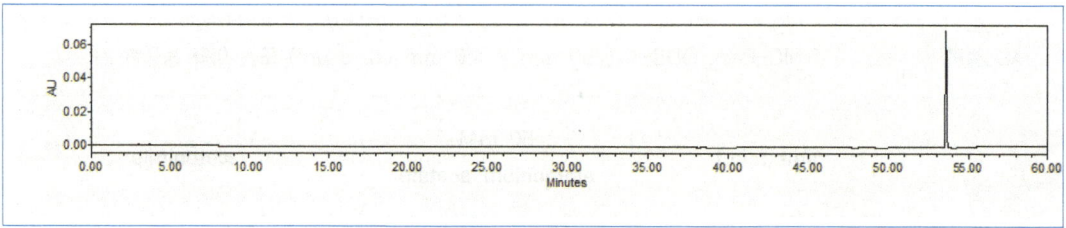

공시험액 (A), (428nm)

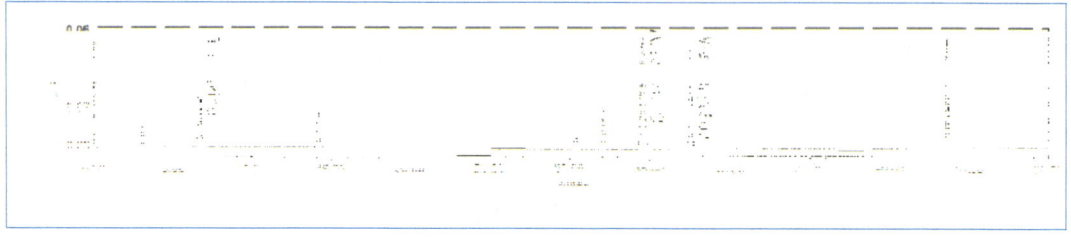

혼합색소표준액(B), (428nm)

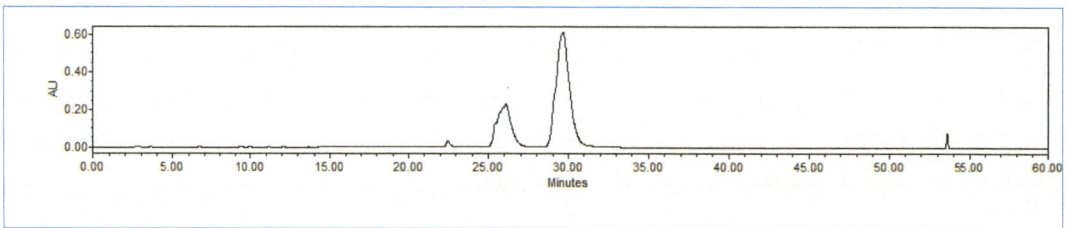

바탕시료(C), (428nm)

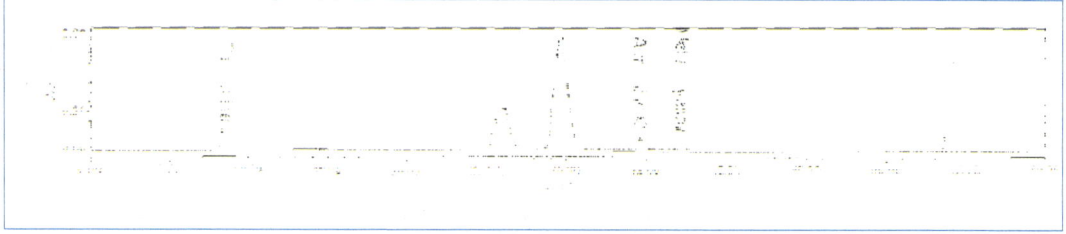

혼합색소표준액+바탕시료 spiking(B+C), (428nm)

그림 30. 황련 중 5종 적황색 색소 HPLC 크로마토그램(428 nm)

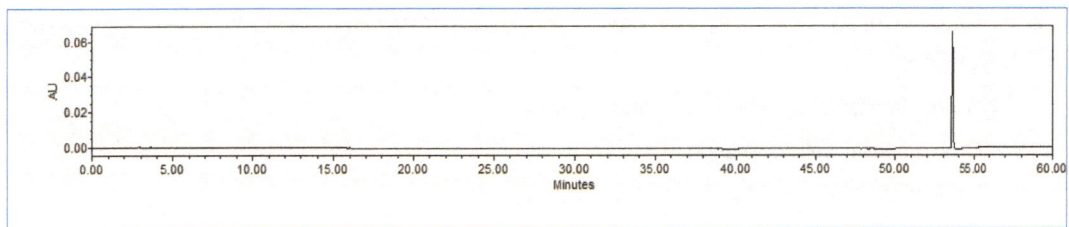

공시험액 (A), (500nm)

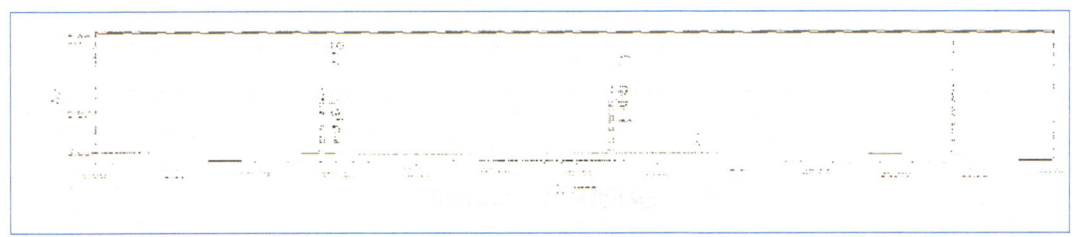

혼합색소표준액(B), (500nm)

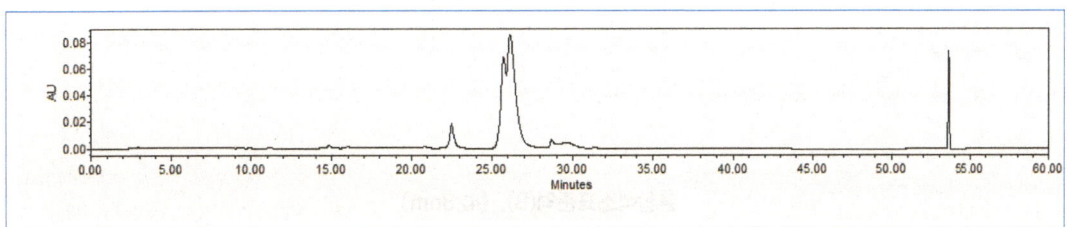

바탕시료(C), (500nm)

혼합색소표준액+바탕시료 spiking(B+C), (500nm)

그림 31. 황련 중 5종 적황색 색소 HPLC 크로마토그램(500 nm)

② 공시험(용매), 5종 혼합색소표준액, 황백 바탕시료 및 5종 혼합색소표준액을 spiking 한 시료의 크로마토그램은 다음과 같다.
- 428 nm: tartrazine, auramine O, metanil yellow
- 500 nm: sunset yellow, orange Ⅱ

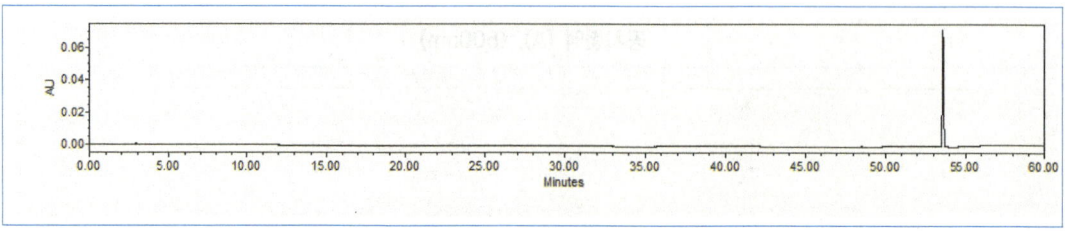

공시험액 (A), (428nm)

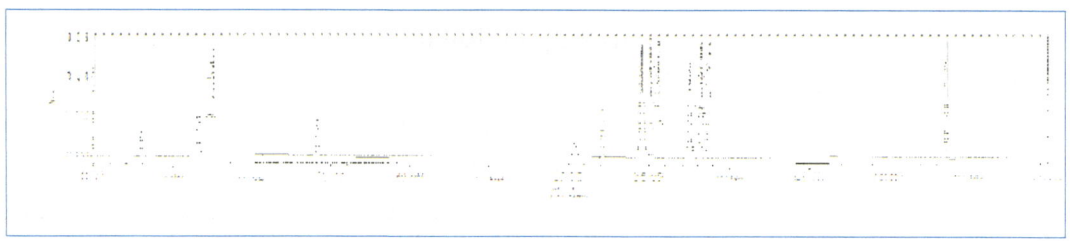

혼합색소표준액(B), (428nm)

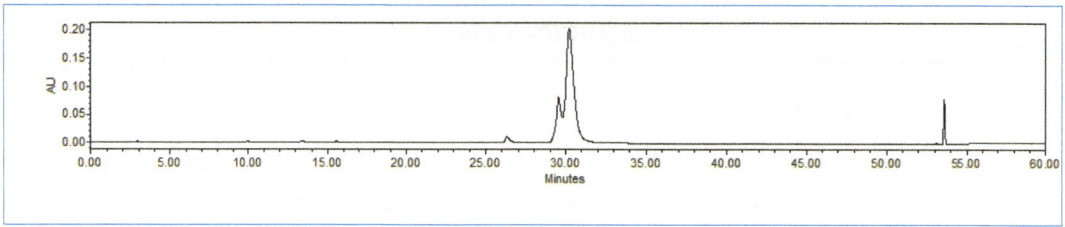

바탕시료(C), (428nm)

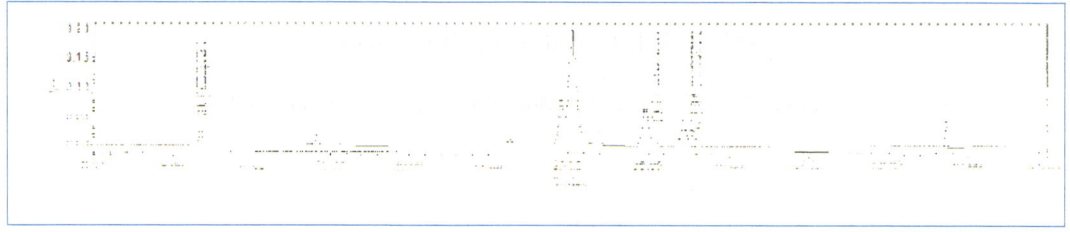

혼합색소표준액+바탕시료 spiking(B+C), (428nm)

그림 32. 황백 중 5종 적황색 색소 HPLC 크로마토그램(428 nm)

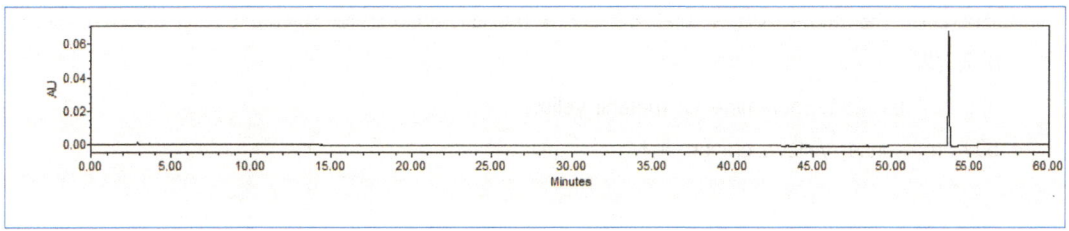

공시험액 (A), (500nm)

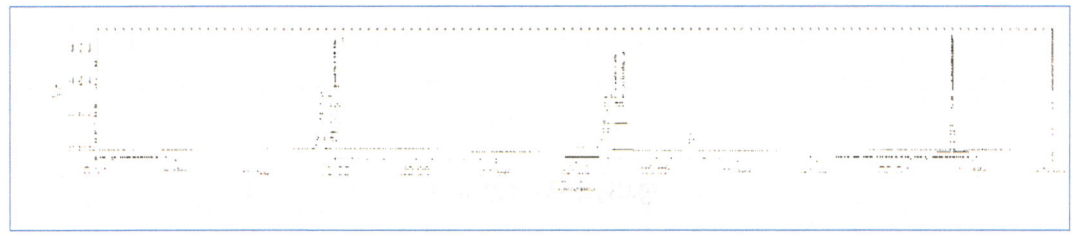

혼합색소표준액(B), (500nm)

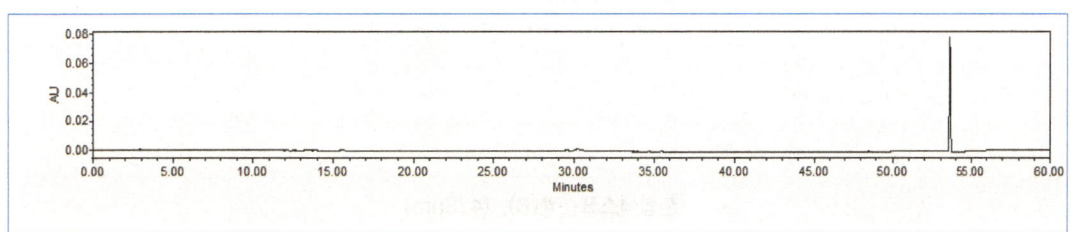

바탕시료(C), (500nm)

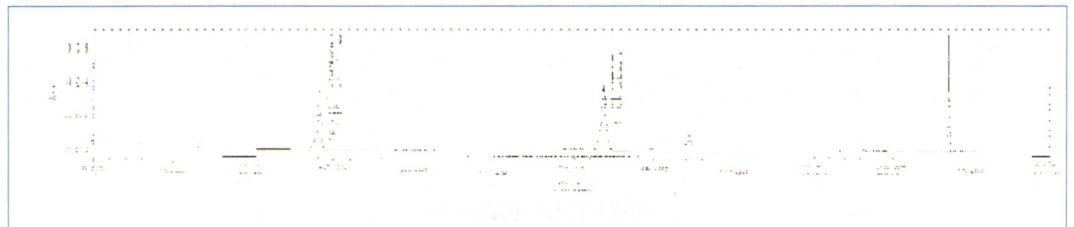

혼합색소표준액+바탕시료 spiking(B+C), (500nm)

그림 33. 황백 중 5종 적황색 색소 HPLC 크로마토그램(500 nm)

③ 공시험(용매), 5종 혼합색소표준액, 건강 바탕시료 및 5종 혼합색소표준액을 spiking 한 시료의 크로마토그램은 다음과 같다.
- 428 nm: tartrazine, auramine O, metanil yellow
- 500 nm: sunset yellow, orange II

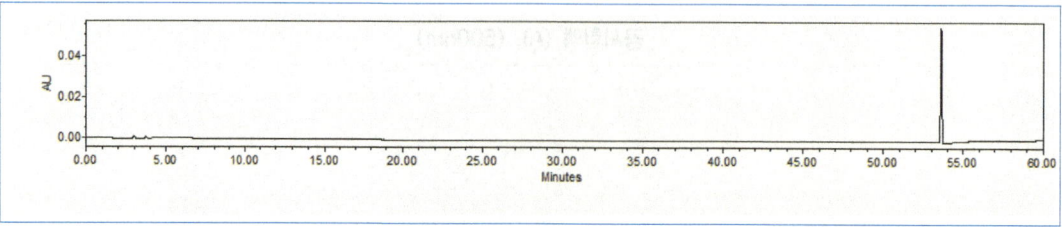

공시험액 (A), (428nm)

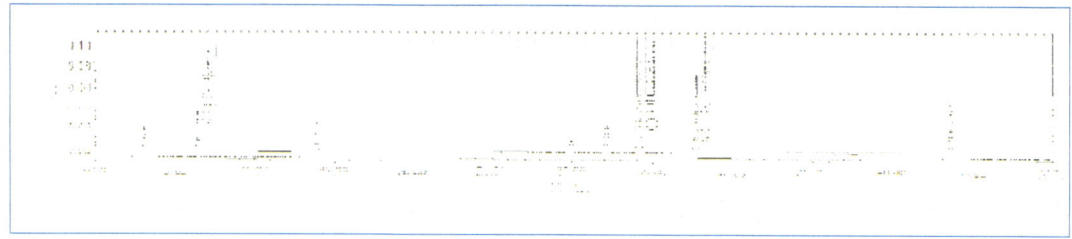

혼합색소표준액(B), (428nm)

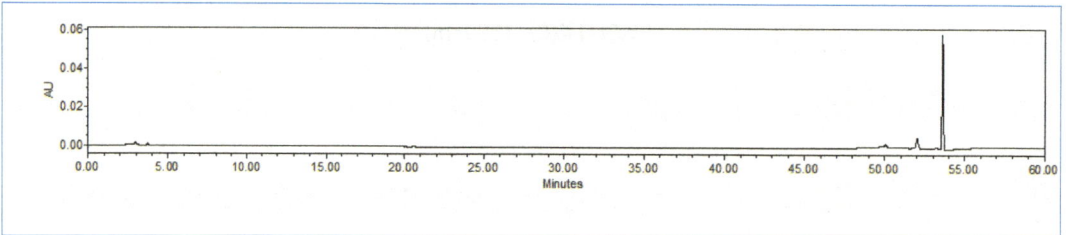

바탕시료(C), (428nm)

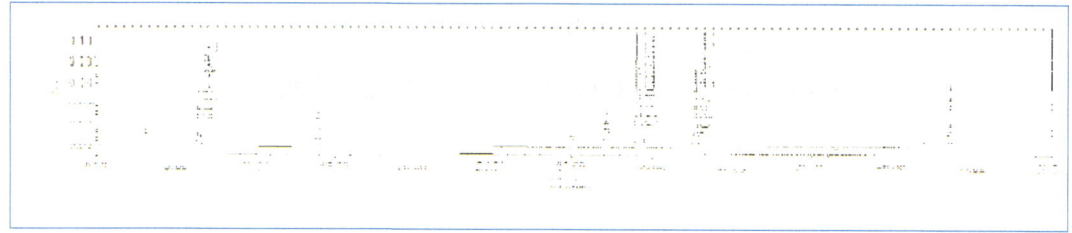

혼합색소표준액+바탕시료 spiking(B+C), (428nm)

그림 34. 건강 중 5종 적황색 색소 HPLC 크로마토그램(428 nm)

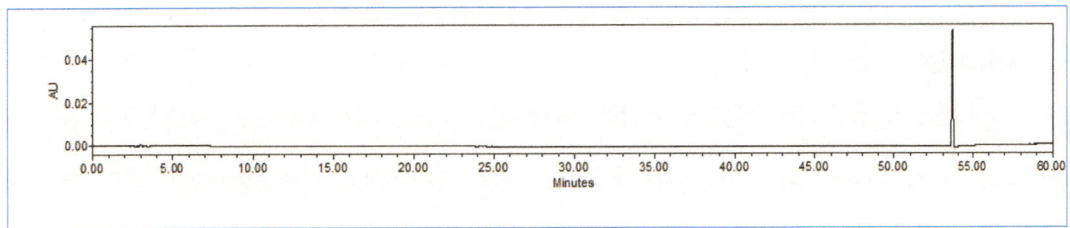

공시험액 (A), (500nm)

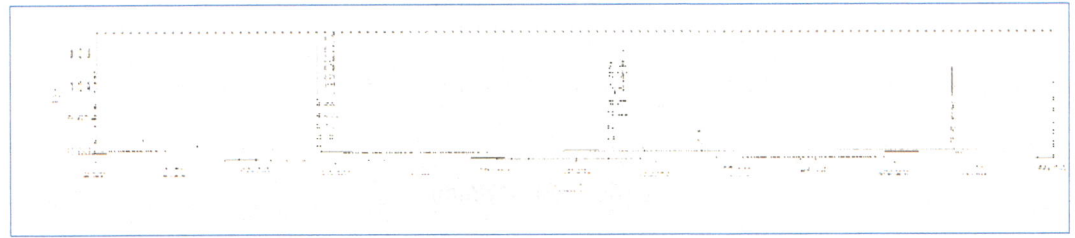

혼합색소표준액(B), (500nm)

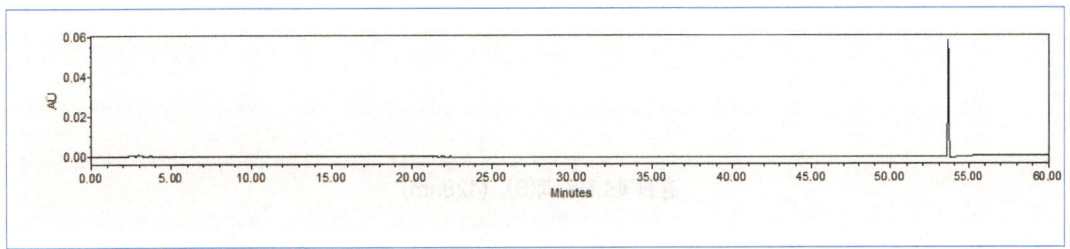

바탕시료(C), (500nm)

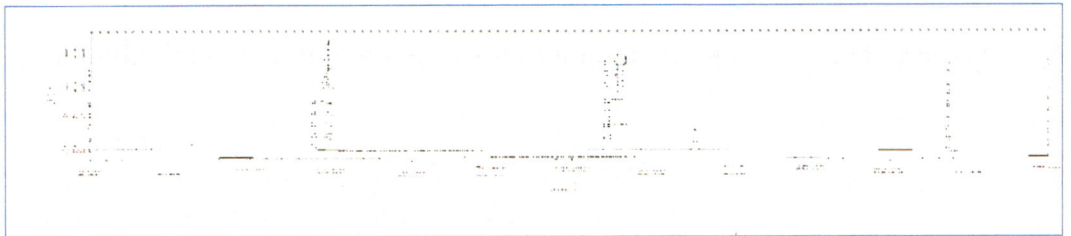

혼합색소표준액+바탕시료 spiking(B+C), (500nm)

그림 35. 건강 중 5종 적황색 색소 HPLC 크로마토그램(500 nm)

④ 공시험(용매), 5종 혼합색소표준액, 석곡 바탕시료 및 5종 혼합색소표준액을 spiking 한 시료의 크로마토그램은 다음과 같다.
- 428 nm: tartrazine, auramine O, metanil yellow
- 500 nm: sunset yellow, orange Ⅱ

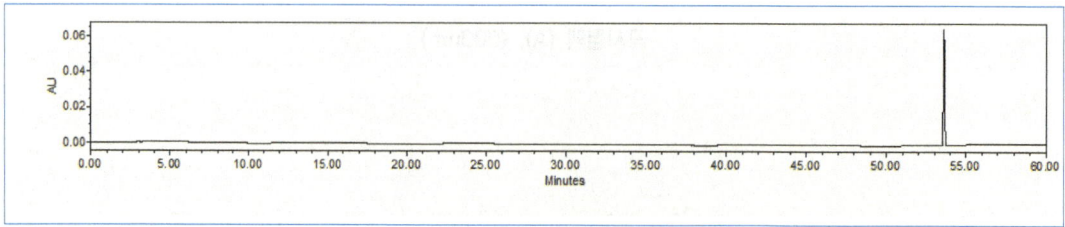

공시험액 (A), (428nm)

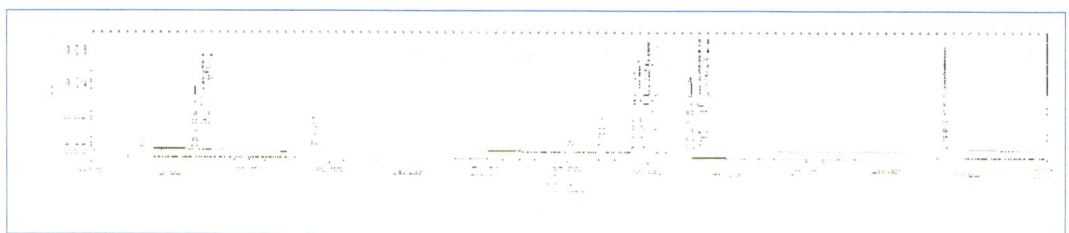

혼합색소표준액(B), (428nm)

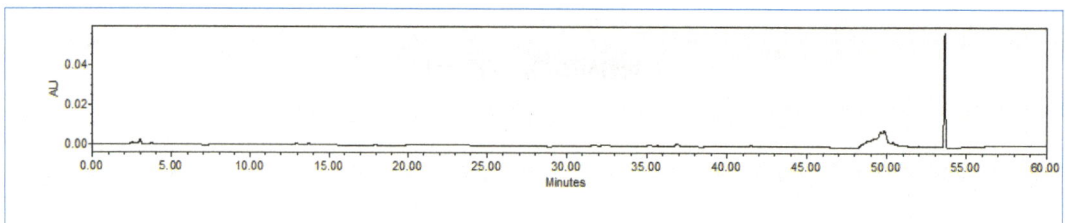

바탕시료(C), (428nm)

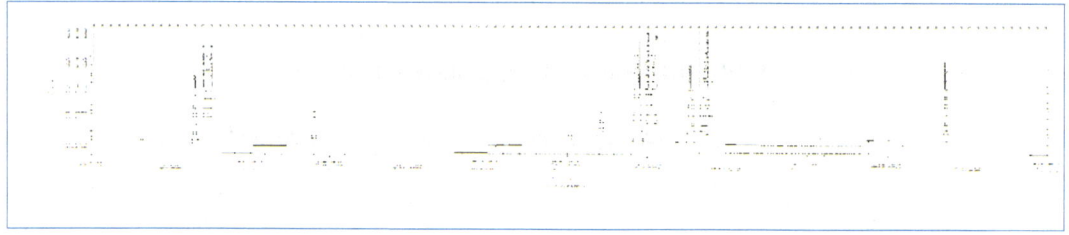

혼합색소표준액+바탕시료 spiking(B+C), (428nm)

그림 36. 석곡 중 5종 적황색 색소 HPLC 크로마토그램(428 nm)

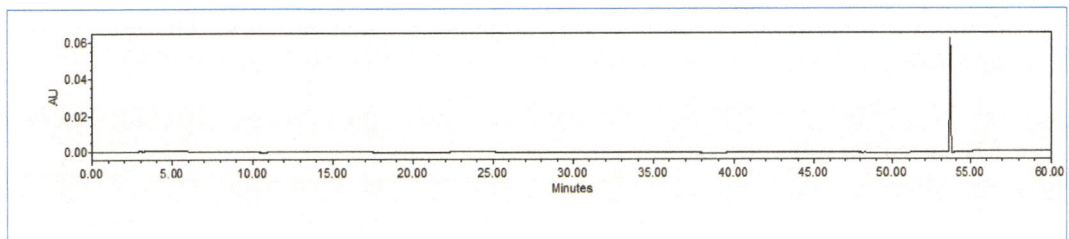

공시험액 (A), (500nm)

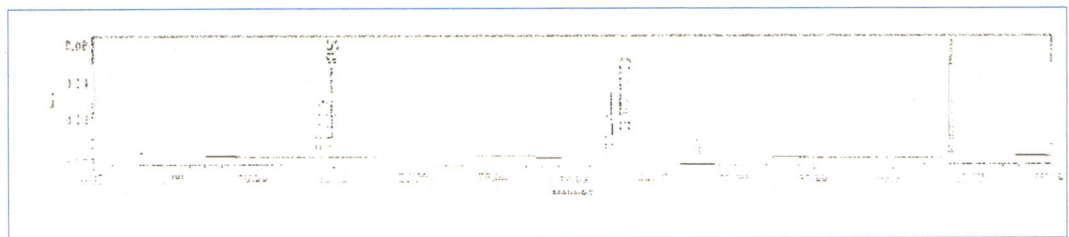

혼합색소표준액(B), (500nm)

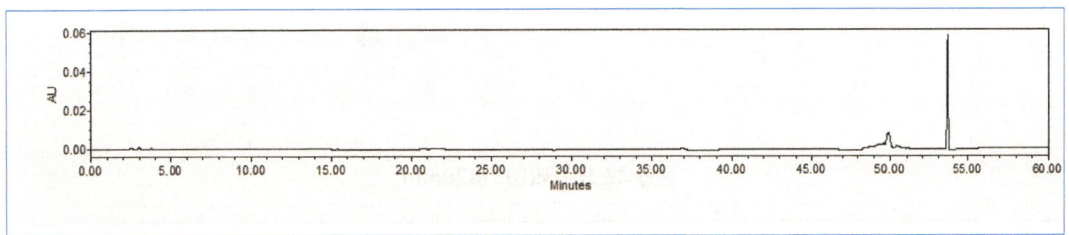

바탕시료(C), (500nm)

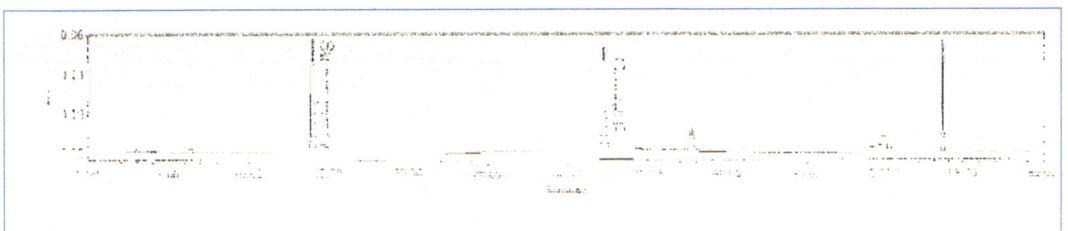

혼합색소표준액+바탕시료 spiking(B+C), (500nm)

그림 37. 석곡 중 5종 적황색 색소 HPLC 크로마토그램(500 nm)

⑤ 공시험(용매), 5종 혼합색소표준액, 토사자 바탕시료 및 5종 혼합색소표준액을 spiking 한 시료의 크로마토그램은 다음과 같다.
- 428 nm: tartrazine, auramine O, metanil yellow
- 500 nm: sunset yellow, orange II

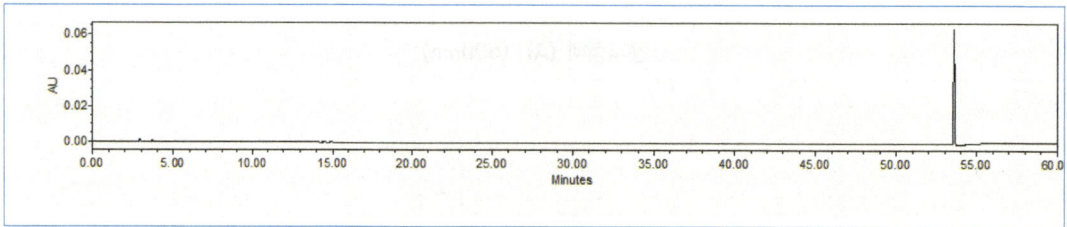

공시험액 (A), (428nm)

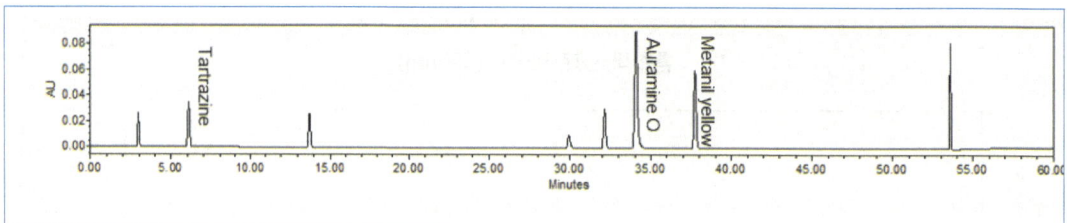

혼합색소표준액(B), (428nm)

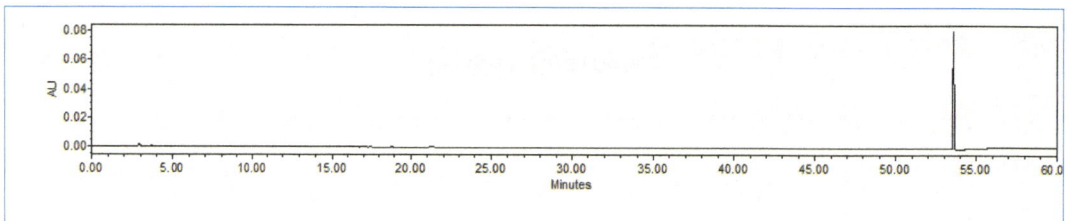

바탕시료(C), (428nm)

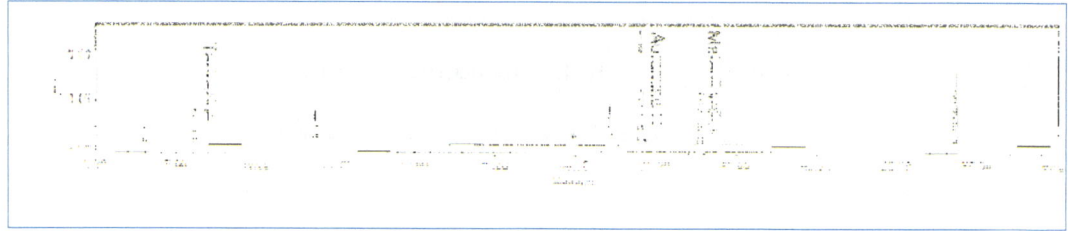

혼합색소표준액+바탕시료 spiking(B+C), (428nm)

그림 38. 토사자 중 5종 적황색 색소 HPLC 크로마토그램(428 nm)

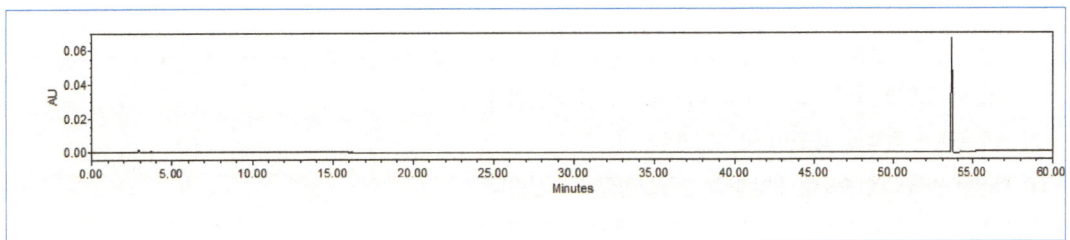

공시험액 (A), (500nm)

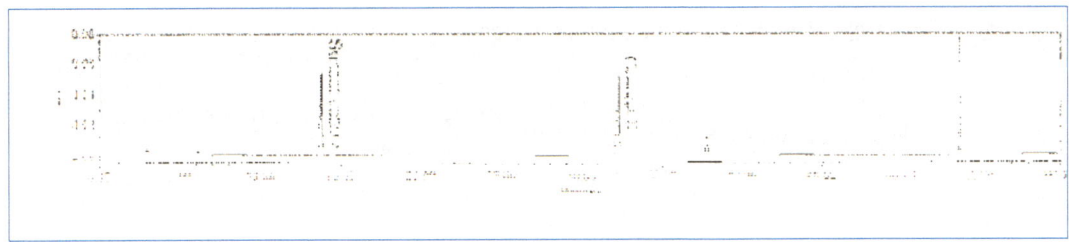

혼합색소표준액(B), (500nm)

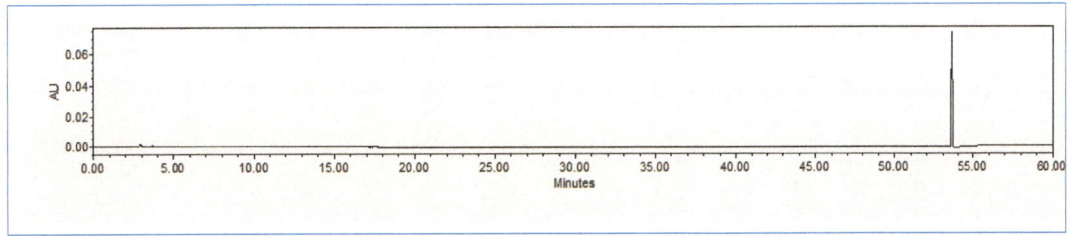

바탕시료(C), (500nm)

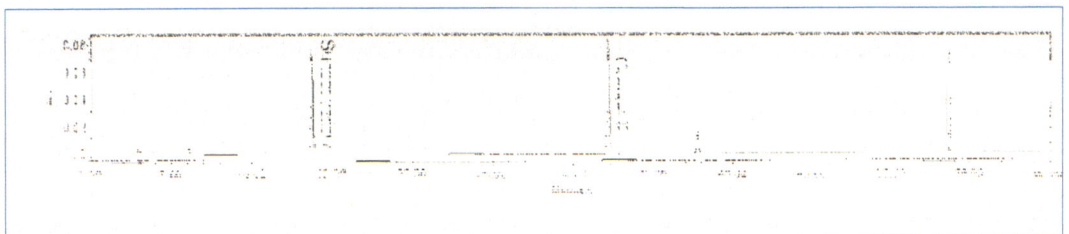

혼합색소표준액+바탕시료 spiking(B+C), (500nm)

그림 39. 토사자 중 5종 적황색 색소 HPLC 크로마토그램(500 nm)

결과계산

① 크로마토그램을 확인하고 색소의 머무름 시간을 확인한다.
② 표준용액과 검액의 피크면적을 측정한다.
③ 측정된 면적값에 순도를 반영하여 순도보정값을 계산한다.
④ 표준용액에서 얻어진 보정된 값에 따라 검량선을 작성한다.
⑤ 검액의 피크면적을 검량선에 대입하여 검액 중에 포함된 색소의 농도(μg/mL)를 계산한다.
⑥ 다음 식에 따라 한약재 중 색소의 함량(μg/mL)을 계산한다.

$$\text{색소 검출량}(\mu g/g) = \frac{\text{검체 중의 색소 농도 }(\mu g/mL) \times \text{추출용매 부피}(mL)}{\text{검체 무게}(g)}$$

※ 주의사항

- HPLC의 이동상은 purge하여 기포를 완벽히 제거한다.

- HPLC 분석 전 이동상 A 및 B와 컬럼의 평형화를 위해서 A이동상을 95%부터에 약 2분 간격으로 70%, 50%, 30% 이후 다시 50%, 70%, 95%로 컬럼에 흘려준다.

- HPLC 이동상 초기 조건인 A 95% 및 B 5%를 약 20분간 흘려주면서 안정화를 한다.

- 매 분석시마다 초기 용매 조건으로 10분을 유지하거나, 분석 후 안정화시간 10분을 추가하는 등 컬럼 안정화 과정을 추가한다.

- 초기 샘플은 블랭크(바탕시료, 공시험액 등)을 분석한다.

- 검량선 작성을 위한 혼합색소 10종 표준용액은 낮은 농도(1 ppm)부터 분석하며, 이때 가장 낮은 농도는 2회 분석을 실시하고, 나중에 분석한 결과를 사용한다.

- 모든 분석이 완료되면, HPLC용 water를 1시간 이상 충분히 흘려준 후, 70% 메탄올을 이용하여 컬럼 워싱을 충분히 실시한다(메탄올은 최대 70%가 넘지 않도록 한다).

편집위원장	손 수 정
연 구 위 원	책임연구원 김영준, 신한승
편 집 위 원	황진희, 조수열, 김종환, 박좌행, 오세욱, 김선호, 김규엽, 이영선, 박지영, 이성미
자 문 위 원	김경희 김병기 원재희

한약(생약) 중 색소 시험분석 사례집

포황 등 17품목

초판 인쇄 2023년 06월 09일
초판 발행 2023년 06월 15일

저　자 식품의약품안전처 식품의약품안전평가원
발행인 김갑용

발행처 진한엠앤비
주소 서울시 서대문구 독립문로 14길 66 205호(냉천동 260)
전화 02) 364 - 8491(대) / 팩스 02) 319 - 3537
홈페이지주소 http://www.jinhanbook.co.kr
등록번호 제25100-2016-000019호 (등록일자 : 1993년 05월 25일)
ⓒ2023 jinhan M&B INC, Printed in Korea

ISBN 979-11-290-4919-3 (93520)　　　[정가 10,000원]

☞ 이 책에 담긴 내용의 무단 전재 및 복제 행위를 금합니다.
☞ 잘못 만들어진 책자는 구입처에서 교환해 드립니다.
☞ 본 도서는 [공공데이터 제공 및 이용 활성화에 관한 법률]을 근거로 출판되었습니다.

중국 디지털
마케팅 트렌드
2020

중국 디지털 마케팅 트렌드 2020

초판 1쇄 발행 | 2020년 5월 11일

지은이 | 김현주·김정수·박문수(朴文洙)
펴낸이 | 이은성
편 집 | 김지은, 백수연
디자인 | 전영진
펴낸곳 | *e*비즈북스

주 소 | 서울시 동작구 상도동 206 가동 1층
전 화 | (02)883-9774
팩 스 | (02)883-3496
이메일 | ebizbooks@hanmail.net
등록번호 | 제379-2006-000010호

ISBN 979-11-5783-173-9 03320

*e*비즈북스는 푸른커뮤니케이션의 출판 브랜드입니다.

이 도서의 국립중앙도서관 출판예정도서목록(CIP)은 서지정보유통지원시스템 홈페이지(http://seoji.nl.go.kr)와 국가자료종합목록 구축시스템(http://kolis-net.nl.go.kr)에서 이용하실 수 있습니다. (CIP제어번호 : CIP2020004309)

중국 디지털 마케팅 트렌드 2020

김현주 · 김정수 · 박문수 지음

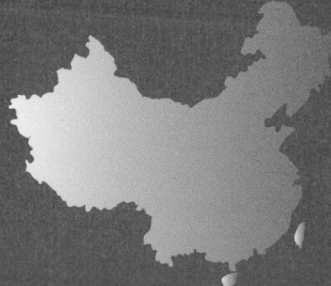

CHINA DIGITAL MARKETING
TREND 2020

e비즈북스

프롤로그

'썰물이 졌을 때 비로소 누가 발가벗고 헤엄쳤는지 알 수 있다.'

이 말은 워런 버핏이 2001년 당시 부실 경영을 겪은 회사들이 단발성 이슈거리로 인해 주가가 상승하고 있는 투기 과열 현상을 비판하면서 한 말이다.

지난 10여 년간 중국 시장에 진출한 수많은 한국 브랜드들의 '성공 비결'에는 한중 양국 간 안정적인 외교 관계와 중국 경제의 빠른 성장, 그리고 한류라는 트렌드를 통한 중국인들의 친 한국적인 태도와 문화적 동질감 등 외부 요소들이 많이 포함되어 있다고 볼 수 있다.

하지만 2016년 '사드'라는 '블랙스완' 사건이 발생하자, 위와 같은 모든 마케팅에 유리한 외부 요인들이 썰물처럼 하루아침에 빠지기 시작하였고, 그제야 '소 잃고 외양간 고치기'식으로 대책안을 찾기 시작한 한국 기업들은 중국 시장과 한중 관계에 대해 다시 되돌아보는 계기를 갖게 되었다.

중국 시장에서 한국 브랜드들이 시장 점유율을 잃고 있는 최근 몇 년 사이, 중국 로컬 기업들은 '애국심 마케팅'과 우수한 가성비로 가전제품, 뷰티/화장품, 모바일 디바이스 등 여러 업종에서 빠른 속도로 시장 점유율을 올리고 있다. 더군다나, 해외 제품을 선호하는 중국 소비자들도 이제는 일본, 미국, 유럽 등 글로벌 브랜드를 더 많이 선택하는 등 적지 않은 '지각변동'이 일어나고 있다.

이렇게 불과 3~4년 사이에 중국은 경쟁상대가 많아지고 진입 장벽은 높아진, 더 이상 'Made in Korea' 마크만으로 통하지 않은 시장으로 변하게 되었다. 이러한 '포스트 사드 시대'에 직면한 한국 기업들에게는 앞으로 중국 시장을 어떻게 공략해야 할지 더욱 심도 있는 고민이 필요하게 되었다.

다시 말해, 한국 기업들은 중국이라는 전 세계적으로 가장 큰 소비시장을 곁에 두고 있지만, 정작 시장의 크기에만 관심을 두고, 더욱 중요한 '중국 소비자'와 '중국 시장에서의 브랜드 역량'이란 본질을 놓치고 있었던 점에 대해 깊은 성찰이 필요하다.

이런 배경에서 10년 이상 중국 온라인 비즈니스 영역에서 활동한 저자 세 명이 모였다. 이 책을 통해 그동안 다양한 한국 기업들과 직접 온라인 비즈니스를 진행하면서 관찰한 중국 시장의 실태와 트렌드들을 있는 그대로 짚어 보고, 그 어려움과 한국 기업들이 반드시 알고 가야 할 사항들을 책에 담아내고자 하였다.

'중국 시장을 포기하라는 것인가' 하는 생각이 들 정도로 이 책의 저자들은 중국 시장, 특히 중국 온라인 비즈니스에서의 어려운 난제들을 그대로 담아내려고 노력하였다. 이 책을 통해, 가깝고도 먼 이웃 나라 중국 시장이 우리가 생각하는 것보다 어려운 시장임을 직시하면서 더 깊은 통찰을 가지고 진입하길 바라는 바람이다.

'인내는 쓰고 열매는 달다'라는 옛말이 있는 것처럼, 명확한 전략과 철저한 준비로 더 많은 한국 기업들이 중국 시장에서 단거리 선수가 아닌, '장거리 선수'로 롱런할 수 있기를 응원한다!

마지막으로, 이 책이 나오기까지 크고 작은 도움을 준 하이링크 코리아 및 아이콘 차이나 직원분들께 감사의 마음을 전한다.

차례

프롤로그

CHAPTER 1 중국 진출 성공전략 Tips

01 과연 사드가 문제의 핵심일까? 12
　우리는 그동안 무임승차한 것이다 13
　한국 기업들의 현지화 전략 부재 15

02 디지털 마케팅과 이커머스의 결합이 필요한 중국 온라인 시장 19
　알리바바와 텐센트로 양분된 중국 디지털 생태계 19
　왕홍 마케팅, 목적을 분명히 하라 20
　광군절에도 브랜드 마케팅과의 찰떡궁합이 필요하다! 24
　빅데이터는 마케팅 인사이트로 재해석되어야 한다! 25

03 한국 시장에서 通해야 중국에서도 通한다 28
　한국 소비자들로부터 먼저 인정받아라 28
　또 하나의 마케팅, 중국 관광객의 동선에 위치하기 29

04 글로벌 스탠다드 or 차이나 스탠다드? 33
　차이나 스탠다드는 따로 있다 33
　중국 비즈니스, 어벤저스팀 꾸리기! 35

05 코로나19 사태로 내다보는 한중 비즈니스 예상 시나리오 38
　코로나19는 중국 전자상거래의 Jump up이 될 수 있을까? 39
　그렇다면, 코로나19의 수혜주로 어떤 업종이 있을까? 40
　코로나19는 한국 기업에게 위기일까, 기회일까? 42
　Change makes Chance! 43

06 대리상이 모든 것을 해 주던 시대는 끝났다! 44
　유통만으로는 접근이 어려워진 시장 환경 44
　우리도 중국 대리상의 입장과 바꿔 생각해 보자 46

07 디지털 초집중 시대! 49
　　마케팅 대행사는 모든 기업을 고객으로 하지 않는다 49
　　손바닥 화면에서 당신 제품의 오감을 어떻게 느끼도록 할까? 53
　　중국 오픈마켓은 한국의 독립몰처럼 운영하라 54
　　90后에게 주도권을! 56
　　CS는 높은 지불이 필요한 영역 58

CHAPTER 2 중국 마케터가 들려주고 싶은 중국 이야기

01 90년대생이 온다 62
　　90년대생과 호흡은 기업의 미래 성장 동력이다 62
　　중국의 90년대생은 무슨 생각을 할까? 64

02 장거리 선수 일본 브랜드와 단거리 선수 한국 브랜드 69
　　일본 브랜드에 밀린 것이 사드 때문일까? 70
　　유통과 한류로 풀던 중국 비즈니스 1.0 세대, 2.0 세대의 준비는 달라야 한다! 71

03 제대로 된 CMO를 찾아라! 73
　　한국보다 큰 시장에 한국보다 적은 인력 배치! 73

04 3억을 쓰면 30억을 팔아 주는 왕홍 찾기? 77
　　왕홍 마케팅의 성공 필수 조건 78
　　가볍게 취급하면 안 될 기타 조건들 79

05 연예인은 더 이상 브라운관에 살지 않는다! 83
　　매스미디어 시대의 연예인과 SNS 시대 연예인은 다르다! 83
　　중국에서의 연예인 마케팅 성공 방정식 85

06 포지티브 확산보다 네거티브 확산이 더 빠르다! 90
　　이슈 대응 능력은 시작 전에 준비해야 하는 필수요소! 90

07 감성 인지부터 이성적 구매까지 94
　　브랜드 가치를 올리기 위한 준비 A-Z 94
　　'인지-호감-질문-행동'에 대한 채널은 어떻게 설계할까? 97
　　중국 사업의 구조적 모순 해결! 99

CHAPTER 3 중국 온라인 시장 조사, 나도 할 수 있다!

01 중국 플랫폼 지수를 통한 시장 조사 104
중국 마케터들이 가장 보편적으로 사용하는 바이두 지수 104
SNS의 트렌드/이슈를 확인할 수 있는 웨이보 지수 108
중국 소비자의 채팅 속 이슈를 파악할 수 있는 위챗 지수 109
전자상거래 빅데이터로 보는 타오바오 지수 110

02 보고서 등 연구 자료 찾아보기! 115
iResearch 115
199IT.com 117
웨이보 리포트 118
기타 사이트 119

03 소비자 설문 조사 120
온라인 쇼핑몰의 구매평으로 보는 소비자 반응 120
크라우드 펀딩 플랫폼: 제품 테스트 및 최신 트렌드 조사 121
징동 설문 조사 따라하기 123

CHAPTER 4 플랫폼 트렌드

01 중국 시장의 빠른 지각 변동과 온라인 연합 이해하기 130
검색시장 1위 바이두 132
알리바바 그룹 133
텐센트 그룹 134
바이트댄스 135

02 바이두 검색광고&SEO 마케팅 136
빠른 홍보 테스트가 가능한 바이두 검색 광고 137
검색 광고 영역에서 나의 브랜드를 보호하기 138
바이두 피드 광고 - 신의 한 수? 히든카드? 140
중국에서 SEO 마케팅하기 141
바이두 PC 검색과 모바일 검색 결과가 다르다 143

바이럴 마케팅이 필요할 때만 해서는 안 된다 143
바이두 백과 144

03 샤오홍슈 145
샤오홍슈의 가장 큰 장점, 콘텐츠 영역 이해하기 149
또 하나의 영역, 쇼핑몰 154

04 급성장하고 있는 도우인 158
도우인에서의 콘텐츠 커머스 활용 159
도우인 왕홍 플랫폼 163
광고 플랫폼, DOU+ 168
도우인 마케팅의 중요성 170

05 떠오르는 전자상거래 직구 플랫폼 소개 172
핀둬둬 - 소셜 미디어+공동구매 172
왕이카올라 - 젊은 층들의 해외 직구몰 176
윈지 - 웨이상들의 쇼핑몰 178

06 놓치면 안 되는 기타 채널 소개 180
빌리빌리 - '95后', '00后'들이 모이는 동영상 플랫폼 180
뤼저우 - 웨이보의 '야망' 182
닝멍아이메이 - 바이두가 만든 성형 앱 185

CHAPTER 5 Case Study

01 중국 뷰티 업종의 라이징 스타, 퍼펙트 다이어리 190
샤오홍슈를 메인 플랫폼으로! 191
모델 전략은 다다익선이다? 194
온/오프라인을 넘나드는 퍼펙트 다이어리! 196
콜라보 마케팅 197

02 오프라인 기반의 HEY TEA 성공 스토리 200
브랜드의 본질을 지킨다 201
온라인 기업보다 온라인 마케팅을 더 잘 하는 오프라인 기업, 희차 202

부록 중국 마케팅을 위한 행정 절차 Q&A

01 중국 법인, 꼭 있어야 하나요? 208

02 중국 상표등록증은 필수인가요? 209

03 중국의 각종 인허가증 안내 가이드 211
    화장품 위생허가 211
    식품유통허가증 211
    프로그램 저작권 212
    전자제품강제인증CCC 212

04 홈페이지 도메인/ICP 213
    도메인 선택의 중요성 213
    ICP 비안은 필수인가? 214
    중국 내 접속 속도 테스트 215

CHAPTER 1

중국 진출
성공전략 Tips

CHINA DIGITAL MARKETING
TREND 2020

01 과연 사드가 문제의 핵심일까?

얼마 전 마케팅 모임에서 많은 한국 뷰티 기업들이 중국에서 동남아시아로 선회하고 있다는 이야기를 나누다가 이에 대해 어떻게 생각하는지에 관한 질문을 받았다. 기업의 환경이야 저마다 다르니 때로는 맞는 전략일 수도 있겠지만, 한편으로는 아쉬움이 남는 대화였다. 중국은 이제 프리미엄 브랜드들이 본격적으로 성장하고 있다. 전자상거래가 쇼핑몰보다 익숙한 세대인 90后(90년대생)가 소비 주축으로 올라서며 고가의 화장품, 영유아 제품, 건강기능식품 등 직구 규모가 점차 커지고 있는 것이다.

필자가 10년 전에 중국에서 타오바오로 한국 패션 상품을 판매하던 때에는 상품 가격이 100위안만 되어도 판매하기 쉽지 않았고, 한국산 중저가 상품들 위주로 불티나게 팔리던 시기였다. 하지만, 당시의 많은 한국 기업들은 '가성비' 외에 브랜드 로열티를 지켜줄 셀링 포인트를 확고히 다지지 못한 채 성장하였고, 이미 몇 년 전부터 빠른 속도로 중국의 로컬 브랜드들이 한국 브랜드들을 밀어내고 그 자리에 이름을 올리고 있었다. 한국의 뷰티 기업들이 동남아 시장을 공략하는 것이 단순히 중국 시장보다 쉽다거나, 한류를 활용하여 큰 비용 없이 판매가 가능할 것이라고 기대하는 것이라면, 이 부분은 한 번쯤 다시 고려해야 할 것이다.

    한국의 뷰티 기업들이 동남아 시장을 공략할 때, 우리 기업들이 중국에서 겪었던 수많은 시행착오를 다시 밟는 것이 아니라, 시장을 선점하고 지속적인 투자로 소비자들의 브랜드 로열티를 확보하는 데에 집중할 수 있길 바라며 중국 시장에서 겪은 시행착오를 좋은 교과서로 삼았으면 한다. 이런 관점에서 몇 년 전 있었던 사드 논란과 중국 시장, 그리고 한국 기업과의 관계에 대해 설명하면서 중국 온라인 비즈니스에 대한 이야기들을 풀어보고자 한다.

우리는 그동안 무임승차한 것이다

중국에서 전자상거래 사업을 하던 2013년, 필자는 중국 기업들이 내세우는 가성비와 규모의 경제, 외국인으로서 경험한 개인 사업의 한계를 느끼고 한국에 들어왔다. 중국 사업을 중국 지인에게 인계하고, 한국에 들어오던 2014년으로 기억한다. 알리바바 그룹의 마윈이 한국을 방문하면서, 국내에서도 타오바오 붐이 뜨겁게 달아올랐었다. 더군다나 중국의 해외여행 붐이 시작되면서, 수많은 중국인들이 한국에 들어와 뷰티/패션 제품을 싹쓸이로 가져가기 시작하였고, 2014년에서 2016년까지 한국 기업들은 중국 소비자들을 잡기 위한 마케팅 전략 수립에 큰 관심을 갖게 되었다.

    그러던 2016년 9월, 사드가 정치적 이슈로 불거졌고, 그제서야 한국 기업들은 중국 시장과 한중 관계를 다시 돌아보게 되었다. 사드 직전까지 한국 기업들은 중국 시장에서 경쟁력을 갖고 자생하고 있던 게 아니라, 한류라는 트렌드에 기반한 중국인들의 친 한국적인 태도와 문화적 동질감, 지리적 이점을 등에 업고 무임승차적 혜택을 받은 것인지도 모른다. 그동안 중국의 높은 경제 성장을 통해 소비시장이 확대되었고, '한류'라는 큰 바람을 통해 '한국, Made in

Korea'라는 국가 이미지가 한국 기업들의 마케팅을 대신한 측면이 적지 않았던 것이다.

사드 관련 정치적 보복이 가장 심했던 2017년에 비해, 여행산업과 수출산업, 유통산업에 있어서 제재가 어느 정도 완화되고 있긴 하다. 하지만, 최근 몇 년간 중국 시장에도 많은 변화가 나타나고 있다. 미국, 일본, 유럽을 포함한 수많은 글로벌 브랜드들이 점유율을 끌어올리고 있고, 심지어 중국 로컬 브랜드들도 우수한 가성비를 내세워 뷰티/패션/모바일/가전/자동차 등 모든 소비 영역에서 약진하고 있다.

그리고 앞으로 한국 브랜드들은 중국 시장에서 '일본 브랜드', '중국 브랜드', '유럽 브랜드' 들과 순수하게 '상품' 및 '브랜드'로 경쟁해야 한다. 이미 중국에서도 합리적인 가성비, 우수한 디자인과 퀄리티, 공격적인 마케팅으로 두각을 나타내기 시작한 로컬 브랜드들이 나오기 시작하였고, 일본 브랜드들은 철저한 상품력과 디테일을 통해 중국 시장에서 상품의 진정성을 높이 평가받고 있다. 미국/유럽 브랜드들 또한, 프리미엄 존을 확고히 다지는 전략을 통해 공격적으로 중국 시장에 들어가고 있다.

한국 기업의 입장에서 보면, 이전보다 더욱 경쟁이 심화된 중국 시장에서 한국에 대한 우호적인 이미지는 걷히고, 순수하게 '상품'과 '브랜드' 경쟁력으로 그들과 경쟁해야 한다는 뜻이다. 반대로 이야기하자면, 중국 소비자 입장에서 선택의 폭이 넓어지면서, 한국 브랜드들의 매력도가 현격히 떨어지고 있는 것이다.

예전엔 한국 브랜드들이 중국 시장에서 '갑'으로서의 위치에서 그 영향력을 수월하게 행사할 수 있었다면, 이제는 그러한 영광의 시간이 지나고 중국 시장 내에서 치열하게 해외 브랜드 및 로컬 브랜드들과 경쟁해야 하는 시기가 도래했다.

앞으로 한국 기업들은 생존 자체가 더욱 까다롭고 어려워진 중국 시장에 대한 물음에 '사드'로 인한 각종 제재 때문에 어렵다고 대답하기 전에, '사드'로 인해 걷힌 우호적인 국가 이미지를 빼고도 '반드시 사고 싶게 할 수 있는가?'라고 스스로 묻고, 그 해답을 찾기 위해 부단히 노력해야 할 것이다.

앞으로 중국 시장에 들어가거나 재정비 중인 기업들에게 당부드리고 싶다.

"사드를 핑계삼지 말고, 사드로 인한 불공평한 제재에도 우리 제품/브랜드를 찾고, 구매하고, 사랑하게끔 만들어 달라"고.

한국 기업들의 현지화 전략 부재

중국 시장에 진출한 한국 기업들을 만나다 보면, 다양한 형태가 있다는 것을 알 수 있다. 지사를 설립하고 직접 진출하는 형태, 유통 파트너를 찾아 간접 진출하는 형태, TV홈쇼핑이나 면세점 입점을 통해 리셀러들이 찾아오게끔 하는 형태, 역직구 플랫폼에 입점하여 B2C를 풀어나가는 형태, 국내 유통상을 통해 확대해 나가는 형태, 중국의 거점 없이 한국에서 마케팅부터 유통까지 직접 설계하는 형태 등.

사실, 중국 시장에 진출하는 기업마다 시장에서의 브랜드 위치, 회사 규모, 상품 카테고리가 전부 다르기 때문에 가장 적합한 형태는 표준화된 정답이 존재하는 것이 아니라, 각 기업에 맞는 답을 찾아나가야 한다.

하지만 위에서 나열한 여러 형태로 중국 시장에 진출하는 데 있어, 한국 기업들이 반드시 기억해야 할 것이 있다. 바로, 현지화 전략이다.

예를 들어, 중국 유통상을 통해 간접 진출하는 기업의 경우, 중국 유통 시장에 대한 깊은 인사이트나 전략 없이, 유통 파워를 갖고 있는 유통상에게만 의존하는 기업들이 많다. 물론 한국 기업의 입장에서 보면 직접 진출하는 형태보다 중국 유통시장 및 문화에 대해 잘 알고 있는 유통상을 통해 진입하는 것이

리스크를 줄일 수 있는 방법임에는 필자도 동의한다.

하지만, 최소한 중국 시장에서 해외 브랜드 및 중국 로컬 브랜드와 경쟁할 기초 체력(가격 경쟁력/조직/인력 포함)을 갖추고, 유통 파트너로부터 중국 유통 시장의 노하우를 습득해야 더욱 안정적이고 장기적인 성장이 가능할 것이다. 그러나 한국 기업들이 노하우 습득보다는 중국 시장에서의 단기 매출에만 급급해 왔다는 것이 문제다.

예를 들어, 국내의 악기 제조업체 중 기타 브랜드를 생산하는 한 중소기업은 20여 년 전 중국에 진출하여 지금까지도 한 유통 파트너사와 긴밀한 협업을 통해 중국 시장을 공략하고 있다. 중소기업 특성상 조직 규모도 크지 않고 중국어 가능자도 많지 않았지만, 유통 파트너사와 20년이란 시간 동안 긴밀하게 호흡을 맞추어 오면서 중국 악기 시장에 대한 이해도, 경쟁사 현황, 로컬 브랜드들의 성장 추이 등을 매우 정확히 파악하고 있었다. 이 기업은 유통 파트너사가 필요로 하는 마케팅 지원에 대한 장기적인 전략을 고민하다가 필자의 회사를 찾게 되었다. 당시 만만치 않은 중국 시장에 대한 깊은 이해도와 인사이트를 갖고 시장 대응을 하고 있는 모습을 보고 이런 기업이 많아졌으면 하고 생각했던 적이 있다.

중국 거점을 통해 지사 형태로 진출하는 경우에도 그러하다. 대부분의 한국 기업들은 의사결정권자로 본사 소속의 직원을 파견 보내며, 실무는 현지 채용 인력에 기대는 경우가 대부분이다. 한국에서 파견 나간 의사결정권자가 중국에 대한 이해와 인사이트가 깊다면 큰 문제가 되지 않겠지만 아쉽게도 대부분은 중국 전문가라기보다 그 기업이 속해 있는 산업 분야에서의 전문가인 경우가 많다. 그렇기 때문에 중국지사를 설립하고도 다시 중국 시장의 흐름을 읽기 위해 수업료라는 명분으로 수많은 시간과 비용을 지불한 후, 성과 없이 빈손으로 한국에 들어오는 경우가 많다.

모든 기업들이 비싼 수업료를 낸 후에야 치열한 중국 시장에 대한 인사이트나 현지화 전략을 얻을 수 있다면, 한국 기업들이 중국 시장에서 성공할 가능성은 앞으로도 점점 사라질 것이다. 만약 당신이 중국지사의 의사결정권자라면, 옆에 한국인 직원을 두기보다 중국인 직원들과 더 많이 소통하고 그들이 하는 이야기들을 경청해 보자. 그들과의 대화에서 당신 회사의 올바른 방향 수립을 위한 힌트를 수없이 찾을 수 있을 것이다.

만약에 유통 파트너를 통해 진출한 경우라면, 최대한 중국 파트너와 소통을 늘려라. 그들이 중국에서 필요로 하는 마케팅 지원과 그들이 겪고 있는 난관은 무엇인지, 본사 입장에서 제공해야 할 지원이 무엇인지에 대해 끊임없이 소통하고 들어 보면, 의외로 당신이 그토록 원하던 답을 쉽게 찾을 수 있다.

만약 면세점 입점을 통해 진출한 경우라면? 필자라면 1개월만이라도 면세점 매장에서 중국인 소비자들의 반응을 지켜보면서 직접 판매해 볼 것이다. 필자가 중국에서 실제 오프라인 매장을 운영하던 당시, 중국인의 소비 취향, 유행 트렌드, 나의 제품에 대한 고객 아이디어 등 인사이트를 매장과 고객 반응으로부터 가장 많이 얻을 수 있었다. 당신의 상품에 중국인 소비자가 필요로 하는 가치를 담아서 제공할 때, 상품과 브랜드의 가치를 인정받을 수 있고 매장에서 듣게 되는 소비자들의 이야기 속에서 그 가치를 발견하고 적용할 수 있을 것이다.

중국 시장의 현지화 전략에 대한 실마리는 어쩌면 우리가 생각하는 것보다 더 가까이 있을 수 있다. 우리 편에 서있는 중국인들이 있는 자리에 가서 상품에 대해 이야기하고, 피드백을 들어 보자. 그 안에 답이 있다. 그리고 이러한 경험치와 노력이 쌓였을 때 당신 기업만의 현지화 전략을 수립할 수 있는 인사이트가 생길 수 있지 않을까?

그리고, 한 가지 더 당부드리고 싶은 이야기가 있다. 지금 이 책을 읽고 있는 당신이 중국 시장에 진출한 기업 또는 진출하고자 하는 기업에 몸담고 있다면,

최소한 중국인 채용 및 중국 전문가 인재를 키우는 데 아낌없이 투자했으면 한다. 당신이 중국 전문가가 되는 것이 빠르겠는가? 아니면 중국을 제대로 이해하고 있는 친구가 당신의 회사에 들어와서 당신 회사의 산업 구조를 이해하게끔 하고, 당신과 함께 중국에 맞는 시장 전략을 수립하는 것이 빠르겠는가?

중국 시장에 진출하는 데 있어서, 당신의 기업 내에 중국 시장, 중국 문화를 제대로 이해하고 있는 인재가 있다면, 그래서 중국 시장에 들어갈 때 그들로부터 아낌없는 조언을 받을 수 있다면 굳이 비싼 수업료는 수업료대로 내고 돌아가는 것이 아닌, 더욱 정확하고 빠른 돌파구를 찾을 수 있다.

어쩌면 중국 시장에서의 성공은 중국에 대한 인사이트를 적용한 전략과 이를 제공해 줄 수 있는 조직 역량을 갖추고 있는지에 달려있을지도 모른다.

02 디지털 마케팅과 이커머스의 결합이 필요한 중국 온라인 시장

중국 디지털 마케팅을 하다 보면, 한국과는 다른 온라인 환경으로 인해 다양한 시행착오를 겪는 사례가 많다. 한국에서 인스타그램이나 페이스북에서 광고를 진행할 경우 랜딩페이지를 브랜드 사이트로 유입하는 경우가 많지만, 중국에서는 진행하고자 하는 온라인 플랫폼의 투자 주체가 알리바바 그룹인지 텐센트 그룹인지에 따라 투자 주체가 갖고 있는 전자상거래 채널로만 연동이 되는 경우가 많다. 중국의 디지털 마케팅은 이커머스와 보다 밀접하게 연결되어 있다는 점을 반드시 기억하자. 디지털 마케팅과 이커머스라는 두 개의 다른 영역이 결합되어 움직일 때, 왜 더욱 효율적인지 여러 면에서 설명하고자 한다.

알리바바와 텐센트로 양분된 중국 디지털 생태계

한국에서는 알리바바가 전자상거래 플랫폼으로만 익숙하지만, 중국에서는 온라인과 O2O 영역의 생태계에 가장 큰 영향력을 갖고 있는 거대 IT 기업이다. 알리바바 그룹이 투자해 놓은 플랫폼 생태계는 매우 복잡한데, 엔터테인먼트, 오락, SNS, 숏클립, OTT, 핀테크 등 매우 다양한 업종에 투자되어 있으며, 알리바바가 투자에 참여해서 성장한 기업의 경우, 결제 및 판매 연동 영역은 티몰과 타오바오에 최적화되어 있다.

이에 대항하는 텐센트가 투자한 앱이나 IT 플랫폼은 위챗페이(텐센트의 지불결제시스템) 및 징동(이커머스 플랫폼)에 최적화되어 있다. 중국 소비자들은 알리바바와 텐센트로부터 시작된 전자상거래 환경에 익숙해 있고, 이런 환경에서 단순하게 1개 기업의 브랜드 사이트가 독자적으로 채널을 구축하기 어렵다.

예를 들어, 한국에서는 '티빙'이나 '옥수수' 같은 OTT 플랫폼에서 광고를 집행할 때, 랜딩페이지를 쿠팡이나 11번가의 상세페이지로 하는 경우가 없다. 인스타그램이나 페이스북에서도 랜딩페이지를 특정 이커머스 사이트로 연동하기보다는 자사몰 또는 브랜드 사이트로 연동하는 경우가 다반사다. 하지만, 중국에서는 플랫폼을 통해 DA광고 등 온라인 마케팅을 진행하면 대부분 랜딩페이지를 티몰 또는 징동으로 설계하는 것이다. 오히려 브랜드 사이트를 랜딩페이지로 쓰는 경우가 드물다. 중국에서의 브랜드 사이트는 판매 기능보다는 홍보 기능으로 활용된다.

상황이 이렇다 보니 중국에서는 티몰이나 징동과 같은 이커머스 플랫폼의 입점 없이는 온라인 마케팅의 효율적인 운영이 수월하지 않다. 다양한 매체에서 마케팅을 집행할 때 전자상거래 운영팀의 적극적인 협조가 없으면 마케팅 효율이 떨어지는 일도 다반사다.

왕홍 마케팅, 목적을 분명히 하라

한국 기업은 대부분 타오바오 라이브 왕홍을 선호하며, 왕홍이라는 단어를 듣는 순간, 모바일로 생방송을 진행하며 자사의 상품을 판매해주는 장면을 떠올린다. 하지만, 중국에서의 왕홍 마케팅 트렌드를 보면, 온라인 매체의 빠른 유행 시기에 맞추어 포스팅 왕홍→라이브 방송 왕홍→숏클립 왕홍의 형태로 발전하고 있다.

한국에서 왕홍에 엄청난 관심을 보이기 시작한 것은 라이브 방송 왕홍이 주목받던 시점부터라 볼 수 있겠다. 하지만 최근에 중국에서 주가가 가장 높은 왕홍들은 샤오홍슈 혹은 도우인에서 숏클립으로 진행하는 왕홍들이다. 물론 이들이 실시간 판매를 해주지 않기 때문에 한국 기업들은 매출과 직결될 수 있는 라이브 방송 왕홍에 더욱 관심을 갖는지도 모르겠다.

하지만, 중국 소비자들은 라이브 방송을 통해 상품을 판매하는 왕홍에 대한 신선함이 예전 같지 않다. 샤오홍슈처럼 상품에 대한 상세한 리뷰와 숏클립 콘텐츠가 넘쳐나는 플랫폼들이 있으니, 사고 싶은 상품이 생기면 바로 샤오홍슈에서 검색하고 해당 제품을 스터디하는 식의 행동 패턴이 늘고 있다.

상품을 직접 판매하는 라이브 방송은 TOP 순위권에 들어가 있는 왕홍이 아니고서는, 판매와 홍보 양쪽 다 성과가 미미한 경우가 많다. 지금의 중국 소비자들은 왕홍 방송을 라이브 시간에 맞춰 기다리기보다, 샤오홍슈나 도우인처럼 다양한 카테고리의 좋은 상품을 재미있게 소개하는 숏클립 채널을 더 선호하기 때문이다. 그들은 실시간 검색으로 찾고자 하는 카테고리의 좋은 상품을 발견하기도 하고, 신뢰하는 왕홍이 소개하는 상품에 대해 지속적으로 관심을 두고 리플로 궁금한 것들을 확인하기도 한다.

예를 들어, 최근에 들어 얼굴이 너무 건조한 소비자가 "수분 크림"을 사고자 할 때, 샤오홍슈에서 "수분 크림"을 검색하면 왕홍들부터 시작해, 일반 고객들이 써 본 "수분 크림"의 다양한 후기를 접하며 자신의 피부타입과 적정가격, 브랜드 등을 조합해 상품을 선택한다. 그리고 타오바오 앱에 들어가서 동일 상품이 어디에서 저렴한지, 정품인지 철저히 확인해 보고 구매한다.

"수분 크림"을 검색하는 과정에서 고객은 다음과 같은 다양한 콘텐츠의 검색 결과를 얻게 된다.

▲ 샤오홍슈 "수분 크림" 검색 화면

　노출되는 콘텐츠 중에는 광고도 있고 왕홍 콘텐츠도 있다. 또한, 광고성 포스팅이 아닌 '일반 고객의 평가글'도 있고, 브랜드에서 의도적으로 상위에 노출하는 광고성 콘텐츠도 섞여 있다. 소비자가 어떤 콘텐츠를 클릭하고 들어가느냐는 그들의 판단이지만, 이때 콘텐츠의 섬네일을 통해 소비자의 클릭을 유도하는 노력은 브랜드의 몫이다.

　샤오홍슈에서 브랜드명으로 검색할 때에도 마찬가지이다. 예를 들어, '랑콤'이나 '라메르' 등을 검색했을 때, 연예인 콘텐츠부터 호기심과 호감을 일으키는 다양한 콘텐츠와 비주얼 임팩트가 있는 콘텐츠들이 노출되는 것을 알 수 있다. 이미 글로벌 브랜드 및 로컬 브랜드들은 샤오홍슈에서의 검색 결과를 매우 중요하게 생각하면서 마케팅을 집중하고 있다. 따라서 타오바오 판매 왕홍에만 집중하고 브랜드 관리 차원의 왕홍 콘텐츠에 소홀할 경우, 지금 당장은 중국 시장에서 살아남은 기업이라고 하더라도 앞으로의 포지션은 상당히 불리해질 수 있다.

여기서 주의해야 할 점은 샤오홍슈 플랫폼에서 왕홍 마케팅을 하고자 할 경우다. 샤오홍슈 내 이커머스 기능이 있다고 하여 온전히 매출 확대만을 목표로 설정하려고 하면 안 된다. 예를 들어, 우리 회사의 마케팅팀이 선택하고자 하는 왕홍과 전자상거래 영업팀이 선택하는 왕홍에도 확연한 차이가 있다. 전자상거래팀은 브랜드의 주요 타깃 연령, 감성, 비주얼 이펙트보다는 최근 인터랙션 상승률, 팔로워의 구매력 수준, 상품 판매능력, 평균 구매 전환율을 기준으로 볼 것이다. 또한, 높은 왕홍의 1회성 비용을 감안해 인지도가 높은 TOP급 왕홍보다는 단가를 낮춰 수십 명의 판매 왕홍을 돌리는 형태를 선호한다. 반면에, 마케팅팀은 콘텐츠의 진정성, 왕홍의 비주얼과 라이프 스타일, 브랜드와의 적합성, 콘텐츠 도달률 등에 초점을 둔다.

중국 대리상을 통해 마케팅을 진행하는 한국 기업의 경우, 대부분 위에서 설명한 전자상거래팀의 기준과 흡사하다. 중국 대리상들은 한국 기업의 브랜드 가치를 키울 명분과 이유보다는, 이윤 창출을 위한 판매 확대라는 명확한 목표가 있기 때문에, 왕홍의 데이터 분석보다는 판매 가능성에 최종 목표를 두고 진행하는 경우가 많다. 목표가 매출 신장에만 치우쳐 있다 보니, 이러한 왕홍과의 협업에서 브랜드가 어떻게 보여질지, 소비자에게 어떻게 어필할지, 콘텐츠 자산으로서의 가치가 생길 수 있을지는 대리상들의 관심사가 아니다. 그들 입장에서의 분명한 비즈니스 목표는 '브랜드 가치 성장'이 아닌 '판매 확대'이기 때문에 당연할 수도 있다.

하지만 설명 드린 바와 같이, 앞으로는 한국 기업도 판매 왕홍보다는 콘텐츠 마케팅을 강화한 왕홍 마케팅에 더욱 전략적으로 접근해야 그 경쟁력을 유지할 수 있을 것이다.

광군절에도 브랜드 마케팅과의 찰떡궁합이 필요하다!

중국의 가장 큰 쇼핑 축제인 광군절에는 중국 시장에 들어가 있는 모든 글로벌 기업과 로컬 기업들이 마케팅에 올인하므로, 단순하게 "싸게 드릴게요~" 같은 콘셉트의 배너광고가 성공할 리 만무하다.

참신한 아이디어, 진정성 있는 다양한 콘텐츠와 DA Display Ad 광고, 풍부한 프로모션, 신선하고 재미있게 기획된 상품 라인 등 다방면으로 광군절을 준비한 기업 중에는 광군절 매출 신기록을 세우는 스타 기업도 생긴다.

중국 로컬 기업이나 글로벌 기업에서의 광군절 마케팅 예산은 보통 몇십억 단위로 투입하는 경우가 많은데, 과연 그들은 이러한 마케팅을 광군절 시기 판매 확대를 위해서만 진행한다고 볼 수 있을까? 그렇지 않다. 그들은 광군절 마케팅 자원에 엄청난 비용이 투입되는 만큼, 장기적으로 브랜드의 인지도를 확대하고 긍정적인 영향을 미치도록 세밀하게 설계해 브랜드 관점에서의 마케팅과 병행하고 있는 것이다.

즉, 중국에서는 티몰의 광군절에 대항하기 위해 징동의 창립기념일에 열리는 프로모션인 618이나 광군절, 1212 등의 빅 프로모션 때에도 전자상거래 판매 확대와 브랜드 마케팅을 결합하여 장기적인 관점에서 준비하고 움직이는 경우가 많다.

따라서, 중국 기업들이 단순하게 광군절 매출 확대만을 위해 큰 예산을 준비하는 것이 아니라, 장기적인 관점에서 빅 프로모션 시기를 통해 시장 점유율을 올리면서, 브랜드 마케팅을 병행한다는 점을 기억하자. 앞으로 한국 기업의 담당자들도 빅 프로모션 시기에 단기적인 매출 목표와 장기적인 브랜딩 목표를 같이 설계하는 안목을 가졌으면 하는 바람이다.

빅데이터는 마케팅 인사이트로 재해석되어야 한다!

최종적으로 전자상거래 판매로 축적되는 쇼핑몰 데이터와 경쟁사의 마케팅 성과는 티몰에서 제공하는 유료 분석 툴로 정밀한 분석이 가능하다.

알리바바가 제공하는 고객 분석 자료는 매우 디테일하다. 타오바오나 티몰 외부에서 진행한 마케팅과 티몰 내에서 집행한 마케팅, 고객 전환에 대한 분석이 알리바바의 자료와 함께 어우러질 때, 한국 기업에 매우 유의미한 가치들을 제공할 수 있다. 하지만 많은 한국 기업들이 이러한 전자상거래 분석을 간과하고, 단순하게 TPTaobao/Tmall Partner사에게 위탁 운영으로 맡기고 신경쓰지 않는 경우가 많다. TP사가 볼 수 있는 데이터 분석은 서드파티 아이디를 통해 한국에서도 확인 가능하다.

하지만 한국 기업들의 구조적 특성상 티몰의 운영은 전자상거래팀에서 진행하는 경우가 많다. 그들은 매출에 기반한 데이터 분석에만 이를 활용한다.

예를 들어, 중국 TP사가 주로 참고하는 타오바오의 분석 기능인 성이참모

▲ 2020년 1월 1주차 마스크팩 판매금액 TOP10 제품(출처: 타오바오 빅데이터 플랫폼, 성이참모)

生意参谋의 경우, 유료 결제로 이루어지는데 이 안에서 볼 수 있는 데이터들을 통해 최근 경쟁사의 판매 매출액부터, 경쟁사의 주요 매출을 일으키는 상품 내역, 같은 제품 카테고리에서 어떤 상품의 매출이 상승하고 있는지까지도 파악 가능하다. 자사의 상품에 대해서는 어떤 타오바오 셀러가 가장 판매가 많고 어떤 상품이 가장 자주 언급되고 있는지까지 조사할 수 있다. 이런 방대한 정보들이 마케팅 관점에서의 분석으로 활용된다면, 향후 상품 개발부터 '업종의 트렌드 동향'까지 전반적인 고급 정보를 축적할 수 있다.

　기업 혹은 마케팅 대행사에서 이러한 정보들을 잘 활용하면 상품개발, 사업 방향성, 최근 트렌드를 반영한 마케팅 방향, 셀러들의 영업 방향까지 근거를 활용하며 명확하게 설정하는 데 다방면으로 유용하다. 하지만, TP사의 입장에서는 이런 정보를 보는 관점이 다르기 때문에 당장의 매출 영향을 파악하는 정도로만 쓰이며, 한국 기업들에게 공유해 주지도 않는 경우가 많다.

　필자의 요지는 마케팅팀과 전자상거래팀이 함께 전자상거래 데이터를 공유하고, 마케팅 전략 수립에 활용해야 앞으로 한국 기업이 중국 시장에서 나가야

▲ 성이참모 메인 페이지 화면

할 방향성까지 살펴볼 수 있다는 것이다.

중국에서는 디지털 마케팅이 곧 판매이고, 판매가 또다시 브랜드 마케팅으로 이어진다. 판매에만 포커스된 마케팅에 집중하다 보면 브랜드 가치가 올라가지 않는다. 상품 수명이 날이 갈수록 짧아지고 있는 중국 시장에서는 브랜드 가치 상승 없이 더 이상 살아남기 어렵다.

즉, 중국 시장은 온라인 판매와 브랜딩이 한데 어우러져 진행되는 매우 복잡한 환경을 가지고 있다. 따라서 각 부서가 분리되어 움직이기보다는 서로 결합되어 같이 공유되고 같이 배워가는 편이 올바른 방향을 수립하는 데 유리할 것이다.

중국으로 진출하는 한국 기업들은 초기에 이러한 중국 시장의 특징에 대한 이해도가 높지 않아, 유통 파트의 담당자가 온라인 광고 진행까지 담당하는 경우가 많은 편이다. 하지만 유통 파트의 담당자는 판매 효과가 없는 광고에 대한 부정적 시선을 가지고 있기 때문에, 브랜드 마케팅의 중요성을 간과하고 판매 성과 위주의 마케팅 설계에만 관심을 두게 된다. 필자도 한국 기업의 예산의 한계점을 이해하기에, 최적의 예산 배분에 고민을 많이 한다. 그런데 유통 담당자가 매출 증대의 관점으로만 접근하고 마케팅을 진행하는 경우가 많아 안타깝다.

앞으로 중국 사업의 성공 가능성을 높이기 위해서라도, 제품을 제공하는 것에 그치는 것이 아닌, 중국 소비자와의 관계를 맺을 줄 아는 마케팅 프로세스와 조직 구성이 절실히 필요한 시점이다.

03 한국 시장에서 通해야 중국에서도 通한다

사드 이후에는 줄어드는 추세이긴 하지만, 중국 시장의 크기만 보고 중국향으로 새로운 단독 브랜드를 출시하고 중국 시장의 문을 두드리는 기업들이 여전히 많다. 국내에서는 어떠한 유통 채널에도 입점하지 않고, 오롯이 중국 시장만을 보고 상품 기획부터 론칭까지 Only China market향으로 준비하는 것이다. 과연 이런 전략이 중국에서 성공할 수 있을까? 지금부터는 중국 소비자의 관점에서 설명해 보고자 한다.

한국 소비자들로부터 먼저 인정받아라

한류로 시작된 한국 상품에 대한 중국인들의 인기도를 분석해 보면, 사실 한 카테고리에서 오랜 기간 한국인들에게 사랑받는 기업 또는 브랜드가 중국인들에게도 인기가 많다는 것을 알 수 있다. 중국에서 큰 인기인 빙그레의 바나나 우유, 아모레퍼시픽이나 LG생활건강의 인기 브랜드들, 전기밥솥 브랜드 쿠쿠, 정관장의 홍삼 제품, 삼양라면의 불닭볶음면, 경남제약의 레모나, 숙취해소제 컨디션 등은 한국에서도 많은 사랑을 받고 있는 브랜드이다.

요즘에는 온라인 검색 매체를 통한 번역의 질이 좋아지면서, 중국 소비자들이 네이버, 다음 같은 사이트 자체의 번역기를 통해 정보를 습득하기도 한다. 네이버와 다음을 사용하는 중국인들은 차치하더라도, 바이두에서도 대부분의 한국 정보가 뉴스를 통해 실시간으로 올라온다. 이런 상황에서 국내에 아직 어떠한 정보나 소식이 없는 신생 브랜드를 중국인들이 단기간에 신뢰할 수 있는 확률이 얼마나 될까?

소비 시장의 크기가 큰 만큼, 더 많은 경쟁자들과 더 까다로운 소비자들 사이에서 더 많은 고민과 통찰로 들어가야 하는 곳이 바로 중국 시장이다. 하지만 한국 기업들은 중국 시장을 너무 쉽게 생각하고, 안이하게 대처하는 경향이 있다.

뷰티 분야에서 중국인들에게 갑자기 유명해지면서 급속한 성장을 이룬 한국 기업도 사실 여럿 있다. 하지만 지금의 중국 소비자들의 눈높이는 이전보다 훨씬 높아졌고, 중국 시장에 더 많은 경쟁자들이 등장하면서 중국 소비자들의 선택의 폭도 더욱 넓어졌다. 즉, 중국 소비자들이 새로 론칭하는 한국의 인지도 없는 브랜드를 선택할 확률은 거의 0에 가깝다는 것을 명심하자. 한국 시장에서 한국 소비자들에게서 먼저 인정받은 다음에 중국을 포함한 해외 시장을 공략할 때 당신의 성공 가능성은 한층 더 올라갈 것이다.

또 하나의 마케팅, 중국 관광객의 동선에 위치하기

한국 기업들은 국내 소비자들에게 인정받기 위해서 다양한 유통 채널에 입점한다. 로드숍부터 백화점, 대형마트, 수많은 온라인 쇼핑몰들, TV 홈쇼핑, 드러그 스토어, 면세점 등 많은 유통 채널이 있다. 그중에서도 중국인들의 온/오프라인 동선과 일치하는 곳에서 우리 제품을 한국 소비자뿐만 아니라, 중국인 소비자에게도 동시에 노출할 수 있다면 어떨까?

중국인들의 온/오프라인 동선과 일치하는 유통 채널에는 어떠한 것들이 있는지 살펴보자.

중국인 관광객이 자주 가는 명동, 강남, 신촌 지역의 백화점이나 면세점, 드러그 스토어 등은 내국인 매출과 중국인 매출을 동시에 일으킬 수 있는 좋은 스팟들이다. 물론, 인구 유동량이 많은 곳이기 때문에 입점 비용이나 수수료가 높겠지만, 이러한 비용을 상쇄할 수 있는 경쟁력이 있어야 중국 시장의 치열한 경쟁 속에서도 생존할 수 있는 기초 체력을 갖출 수 있을 것이다. 또한 이러한 스팟들은 따이꼬우代购의 동선과도 겹치기 때문에, 당신의 상품을 홍보할 수 있는 최적화된 매장이다. 그러나 여기서 소개하는 스팟들에 무조건 입점을 할 것이 아니라 각 기업의 상황에 맞는 전략과 준비가 선행되어야 한다는 것을 명심하자.

▲ 중국인 관광객들로 붐비는 명동 거리

또한, 중국 유통 채널의 MD나 대리상들은 한국의 TV 홈쇼핑에서 어떠한 상품이 유행하는지에 대해 관심이 많다. 그들도 중국의 다양한 판매 채널을 통해 중국인들에게 좋은 상품을 소개해야 할 입장이기 때문이다. 따라서, TV 홈쇼핑도 내국인 매출을 일으키면서, 중국인들에게 당신 상품을 홍보할 수 있는 유효 채널이 될 수 있을 것이다.

중국인들의 쇼핑 형태를 들여다 보면, 중국 진출에 있어 꼭 필요한 중점들을 좀 더 정교하게 설계할 수 있다. 중국인들은 한국 상품을 어떻게 구매하고 있을까? 중국인의 한국상품 구매의 주요 루트 중 하나는 따이꼬우다. 따이꼬우는 중국 SNS를 통해 판매하는 대리구매상 또는 리셀러를 일컫는다.

따이꼬우들은 최근 유행하는 명품 브랜드/가방/화장품/패션/액세서리/건강식품/미용기기뿐만 아니라, 수요가 있는 상품이라면 무엇이든지 수배하여 대리구매를 통해 중간 마진을 취하는 이들이다. 그리고 그들은 정기적으로 한국에 와서, 중국 소비자가 원하는 상품을 찾아다니고, 주요 구매처인 국내면세점에서 대량으로 구매하여 간다. 따이꼬우뿐만 아니라, 일반 중국인 관광객들도 그들의 쇼핑 리스트 중 많은 비중을 국내 면세점에서 구입하고 있다. 면세점 입점이 상품 홍보에 있어 중요한 첫 번째 이유인 것이다.

> 한국여행 정보 검색 - 여행 티켓 구매 - 한국 입국 - 한국 공항 - 호텔 체크인 - 개인별 목적에 따른 여행 코스 - 호텔 체크아웃 - 한국 공항(면세점)

즉, 한국에서의 면세점 입점이라 함은 앞으로 당신 기업의 제품을 중국인 관광객(B2C)뿐만 아니라, 따이꼬우(B2B)들에게도 노출시킬 수 있는 매우 중요한 유통 루트이자 마케팅 루트인 것이다. 중국인 외에 한국에 들어오는 외국인, 그리고 해외로 출국하는 한국인들의 구매 가능성은 덤이고 말이다. 그리고 면세점에서는 중국어뿐만 아니라 영어/일본어 등 다양한 언어의 온라인몰을 운영하고 있어 온라인상으로의 홍보 효과도 어느 정도 가져갈 수 있다는 장점이 있다.

　면세점 입점의 문이 까다롭다고 하나, 면세점의 문턱도 넘지 못한다면 중국 시장의 문턱은 더욱더 넘기 힘들 것이다. 면세점에 입점하는 것이 수익성과 관리 차원에서 어려움이 있더라도 마케팅 측면에서는 외국인, 특히 중국인 소비자들에게 노출하여 적지 않은 효과를 누릴 수 있음을 인식해야 한다. 특히 신규 브랜드 또는 마케팅 여력이 크지 않은 중소기업 입장에서 면세점 입점은 따이꼬우 같은 리셀러들을 접할 수 있는 기회의 장이 될 수 있다.

04 글로벌 스탠다드 or 차이나 스탠다드?

중국에서는 글로벌 스탠다드가 통하지 않는다. 중국 대리상이나 로컬 마케팅 대행사와 일하거나, 중국 매체와 일할 때에도 대부분 차이나 스탠다드에 맞추어 일을 하게 된다. 여기서는 중국 현지에 있는 로컬 마케팅 대행사와 일을 진행할 때의 장단점을 소개하면서 차이나 스탠다드에 대해 이해해보자.

차이나 스탠다드는 따로 있다

중국에 기반을 두고 있는 마케팅 대행사를 컨택할 경우, 브랜드 인지도가 높은 기업의 마케팅 대행 비용은 우리가 상상하는 것을 훨씬 초월한다. 몇몇의 한국 기업이 필자에게 중국 마케팅 대행사를 소개해 달라고 하여 수차례 연결해 주었지만, 양사의 조건이 원활하게 협의되어 일하는 경우를 본 적이 없다. 일단 가격적인 면에서 한 번 부딪히게 되고, 또 중국 기업과 한국 기업의 업무 스타일과 일에 대한 관점이 달라 한국 기업이 원하는 수준의 페이퍼 워크Paper Work와 서비스를 제공해주지 않는 경우가 많기 때문이다.

 부연 설명을 하자면, 중국 기업은 과정보다 결과를 더욱 중시하는 실용주의 문화가 더욱 짙게 형성되어 있으며, 협업 중간 과정의 페이퍼 워크나 보고 체계 등을 최소화하는 경향이 있다. 따라서 중국 기업과 일을 하다 보면, 한국 기업이 중시하는 페이퍼 워크와 보고 시스템이 불만족으로 이어지는 경우가 빈번하게 발생한다.

반대로 한국 기업의 경우, 중국 기업과 마찬가지로 결과를 중시하면서도 중간 과정의 보고나 페이퍼 워크도 매우 중요하게 생각한다. 때론 결과가 좋지 않더라도 중간 과정의 보고나 페이퍼 워크가 충실하면 만족스럽게 프로젝트가 마무리되는 경우도 있다.

또한, 중국 기업 입장에서 한국 기업과 일을 진행할 때 원활한 소통이 어려워 문제가 되기도 한다. 한국 기업의 경우, 중국의 온라인 환경에 대한 이해도나 정보가 부족하기 때문에 세세한 설명이 필요하고 마케팅 영역 외에도 다방면에서의 컨설팅이 필요한데 중국 마케팅 대행사에서는 온라인 마케팅 외적으로 고객사가 겪고 있는 어려움을 이해하지 못해 문제가 생긴다. 한국에 있는 중국 마케팅 대행사의 경우, 로컬 대행사보다 현지 트렌드나 매체 정보의 업데이트가 늦어질 수 있으며, 국내에 중국 마케팅 대행사가 한정적이다 보니 상위 대행사에 물량이 많이 몰려 있다. 그러다 보니 국내 대행사가 한 고객사의 모든 중국 사업 업무량을 커버해주기 어려운 부분이 생기기도 한다. 따라서, 이러한 점을 잘 이해하고 있으면서 파트너사를 선정하는 것이 매우 중요하다.

중국 비즈니스 영역에서 일을 해 본 분들만이 아는 중국의 독특한 일 문화가 있다. 중국어로 三没라고도 표현하는데, 아래에 의역으로 정리해 보았다.

- 没事(의역: 전부 가능하세요~)
- 没关系(의역: 걱정 마세요, 상관 없을 거예요~)
- 没办法(의역: 죄송합니다, 방법이 없네요…)

위에서 三没를 보아서 아시겠지만 중국 기업과 업무를 진행할 때 가장 어려운 부분이 처음엔 '다 된다'고 해서 시작하지만, 결과적으로 '안 되는' 일이 많다는 점이다.

하지만 중국 기업의 영업 방식이 대부분 이러하기 때문에 일이 막히더라도 미안하게 느끼지 않는 경우가 많다. 또한, 그들은 '다 된다'는 말을 그대로 해석한 한국 고객사의 문제라고 생각하는 경우도 있고 말이다.

또 다른 사례를 들어 보겠다. 중국 대행사로부터 SNS 디자인 시안을 받았는데, 한국 기업에서 마음에 들지 않아 수정을 요청하면, 수정에 따른 추가 비용을 당연히 요구한다.

중국에서도 글로벌 브랜드들을 자주 상대하던 대행사의 경우 조금 다르겠지만, 웬만한 중국 기업들과 협업을 시작하고자 할 때 이러한 업무 방식과 소통 문화를 이해하고 시작해야 한다.

여기서는 마케팅 대행사에 한정하여 설명했지만, 사실 중국 매체나 중국 파트너사와 일을 하면서도 이러한 문제점들이 빈번하게 발생할 수 있다. 즉, 한국 기업들이 중국 기업과 협업할 때에는 차이나 스탠다드에 맞추어 가려는 노력이 필요하다는 점을 기억하자.

중국 비즈니스, 어벤저스팀 꾸리기!

중국 사업팀을 구성할 때에도 차이나 스탠다드에 맞추어 팀을 구성해야 한다.

한국 기업이 중국으로 진출하려면 여러 부분에서 문제가 발생할 수 있겠지만, 가장 큰 문제점은 아직도 수많은 한국 기업에서 중국 사업팀을 구성할 때, 해외영업팀 출신의 과장급 1명과 경험이 적은 중국인(또는 경험이 없는 중국 유학생 출신의 한국인)에게 중국 사업을 일임하고, 모든 영역을 총괄하게 하는 곳이 많다는 점이다.

중국 경험이 없는 해외영업팀 출신의 책임자가 중국 마케팅을 맡게 되면 중국의 온라인 환경 및 마케팅에 대한 이해도가 낮아서 마케팅 대행사와의 소통 및 컨트롤에도 어려움이 있을 수 있다. 기본적으로 서비스 용역에 대한 이해도가 없어 무리한 요구를 하거나, 마케팅을 판매로만 직결해서 생각하고 장기적 접근이 아닌 일회성 혹은 단발성 마케팅에만 집중하는 경향이 있다.

혹은 중국어 가능자 1명 정도를 세팅하고, 마케팅 대행사에게 모든 것을 일임하는 형태의 협업으로는 위와 같은 다양한 문제점에 대한 근본적인 해결이 되지 않는다. 이 경우, 해당 기업의 중국 비즈니스는 계속해서 제자리걸음을 돌게 될 것이다.

따라서, 해외영업팀 출신의 담당자 + 국내 마케팅 담당자 1명 + 사회 경력 3년 차 이상의 중국인 또는 중국을 깊게 이해하는 한국인을 배치하여 호흡을 맞추게 하는 것이 좋다. 이렇게 되면, 마케팅 담당자와 해외영업 담당자의 시각, 그리고 중국을 제대로 이해하고 있는 직원의 시각으로 보다 균형 있는 중국 사업의 설계가 가능해질 수 있다.

이런 많은 문제점을 예측하고 준비해야 하는데, 팀 세팅을 적시적소에 배치하지 않을 경우, 사실상 중국 사업의 원활한 진행이 쉽지 않다는 것을 명심하자.

중국 사업이 잘 되고 있는 고객사의 경우, 해외영업팀, 브랜드 마케팅팀, 상품기획팀 등 다양한 유관부서의 담당자들이 함께 정기 미팅에 참여할 때가 많다. 특히 연간 브리핑을 할 경우에는 상품기획팀이 함께 참석하여 중국향 제품의 기획 방향성에 대해 함께 논의하기도 한다. 해외영업팀은 역으로 현장에서 필요로 하는 마케팅에 대해 요청하기도 하고, 브랜드 마케팅팀은 시장 흐름, 콘텐츠의 셀링 포인트에 어떤 부분을 강조하면 좋을지, 중국인들은 어떤 부분을 더 선호하는지 등에 대해 같이 고민한다.

보통 이렇게 유관부서 담당자들이 적극적으로 참여하는 기업은 모든 업무가 유기적으로 공유되고, 효율적으로 움직이기 때문에 중국 사업에 있어서도 그 속도가 빠르게 나타나는 경우가 많다.

사실, 기업 내에서 담당자 1명이 모든 중국 사업 또는 중국 온라인 마케팅의 광범위한 업무를 감당하는 것은 불가능에 가깝다. 기업 내부에서 함께 의사결정을 해주는 임원이 없을 경우, 일의 속도는 더뎌지고 계속 제자리를 맴돌게 된다. 의사결정권자와 조직이 함께 중국 사업에 대한 이해도를 끌어올리고, 학습하면서 실행하고, 실행하면서 전략을 세우지 않으면, 어렵게 중국 사업을 시작하여 얻은 한 번의 상품 판매 기회를 허무하게 끝낼 수도 있는 것이다.

의사결정권자가 중국 시장에 직접 부딪히고 이해하면서 같이 배울 수 있는 조직 문화를 갖추어 놓지 않으면, 중국 사업에서의 성공 가능성은 점점 멀어질 것이다.

05 코로나19 사태로 내다보는 한중 비즈니스 예상 시나리오

2019년 12월 중국 후베이성 우한에서 시작한 신종 코로나 바이러스 사태는 불과 두 달도 안되는 기간 동안 매우 빠른 속도로 전 세계로 확산되었다. 사실 코로나19에 대한 이야기는 출판 시점에 거의 다다랐을 때까지도 계획에 없었다. 하지만 코로나19의 영향이 계속적으로 확산됨으로써 한중 비즈니스를 구상하고 있는 한국 기업들의 중국 진출에도 큰 변수가 생겼다. 독자들이 이 책을 읽고 있는 시점에는 코로나19가 잠잠해졌을 수도 있겠지만, 우한에서 시작된 코로나19는 상당 기간 전 세계적으로 소비 심리가 위축되면서 글로벌 경제성장에 막대한 영향을 미칠 것으로 예상된다. 더군다나 한국과 중국, 양 국가 간의 거래 비중이 적지 않음을 감안할 때, 중국 내수 시장의 소비 위축과 관광객 감소 등으로 인하여 많은 한국 기업에게도 악영향을 줄 것으로 전망된다.

한편, 중국 정부에서 코로나19를 극복하기 위해, 2020년 상반기부터 대대적으로 내수시장 활성화를 위한 경기 부양 정책이 나올 확률이 크다. 최근 몇 년간 수출주도 성장으로 어려움에 직면한 중국 정부의 가장 큰 과제는 내수시장 활성화였다. 코로나19를 계기로 내수경제 침체가 장기화되면 중국 경제의 큰 활력을 잃는 동시에 국민들에게 중국 정부에 대한 신뢰 유지가 쉽지 않기 때문이기도 하다.

한국 기업의 입장에서는 단기적으로 중국 시장의 진입에 커다란 난관이 등장한 셈이나, 중장기적인 관점에서 이러한 변수를 감안하여 중국 비즈니스 계획을 수정 보완해나가는 전략이 필요한 중요한 시점이기도 하다. 따라서 코로나19로 인해 한국 기업들에게 미칠 영향에 대해 돌아봄으로써, 당신의 중국 비즈니스 전략 수립에 생각의 가지를 더 넓힐 수 있었으면 하는 바람이다.

코로나19는 중국 전자상거래의 Jump up이 될 수 있을까?

코로나19의 직접적인 영향으로 춘절 연휴가 연장되고 중국 주요 도시의 통제 조치가 이루어졌다. 또한 중국 내 모든 생산과 소비가 급격하게 위축되었다. 이렇게 되면 호텔, 음식점, 여행사, 쇼핑몰, 영화관 등 '오프라인 기반의 서비스업'은 가장 치명적인 타격을 입을 수밖에 없다. 한 가지 예를 들자면, 2019년에는 춘절 연휴 때 중국 영화 티켓 매출액이 68억 위안(한화 약 1조 1560억)에 달했고, 2020년 춘절에는 전국적으로 70억 위안(한화 1조 1900억) 이상의 매출을 예상하였다. 하지만 1월 중순부터 코로나 사태가 심각해지자 춘절 전후로 상영을 앞두고 있던 대작 영화 7편이 개봉을 무기한 연기하겠다고 입장을 밝혔으며, 그 뒤를 이어 기타 상영 예정인 영화들도 대부분 무기한 연기하였다. 70억 위안이라는 '춘절 영화 빅 시즌'도 물거품으로 돌아가게 되었다.

그렇다고 해서 코로나19가 모든 비즈니스 영역에 부정적인 영향을 주는 것은 아니다. 2003년 사스SARS 직후의 중국 산업의 변화를 돌아보면, 이 시기가 중국 전자상거래 보급과 확대에 막대한 영향을 주었다. 집 밖으로 나가지 못하는 소비자들이 온라인으로 구매하기 시작하면서 전자상거래 확대의 전환점이 된 것이다.

코로나19의 영향으로 재고가 부족해지고, 물류와 공장 시설의 운영이 정지

되어 있고, 이러한 요인들은 단기적으로는 온라인 쇼핑에도 타격을 줄 수 있다. 하지만 중장기적으로는 이번 코로나19를 계기로 이전 사스 때에 전자상거래의 태동이 이루어진 것처럼 전자상거래 거래의 비중이 더욱 확대되고, 역직구 시장 또한 한 단계 도약하는 계기가 될 것으로 예상된다.

실제로, 집 밖을 나가지 못하는 중국인들은 쇼핑을 티몰, 징동에서 해결하고, 음식을 신선식품 전용 앱 및 각종 배달 앱으로 주문하고 있다. 또한, 반강제적인 외출 금지로 인해 집에서는 모바일 게임, SNS 채널, 숏클립 영상, 라이브 방송 등으로 시간을 보내게 되면서 중국 주요 온라인 플랫폼들의 트래픽이 급상승한 것으로 나타났다.

그렇다면, 코로나19의 수혜주로 어떤 업종이 있을까?

건강식품/위생/청결 상품

먼저, 코로나19를 계기로 중국의 위생과 의료 환경에 대한 관심이 증폭되면서, 면역력을 올려주는 건강식품/위생/청결/신선식품 상품 카테고리의 온라인 시장 확대가 예상된다.

최근 불거진 마스크 및 소독제 대란을 통해서도 알 수 있듯이, 웨이보, 샤오홍슈, 도우인 등 오픈 SNS 채널에서 마스크 추천과 해외 직구 방법 등 다양한 콘텐츠들이 쏟아져 나오면서 한국 마스크, 손소독제 등 위생 용품 브랜드들도 많이 알려지고 있다. 아이러니하게도 코로나 바이러스를 통해 한국의 건강/위생 브랜드가 중국 소비자들에게 관심받기 시작한 것이다. 더욱이 국가 차원에서의 코로나19 대응에도 한국의 합리적인 대처가 부각되고 있어 한국의 건강/위생 브랜드에게는 매우 중요한 기회로 다가올 수 있을 것이다. 또한, 면역력 증대를 위한 건강식품 카테고리의 매출 성장세도 예상해 볼 수 있다.

▲ 코로나19 극복을 응원하는 한국 기업의 웨이보 공식 계정들(한국관광공사, 아모레퍼시픽, 삼성전자 순)

신선식품/배달 앱

음식점 등 사람이 많이 모이는 오프라인의 매출 타격의 반대 급부로 배달앱 및 신선식품 카테고리의 두드러진 매출 성장세가 예상된다. 2003년 사스로 인해 중국인들은 온라인 쇼핑의 필요성을 깨닫게 되었다. 이는 타오바오, 징동을 대표로 하는 전자상거래 플랫폼이 급성장하는 데 촉진 작용을 하였다. 마찬가지로 이번 코로나19 사태로 음식, 식자재, 생활용품 등을 배달 판매하는 O2O 플랫폼들의 주문량이 급증하면서 짧은 시간 내에 많은 신규 회원들을 확보하였고 사태가 지난 후에도 빠른 발전 추세를 유지할 것으로 보인다.

중국 언론에 의하면, 징동 쇼핑몰에서 운영하고 있는 마트 배달 플랫폼 징동 따오지아京东到家의 춘절 연휴 10일간 매출액은 2019년 동기 대비 374% 증가하였다. 그중 특히 식용유, 쌀, 조미료 등 식자재 카테고리의 매출이 700% 이상 급증하였다. 또한 중국 온라인 장보기 대표 앱인 메이르유시엔每日优鲜도 매출이 300% 이상 늘어 재고 물량을 확보하고 있음에도 불구하고 일손이 모자라서 배송시간을 연장하거나 일부 지역은 아예 일시 배송 중단하기도 하였다.

코로나19 이후, O2O 배달 앱들은 그야말로 매일매일 '광군절 이벤트'를 하고 있다고 해도 과언이 아닐 정도이다. 그리고, 앞으로 이러한 신선식품/마트 배달 플랫폼의 성장세는 당분간 꾸준하게 유지될 것으로 보인다. 따라서, 한국의 식품, 식자재, 생활용품 기업들은 직진출보다 이러한 중국의 주요 O2O플랫폼과의 연계를 통한 간접 진출도 고려해 볼 만하다.

이번 코로나19의 위기로 인해 향후 중국 온·오프라인 시장의 융합이 더욱 밀접해질 것이며 온라인 시장에 소홀했던 기업들도 온라인 마케팅에 대한 투자를 확대하여 오프라인에서의 예상치 못한 타격에 대해 제2, 제3의 안전장치를 구축하게 될 것으로 예측된다.

온라인 교육

코로나19로 중국 대부분 지역의 초중고교부터 대학교까지의 봄 학기 개강이 연기되면서, 온라인 교육 플랫폼이나 라이브 방송 사이트를 통해 수업이 진행되고 있다. 이러한 추세는 중국 온라인 교육 시장에는 천재난봉千载难逢의 기회가 될 것으로 보인다. 최근 일부 사이트에서는 동시 접속자가 급증하여 일시적으로 접속 불가인 상황까지 발생하였다. 코로나19를 통해 온라인 수강에 대한 '단기 학습'을 받은 중국인 소비자들로 인해 온라인 교육 업체들이 큰 성장의 기반을 마련하면서 여러 가지 변화와 지각변동이 일어날 것으로 예상된다.

코로나19는 한국 기업에게 위기일까, 기회일까?

중국에서 지금까지 보도된 내용을 종합해보면, 사스의 영향과 마찬가지로 코로나19로 직접적인 타격을 받은 영역은 전통적인 오프라인 영역이고, 코로나19의 수혜는 온라인 기반의 비즈니스 구조를 가지고 있는 기업들에게 돌아가고 있다. 이러한 상황은 나이를 불문하고 더 넓은 소비자층이 정보 취득 및 일용품 구매를 위한 온라인 활동을 활발히 하는 계기가 되었을 것이다.

사스가 온라인 비즈니스의 태동을 활성화시킨 계기였다면 코로나19는 온라인 비즈니스가 더욱 더 성숙해지는 계기를 만들 것으로 보이며, 한국 기업들도 중국 진출에 있어 온라인 유통을 잡지 못한다면 더욱 안착하기 어려운 시장 상황이 연출될 것이다. 사실 코로나19 이전에도 '디지털 First, 디지털 Only'라 할 만큼 중국 시장에서는 온라인 비즈니스의 성공이 오프라인보다 중요해지고 있는 시장 환경이었다. 이러한 "디지털 First" 추세가 모든 카테고리에서 가속화될 것이라 예측되며, 디지털 마케팅의 중요성과 영향력은 더욱 부각될 것이다.

Change makes Chance!

틀림없이 지금의 중국 시장은 코로나19로 인해 업종과 온/오프라인을 막론하고 골이 깊은 하강 국면의 위기에 직면해 있다. 하지만 이럴 때일수록 중국 시장을 공략하고자 하는 한국 기업들은 중국 시장에 더 많은 관심과 분석으로 최적의 진입 시점 또는 공격적인 마케팅 타이밍을 잡는 이일대로以逸待勞의 자세가 필요하다.

다만, 위기를 기회로 활용하기 위해서는 과거처럼 안일한 접근이 아닌 정확한 전략과 추진력, 시장 분석과 반영이 필수이다. 한국 브랜드들이 단거리 선수라는 오명을 다시 받지 않길 바라며, 위기를 기회로 재생산하는 한국 기업들이 더 많이 나타나길 기대해 본다.

06 대리상이 모든 것을 해 주던 시대는 끝났다!

사드 전까지만 하더라도, 중국에서 유통 대리상만 잘 만나면 성공하던 시기가 있었다. 대리상이 유통 채널만 잘 영업해서 진입하면 판매가 잘 되던 시절, 중국 내 마케팅에 대한 필요성조차 느끼지 못하는 한국 기업 브랜드가 많았다. 대리상이 제안하는 공동마케팅 비용 정도만 감당하는 수준으로도 충분했었고, 이조차도 한국 기업에서는 전혀 지급하지 않는 경우도 있었다.

이렇게 중국 유통상을 통해 성공한 일부 한국 기업들은 한국 본사에서 마케팅에 깊게 관여되어 있지 않기 때문에, 어떤 이슈라도 발생할 수 있는 중국 시장에서 순식간에 그동안 쌓아온 브랜드 가치가 급락하고 단일상품 히트의 한계에 부딪히곤 한다.

유통만으로는 접근이 어려워진 시장 환경

중국에서도 모든 소매의 유통이 온라인에서의 성공을 통해 확장되는 추세이다 보니 대리상들이 오프라인 유통 현장에서 집행하던 세일즈 프로모션의 마케팅 수준으로는 더 이상 장기적인 관점의 파이 키우기가 어려워졌다. 이런 흐름 속에서 중국 대리상들은 더 이상 한국 브랜드에 직접 투자를 하지 않는 환경으로 변하고 있다.

앞에서 얘기했듯이 대리상은 이제 투자 대비 수익률이 좋은 마케팅에만 집중한다. 고객 커뮤니케이션과 브랜드 가치에 대한 관심이 없는 대리상의 태도 때문에 발생했던 사례들을 통해 이해해보자.

중화사상을 가지고 있는 중국에서 중국 로컬 브랜드도 아닌 해외 브랜드가 중국의 민족에 대해 언급하는 일은 매우 민감한 이슈다. 글로벌 브랜드의 Z사에서는 글로벌 버전으로 제작된 광고에 주근깨가 많은 중국인 모델을 썼다는 이유만으로 비난 여론이 있었고, 이탈리아 브랜드 D사의 경우에도 유사하게 중국 민족을 비하하는 듯한 오해 소지가 있는 영상 광고로 타격을 입은 사례가 있다.

SNS 채널을 포함한 중국 마케팅을 중국 대리상에게 위임하던 한국의 ○○ 기업 역시 대리상 측이 올린 중국 민족에 대한 비하 소지가 있는 포스팅 하나로 인터넷상에서 몰매를 맞기도 하였다. 유통 규모가 작지 않은 대리상이었지만, 브랜드의 공식채널 운영에 대한 정책과 가이드, 디테일 등 마케팅의 이해도가 높지 않은 대리상에게 모든 마케팅을 위임한 채, 수년 동안 협업을 해 왔던 ○○ 기업은 사태의 심각성에 대해서도 크게 인식하지 못하고 있었다.

해당 포스팅은 곧 웨이보에서 위챗으로, 그리고 온라인 카페 성격의 BBS로, 다른 온라인 채널들로 급격하게 퍼져 나갔고, 중국 고객들은 ○○ 기업의 ×××브랜드의 공식 웨이보에 게시된 이 포스팅을 보고 실망과 서운함을 감추지 못했다. 그러나 필자가 ○○ 기업과 처음 만난 미팅에서도 담당자들은 사태의 심각성 자체를 인식하지 못하고 있었다. 이미 대응 시점을 놓친 이 브랜드에게 어떤 방향으로 가이드를 해줘야 할지 감조차 잡을 수가 없었다. 브랜드 가치보다 눈 앞의 판매 확대와 수익률에만 집중하는 대리상의 마케팅에 올인해서는 안 되는 가장 설득력 있는 사례가 아닐까 생각한다.

우리도 중국 대리상의 입장과 바꿔 생각해 보자

중국 유통 시장의 이해를 돕기 위해, 중국 대리상들의 입장에서 한번 생각해 보자. 이전처럼 유통 현장에서 물건만 잘 유통하면 팔리던 시대가 아니다. 유통상 입장에서도 상품에 대한 온라인 마케팅을 직접 진행해야 팔리는데, 과거처럼 투자 대비 수익률이 높지 않다 보니 한국 기업이 직접 일정 수준의 마케팅과 판매가 이루어지는 상품들 위주로만 받고 싶어 한다. 혹은 이미 시장에 많이 알려지기 시작해서 어느 정도 팔릴 만한 제품이라는 데이터가 있을 때 수입하고 있다.

이런 상황에서 대리상은 해당 한국 기업이 현재 중국 시장의 유통 경로를 많이 갖고 있다 해도 기업 스스로 B2C의 불씨를 일으키지 못한다면, 대리상 입장에서는 더 잘 팔리는 경쟁사 또는 다른 상품에 더 큰 노력과 시간을 투입할 수밖에 없을 것이다. 결국 유통기업의 성적 평가는 '얼마나 팔았는가?'로 직결되니, 대리상의 입장에서는 당연한 이치일 수밖에 없다.

당신의 유통 파트너는 분명히 중국 소비자의 시장 반응 및 니즈를 전달하겠지만, 상품 기획과 마케팅 관점에서의 인사이트 분석을 통한 비즈니스의 방향성까지 던져주지 않는다. 그들은 판매에 최적화된 유통상이지 브랜드사가 아니며, '전략 컨설턴트'도 아니라는 걸 명심하자.

대리상이 브랜드사에 전달해 주는 내용은 유통 경험에서 잘 팔리는 상품과 그렇지 않은 상품 코드에 대한 의견을 주는 것에 그칠 것이다. 그렇기 때문에 한국 기업들은 중국 유통 파트너에게 전부 맞추어 가는 것이 아닌, 유통 파트너의 의견을 수렴하여 발전시키고 별도로 중국 시장을 예측할 수 있는 스터디가 필요하다.

중국 시장 진출 초기에는 어쩔 수 없겠지만, 한국 기업에서도 끊임없이 엔드 유저의 피드백을 직접 데이터화하고 중국 시장 흐름과 마케팅 동향에 대해 빠르게 학습해 나가야 한다. 중국에서 신상품에 대한 반향을 일으키는 마케팅 노하우, 브랜드 마케팅의 체계화, 엔드 유저들의 반응을 데이터화하여 상품개발을 발전시키는 방법 등이 조화롭게 어우러져야 한다. 이런 전략적 고민이 다방면으로 어우러질 때, 시장에 끌려가는 브랜드가 아닌, 시장을 리드하는 브랜드로 발돋움할 수 있다는 점을 명심하자!

중국 유통 대리상에게 모든 것을 의존했을 때, 자주 발생하는 문제점을 요약하면 다음과 같다. 첫째, 브랜드 본사의 조직 내 중국 온라인 마케팅 환경에 대한 습득이 이루어지지 않아, 신상품을 출시하거나 새로운 카테고리에 진입하고자 할 때 효과적인 전략 수립이 어렵다. 다시 말해, 판매 수익만을 목표로 하는 대리상의 입김에도 쉽게 흔들릴 수 있다.

둘째, 한국 기업에서 필요로 하는 마케팅 전략을 대리상이 제안해 준다고 하더라도, 중국 온라인 마케팅에 대한 한국 기업의 낮은 이해도로는 마케팅 비용 및 광고효과에 대한 불안감이 크기 때문에 의사결정이 늦어지는 경우가 많다. 이로 인해 현장에서 빠르게 돌아가는 시장환경에 대한 대응력이 떨어져 대리상과의 신뢰도가 하락하기도 한다.

셋째, 브랜드 관리 측면에서의 어려움이다. 대리상에서도 온라인 콘텐츠를 생산하기 때문에 브랜드의 일관성 있는 관리가 필수다. 예를 들어 한국 기업 A는 히트상품인 BB크림의 성분에 대해 대리상에게 명확하게 고지했다. 그러나 대리상은 판매 활성화를 위해 최근 중국에서 유행하는 성분이 BB크림 안에 들어가 있다고 상세페이지 및 SNS상에 과대 포장하여 유포했다. 얼마 못 가 거짓은 밝혀졌고, 한국 기업에 비난의 화살이 돌아갔다. 결국 해당 브랜드는 중국 소비자들에게 '신뢰 없는 브랜드'라는 인식을 심어주게 되었다. 따라서, 브랜드 관리 차원에서라도 중국 마케팅을 대리상에 전부 맡기는 것이 아니라, 내부에서 믿을 수 있는 조직이 따로 관리해 줘야만 한다.

필자는 한국이 아닌 중국에서 마케팅 트렌드나 소비자 인사이트를 파악해 가며 유통 파트너들을 리드해 나가기에 브랜드 입장에서 여러 가지 어려움이 있다는 것을 누구보다 잘 알고 있다. 하지만, 이제 중국 시장은 대리상을 잘 만나서 성공하던 시대도 아니고, 왕훙 하나 잘 써서 단품으로 성장하던 시대도 아니다.

유독 중국이라는 시장에서는 '인맥'이나 '좋은 대리상'을 통해 대성할 수 있다고 믿는 누군가가 있다면 이제 그런 시장은 저물어 가고 있음을 명심하자! 앞으로는 중국 시장이 매력적인 만큼 '진출'이 아닌 '론칭'이라 생각하고, 전사적으로 올인해야 그 성공 가능성을 높일 수 있을 것이다.

07 디지털 초집중 시대!

중국 시장. 그야말로 디지털에 초집중해야 한다.

2010년, 한국보다 컴퓨터 보급률이 현저히 낮았던 중국에 스마트폰이 보급되었다. 그러자 중국의 모바일 사용자 수는 급속도로 증가하였고, 중국은 현재까지 모바일 생태계에서 빠른 속도로 혁신과 성장을 거듭하고 있다. 한국보다 앞서 활성화에 성공한 모바일 결제 시스템(알리페이, 위챗페이 등), 사용자 편의성에 맞춘 택시 서비스 디디추항滴滴出行, 2019년도 기준으로 1시간 4분 만에 광군절 거래액 1000억 위안(한화 16.5조원)을 돌파한 알리바바 그룹, 오프라인 매장 하나 없이 5%의 마진 룰을 토대로 온라인에서의 마케팅과 판매만으로 성장한 샤오미 등이 그것이다.

그럼 한국 기업의 입장에서 중국향으로 디지털 초집중 전략을 습득하기 위해서 어떤 준비를 해야할지 점검해 보고자 한다.

마케팅 대행사는 모든 기업을 고객으로 하지 않는다

글로벌/로컬을 막론하고 중국 시장에서 자신만의 특색을 입힌, 디지털 전략이 명확히 없는 기업들은 아직까지도 중국 시장에서 고전하고 있다.

필자의 의견으로는, 중국 디지털 환경에서 성공하는 방법을 확실히 터득한 후에 오프라인과의 접점을 찾아도 늦지 않을 것이다.

현실이 이러하다 보니 많은 기업들이 중국 온라인 마케팅 대행사를 통해 중국 비즈니스를 펼치고자 하지만, 마케팅 대행사라고 하더라도 찾아오는 모든 기업의 중국 마케팅을 성공시킬 수 없다. 중국향 디지털 마케팅은 결코 광고 대행에 그치지 않으며, 전반적인 비즈니스의 구조와 마케팅 컨설팅까지 제공해야 하기 때문이다. 이러한 이유로 대행사에서도 비즈니스 미팅에 앞서, 고객사의 상품 및 브랜드를 면밀히 검토하게 된다.

필자의 회사 역시 콘텐츠 마케팅과 콘텐츠 커머스를 전문 영역으로 하기 때문에, 중국 마케팅 의뢰를 받더라도 그 가능성을 검토해서 진행 가능여부를 결정한다. 섣불리 고객사와의 마케팅 협업을 집행했다가, 결과적으로 마케팅 효율이 나지 않아 서로 어색한 상황이 벌어질 수 있기 때문이다.

고객사에서 미팅 요청 시, 필자가 먼저 검토하는 기준은 다음과 같다.

- 인스타그램, 페이스북, 유튜브의 콘텐츠 내용 및 디지털 커뮤니케이션 능력
- 한국 쇼핑몰의 상품평 및 후기(재구매율)
- 조직 내 중국 마케팅에 대한 인력 세팅 및 (필요시) 마케팅 비용 투입 의지
- 상품의 셀링 포인트가 명확한지에 대한 여부
- 한국에서의 디지털 마케팅 히스토리
- 가격 경쟁력 및 가격 정책

기준들을 하나씩 살펴보자. 우선 한국의 인스타그램, 페이스북, 유튜브 등의 콘텐츠와 디지털 커뮤니케이션 능력을 검토한다. 중국에서 최초로 상품이나 브랜드를 알리는 데 가장 유용하게 쓰이는 채널인 SNS(웨이보, 위챗 등) 혹은 숏

클립 채널(샤오홍슈, 도우인 등)에 빠르게 콘텐츠를 알려 고객에게 다가가는 방법을 판단하기 위함이다. 한국에서도 '인스타 핫템'으로 주목받는 제품이라면 중국에서도 반향을 일으키기가 수월하다.

하지만 SNS나 숏클립 채널 등을 통해 20대들에게 상품을 어필하는 능력이 떨어질 경우에는 어려움이 생긴다. 중국에서 마케팅을 진행할 때에는 모든 제작물을 신규 제작해야 하기 때문에 비용도 많이 들뿐더러 전적으로 대행사에만 의지하게 되어 향후에도 기업 스스로의 기획력에는 성장의 한계가 있게 된다.

두 번째로 한국 온라인 유통 채널의 구매평을 유심히 살펴본다. 대체적으로 만점에 가까운 평점을 받았는지 여부와 고객들이 실제로 써봤을 때 이 제품에 대해 매우 긍정적으로 느끼는 점이 무엇인지 파악하기 위해서이다. 검색평이 좋지 않고 고객이 느끼는 특장점에 대해 진정성이 느껴지지 않을 경우, 대행사 입장에서도 망설여지게 되는 것이 사실이다.

세 번째로 조직의 특성에 대해 검토한다. B2B만 해 본 기업인지, B2C와 브랜드에 대한 이해도가 높은 조직인지, 보수적인지 개방적인지 등을 살펴본다. 중국향으로 마케팅을 진행하다 보면 수많은 변수들이 생기는데, 이런 부분들에 대해 얼마만큼 적극적으로 대응할 수 있는지, 인력 세팅, 향후 중국사업에 대한 비전의 확고함 등을 살피기 위해 조직의 특성을 검토하는 것이다.

네 번째로 상품의 셀링 포인트가 명확한지에 대한 여부를 살핀다. 어떤 기업의 경우, 해당 브랜드를 학습하다 보면 기존에 성공한 유사한 브랜드가 생각나는 경우가 있다. 아무리 봐도 차별점을 느끼지 못하겠으며 가격 경쟁력은 더 없다고 판단되는 경우 특히 어려움이 있다.

예를 들어, 마스크팩 브랜드에서 의뢰가 들어왔는데, 먼저 도착한 샘플을 직원들이 사용해 보니, 경쟁사인 J사 마스크팩과의 차별성을 전혀 못 찾았다. 직원들조차 이 상품의 매력 포인트를 찾지 못하였고 '왜 사야 하는지'를 모르겠다고 한다면, 더 이상 업무를 진전시키기에 한계가 있다. 단발성 마케팅으로 자금만 소진될 것 같은 불안함이 먼저 다가온다.

반대로, 한 가지 제품에 대해서 다양한 각도에서 고객의 필요성을 잘 부각해 놓은 콘텐츠 및 재구매가 확실할 것으로 보이는 상품 경쟁력이라면 규모가 좀 작더라도 빠르게 만남을 진행해 보게 된다.

다섯 번째로 한국 온라인 마케팅에 대한 히스토리를 본다. 브랜딩 마케팅과 매출 증대를 위한 광고의 이해도, 일평균 UV대비 구매 전환율에 대한 분석, 상세페이지의 디테일, 이커머스에 최적화된 패키징과 포장방식 등 다양한 온라인 마케팅의 진행패턴을 이해하고 있을 경우, 소통이 원활하게 이루어질 뿐 아니라 중국향으로의 응용만으로도 바로 마케팅을 시작할 수 있다.

반면에 마케팅 진행 노하우가 없는 경우, 상품 패키징, 셀링 포인트, 영상제작 등 다양한 영역의 컨설팅까지 진행해야 하기 때문에 고객사도 당사도 마케팅 성과가 나는 데까지 시간이 걸려 서로 어려움이 생긴다.

여섯 번째, 가격 경쟁력 및 가격 정책을 확인한다. 해외 유통이기 때문에 포장비, 배송비, 유통과정에서의 할인율 및 유통상 마진, 플랫폼 수수료 등 다양한 비용을 감안해야 한다. 따라서 몇 배수로 진행되고 있는지 가격 경쟁력을 확인한다.

위에서 언급한 여러 항목이 내부에서 긍정적으로 검토되었더라도, 중국 내 유사한 제품 또는 경쟁 제품의 온라인 채널별 판매량, 마케팅 현황 등을 검토한 후에 당사의 최종 의견과 입장을 전달하고 있다.

중국의 온라인 유통 채널이나 대리상들도 한국 기업과의 협상에 앞서, 이 요소들을 비슷하게 검토하고 당신을 파트너로 삼을지, 아니면 다른 브랜드를 선택할지를 판단할 것이다. 다만, 중국의 유통 채널이나 대리상은 이미 중국에서 어느 정도의 인지도가 있고 매출이 올라오고 있는 제품 위주로 검토한다는 점이 한 가지 더 추가되는 포인트이다.

손바닥 화면에서 당신 제품의 오감을 어떻게 느끼도록 할까?

중국 시장에서 디지털 시대의 초집중 전략 수립을 위해 한국 기업들이 더 알고 있으면 유용할 내용을 아래에서 설명하고자 한다.

"온라인 환경에선 손으로 만져 보거나 직접 느껴볼 수도 없고, 브랜드 매장이 주는 고급스러움도 없으며, 상냥한 점원이 친절하게 설명해 주지도 않는다."

혹시 당신은 이런 고민을 진지하게 해 본 적 있는가?

온라인 소비자는 직접 우리 제품을 체험할 수 없기 때문에 디지털로 고객에게 다가가기 위해서는 다방면의 노력이 절실하다.

오프라인 매장의 경우, 브랜드 모델, 매장의 화려한 디스플레이와 디자인, 매장 내 향기, 상품의 체험까지 한 공간에서 제공하기 때문에 소비자들의 신뢰를 확보하기 유리하다. 오프라인 매장이 제공하는 신뢰를 온라인에서 느낄 수 있게 하기 위해서는 브랜드 아이덴티티Brand Identity를 명확하게 표현할 다양한 콘텐츠는 물론, 직접 사용해 보았던 타인의 느낌이나 호감 있는 후기 등 객관적으로 당신의 브랜드를 뒷받침해 줄 지원 사격이 필요하다. 이런 맥락에서 온라인 리뷰를 애셋Asset이라는 표현으로 쓰기도 한다.

일반 고객이 남기는 리뷰부터 왕홍이 얘기해 주는 리뷰 콘텐츠까지 다양한 리뷰 애셋을 만드는 건 초기 브랜드 진입에 필수로 자리 잡고 있다. 브랜드가 담은 가치에 대한 다양한 영상과 사진, 브랜드의 전략 상품을 매력적으로 포장한 셀링 포인트를 전달하는 콘텐츠까지 그야말로 중국 온라인 시장은 콘텐츠의 전쟁터인 셈이다.

필자는 업무상 다양한 카테고리의 고객사를 만나게 되는데, 대부분 중국 시장에 높은 관심을 가진 데 반해, 콘텐츠의 중요성을 간과하는 곳이 의외로 많다. 아마도 기업 내에 의사결정권을 가진 임원들이 콘텐츠에 대한 중요성을 모르고 있기 때문이리라. 참고로, 한국에서도 블랭크코퍼레이션이라는 기업은 잘 만든 영상 콘텐츠로 창업 3년 만에 천억 원대의 매출을 내고 있으며, 앞으로 이러한 기업들이 더 많이 생길 수 있는 디지털 환경이 조성되고 있다.

한국 기업의 입장에서 보면, 중국 시장은 낯설고 어려운 시장임에 틀림없다. 하지만, 중국 고객의 입장에서 생각해 보면, 일부 대기업 브랜드를 제외하면 대부분의 한국 브랜드는 낯설고 정보가 부족하다. 그렇다면, 당신의 낯선 브랜드 또는 제품을 중국 시장에서 중국 소비자들에게 호기심을 갖게 하고 호감을 느끼게 하기 위한 기본은 무엇이 있을까?

결론은 역시 콘텐츠이다. 좋은 콘텐츠가 많은 기업은 중국의 왕홍들도 접촉할 때부터 선호한다. 어디 왕홍뿐이겠는가? 플랫폼에서도 선호한다. 하지만 콘텐츠를 보고 어떤 매력도 느끼지 못한다면 진입할 때부터 계속해서 벽에 부딪힌다. 각종 SNS 공식 계정을 오픈하고, 매체 광고를 집행해도 반응률이 낮으며, 유명 왕홍을 섭외하려 해도 거절당하기 일쑤다. 만약 당신이 중국 시장에 진입하고자 한다면, 콘텐츠의 중요성을 첫 번째 이슈로 두고 반드시 꼼꼼하게 검토하길 권한다.

중국 오픈마켓은 한국의 독립몰처럼 운영하라

어느 정도 규모를 갖춘 한국 기업들도 G마켓, 11번가, 쿠팡, 네이버 쇼핑 등 한국의 온라인 쇼핑몰에 밴더를 통해 간접 유통하고, 자사몰 운영은 안 하는 곳이 많다. 하지만, 온라인 쇼핑몰의 경험이 없는 조직 또는 기업에선 중국 전자상거래와 마케팅에 대한 패턴을 잘 이해하지 못하고 헤매는 경우가 많다.

중국 전자상거래의 기본 메커니즘은 모두 한국의 독립몰 운영처럼 생각해야 한다. 즉, 한국 기업이 티몰에 입점하더라도, 숍인숍Shop in Shop의 개념이 아닌, 티몰이란 울타리 안에서 쇼핑몰을 새로 오픈하고 운영하는 개념으로 접근해야 한다. 징동에 입점하는 게 아니라 징동이란 플랫폼 공간을 사용하여 숍을 운영할 수 있는 권리를 취득한 것으로 이해하는 것이 더 정확한 표현일 것이다. 한국에서 카페24를 통해 독립몰을 하나 오픈한 것과 동일하게 이해하고 접근하는 것이 더 현실적이라는 말이다.

당신의 브랜드가 글로벌 시장에서 인지도가 높은 빅 브랜드가 아니라면, 티몰이든, 징동이든, 샤오홍슈에 입점하든 유동량은 제로에서 시작하게 된다. 또한, 중국 전자상거래 플랫폼(티몰/징동/샤오홍슈/왕이카올라 등)으로의 입점은 한국의 자사몰 운영과 유사하게 광고 운영, CS 운영, 디자인, 기획 등의 분야를 전부 아울러야 한다는 점을 명심하자. 이런 복잡하고 낯선 중국 이커머스 환경에 진입하려면 한국에서부터 독립몰 운영의 경험과 인사이트를 갖춘 인력이 필수로 준비되어야 한다. 그리고 제로에서 시작한 숍에서 각종 마케팅 활동을 통해 고객을 모으고, 단골 고객에게 지속적인 재구매를 유도해야 하며, 티몰이나 징동에서 진두지휘하는 618 행사나 광군절에 참여함으로써 홍보 기회를 확보해야 한다. CS 처리 및 데이터 분석을 통한 전략 수립까지 모든 업무가 가능해야 중국 온라인 시장에서 생존할 수 있는 첫 번째 필수조건을 갖춘 셈인 것이다.

중국 전자상거래의 꽃인 티몰에 입점하게 되면, 티몰 플랫폼 안에도 다양한 광고 툴이 있다는 것을 알 수 있다. 이런 티몰의 광고 툴의 활용은 물론이고, 외부 광고(중국 SNS, 검색 매체, 숏클립 앱) 상품까지 다양한 분석과 체계를 이해하지 못할 경우, 대행사에 위임한 티몰 운영은 산으로 가게 될 것이다. 만약 당신이 중국 이커머스로 진입할 계획이라면 팀 내에 반드시 쇼핑몰 운영 경험이 있는 담당자를 배치하거나, 지금이라도 한국에서 온라인몰의 직접 운영을 경험한 후에 진입하길 바란다.

    중국 이커머스로 진입할 경우, 초기 2년 정도는 막대한 운영 비용과 마케팅 비용이 든다. 그리고 이를 통해 얻을 수 있는 가장 큰 가치는 수많은 고객 데이터의 축적이 될 것이다. 그런데 이러한 소중한 고객 데이터를 분석·활용하고, 향후 기업의 온라인 전략에 반영할 수 있는 내부 인력이 없으면 앞으로도 당신의 중국 비즈니스는 영원히 제자리걸음을 하고 있을 것이다.

90后에게 주도권을!

90后(지우링호우)는 중국어로 90년대생을 일컫는 말이다. 90년대생에 대해서는 한국에서도 기업들이 집중적으로 학습하고 있는 만큼, 이들은 중국의 디지털 영역에서도 주축이 되는 소비자이다. 이런 90년대생에게 호감을 얻기 위한 마케팅과 상품 개발은 기업의 핵심 과제로 이어지고 있다. 90년대생들은 B급 콘텐츠를 즐기며 지속적인 디지털 유행어를 생산하고 있고, 결국 이런 환경에 빠르게 어필할 수 있는 건 팀장이나 임원급이 아닌, 같은 세계를 살아가고 있는 또래이다.

    한국 기업에서는 환경이 이렇다는 것에 대해서는 어렴풋이 인정하고 있다. 그러나 정작 조직 내 90년대생들은 자유롭게 의견을 펼치기 보다는, 아직 20대로서 경험과 전문성의 부족을 이유로 위축되거나 잔업무를 맡게 된다. 이러한 업무 환경은 중국에서 디지털 마케팅을 펼치는 데 매우 불리하게 작용한다. 디지털 마케팅에서는 위에서 아래로의 지휘 체계가 아닌, 아래에서 주도적으로 펼치고 위에 있는 직급에서 그들을 받쳐 주는 것이 맞다.

    90년대생들이 주도적으로 자기의지를 갖고 만들어 보고, 경험하고, 작은 성공과 실패를 맛보게 함으로써 주도권을 주는 방식이 절실하게 필요하다.

누구나 'FILA'라는 브랜드를 기억할 것이다. FILA는 역사가 깊은 브랜드이지만, 올드해지면서 잊혀가던 브랜드였다. 하지만, 20대와 함께 놀고 함께 만들며 함께 공유하는 브랜드의 DNA를 갖추기 시작하면서, 중국에서도 90后에게 많은 사랑을 받는 브랜드가 되었다.

브랜드 마케팅 관점에서 보면, 중국은 90后와 한바탕 놀 줄 아는 브랜드가 빠르게 성공하는 경우가 많다. 90后는 디지털 광고도 콘텐츠로 소비하며, 마음에 든다면 SNS에서 친구소환 기능 @로 친구를 초대하며 함께 토론한다. 그들이 만들어 내는 이슈와 확산의 속도는 광고비와는 비교할 수 없을 정도로 파장력이 크다. 당신의 기업이 중국 90后와 호흡하려면, 그들을 잘 이해하는 중국인 또는 한국인 90后가 필요할 것이다.

유난히 보수적인 한국 기업 문화에서 90년대생들에게 주도권을 준다는 건 생각처럼 쉬운 일은 아니다. 그들을 리드하는 임원들조차 철저하게 자세를 낮추고 그들과 호흡하는 법을 배워야 가능해지기 때문이다. 젊게 가는 브랜드에는 대부분 최종 의사결정에 경험 많은 임원들이 결정권을 가지지 않는 경우가 많다. 가장 큰 영향력을 가진 의사결정권자가 진입하는 순간 어렵게 만들어진 90后의 주도적인 분위기가 수포로 돌아가기 때문이다.

하지만 90后에게 통하는 상품, 그들이 좋아할 가격대, 그들이 즐기는 소통방식, 그들이 확산하는 즐거움, 이런 모든 것은 선택의 문제가 아니라 생존의 문제인 만큼 의사결정권을 포기하더라도 실험을 계속해 가길 바란다.

앞으로는 우리도 90년대생들에게 주도권을 주자!

중국 시장을 제대로 들어가기 위해서라도 우리 편의 90后가 놀 수 있는 환경을 먼저 만들어 주어야 한다.

CS는 높은 지불이 필요한 영역

중국 SNS 채널을 운영하다 보면, 상품에 대한 문의, 브랜드에 대한 궁금증, 도매 문의, 비즈니스 제안 등 다양한 내용의 DM들이 들어온다. SNS로 들어오는 문의도 이렇게 다양한데, 쇼핑몰을 운영하다 보면 온라인 공간에서는 더 많은 문의를 받게 된다. 특히 한국 브랜드들의 경우, 직접적으로 문의할 수 있는 채널 중 입점되어 있는 전자상거래 쇼핑몰이 가장 쉽게 접근할 수 있기 때문에 온라인 문의가 더 많을 수도 있다.

최근 중국에서도 SNS가 활성화되면서, CS 담당 직원이 고객에게 잘못된 정보를 주고 불친절한 태도로 대응하여 해당 내용이 SNS에서 퍼지는 경우가 빈번하게 발생하고 있다. 이 경우 대부분은 기업 편이 아닌, 소비자 편에 서기 때문에 중국 소비자들에게서 많은 비난을 받기도 한다.

중국의 이커머스 환경은 알리바바 그룹이 재편했다고 해도 과언이 아니다. 면대면이 아닌 온라인 커머스를 활성화시키는 데 있어 지급 결제 시스템(구매

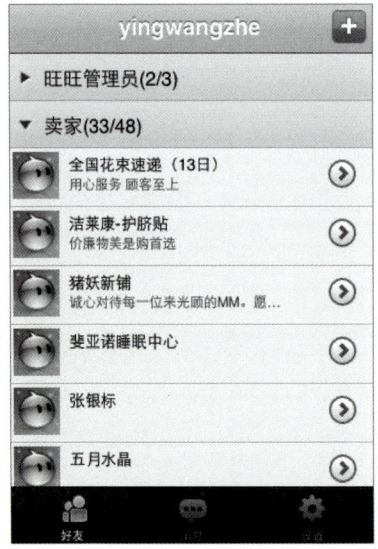

◀ 알리바바 그룹의 대표적인 전자상거래 상담 채팅창, 알리왕왕

자에게 물건이 안전하게 거래되었음을 확인한 후, 판매자에게 비용이 결제되는 안전 거래 형태) 알리페이와 알리왕왕阿里旺旺이라는 채팅 시스템은 고객을 안심시켜주는 큰 역할을 하며 성장했다. 그렇기 때문에 한국인들이 생각하는 채팅 접근과는 그 개념이 크게 다름을 기억하자.

중국으로 처음 진입하는 기업의 경우, 브랜드 인지도가 낮아 중국 밴더나 TP사(Taobao/Tmall Partner의 약칭)에서 협업의 적극성이 떨어지다 보니, 자사를 통해 직접 커머스 운영을 대행하는 경우가 종종 있다. 자사에서 운영을 맡게 되는 경우, 중국 고객이 궁금해할 만한 셀링 포인트, 브랜드나 상품에 대해 알고 싶어 하는 것들 위주로 분석하여 고객사에게 브랜드 교육을 요청하고 있다. 자사 직원들은 이러한 브랜드 교육을 철저히 받고 진행할 뿐만 아니라, 고객사와 직접 소통하기 때문에 빠르고 신속한 대응이 가능해진다. 한국 기업이 전자상거래 운영을 밴더나 TP사에게 맡길 때, CS 교육과 관리를 더욱 신경 써야 하는 이유다.

특히, 객단가 10만 원 이상의 중고가 상품의 경우, CS 응대는 더욱더 중요해진다. 높은 객단가로 고객의 관여도가 높은 편이라 오프라인 매장에서 문의하는 만큼의 다양하고 난이도 높은 내용의 문의들이 많다. 객단가가 높은 상품은 상세 페이지에도 더 많은 정보와 내용이 들어가야 한다. 이런 경우 고객을 유입시키는 데 있어서도 더 많은 마케팅 비용이 들어가기 때문에, 고객이 CS 문의를 시작한 그 시점에 고객을 확실히 우리 편으로 만들지 않으면 한국 기업 입장에서 투입 대비 효율을 얻기 어려워진다.

CS 응대에서의 친밀감과 적극성, 즉 어떠한 질문이든지 친절하고 상세히 설명하고 고객 불편에 즉각 대응하는 일은 매우 중요하나, CS 응대를 외주로 맡기면 CS 응대를 하는 담당자가 상품에 대한 이해도나 브랜드에 대한 자부심이 없어 그야말로 단순 응대로만 머무는 경우가 많다. 하지만, 대부분의 고객사는

CS 운영에 큰 관심과 정성을 들이지 않는다. 사실, 매뉴얼도 없고, 교육 자료 없이 쇼핑몰만 진행되는 경우가 태반이다.

CS는 고객과 직접 만나서 소통하는 최접점임을 잊지 말자.

중국에서 직접 CS 인력을 세팅할 수 없다면, CS 외주 업체에게 자사 브랜드만을 위한 전담 관리 인력을 요구하고, 함께 매뉴얼을 만들어가고 소통하라. 고객의 목소리를 듣지 않는 브랜드와 서비스에 미래가 있을 수 있을까.

CHAPTER 2

중국 마케터가
들려주고 싶은 중국 이야기

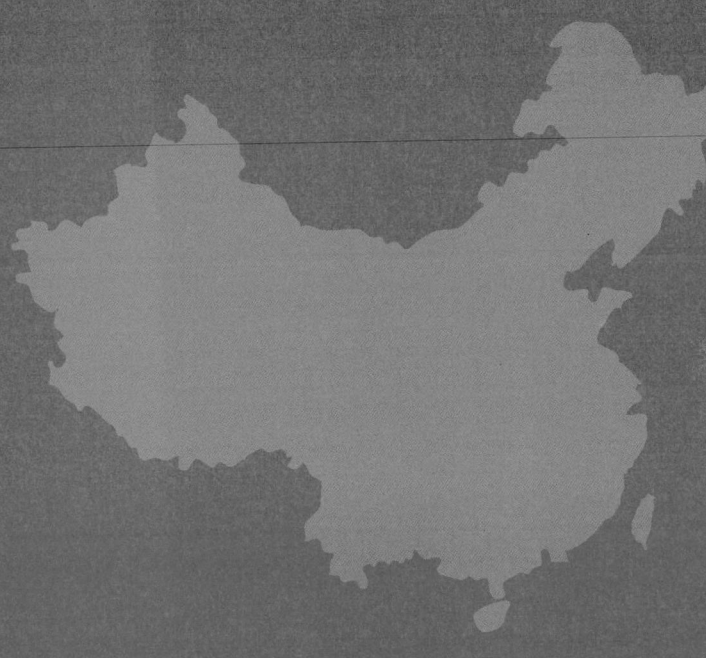

CHINA DIGITAL MARKETING
TREND 2020

01 90년대생이 온다

2018년, 한국에 《90년생이 온다》라는 책이 베스트셀러에 올라 많은 기업인들이 Z세대에 대한 괴리감을 이해하기 위해 노력하고 있음을 반증하고 있다. 90년대생이 30대가 되면서 가장 많은 실무를 해 나가는 시기에 진입했고, 경제적으로도 '아내, 남편, 부모, 딸, 아들' 등의 여러 가지 역할을 수행하면서 한 가정의 중심으로 진입하고 있기 때문이리라.

10년마다 우리는 ○○세대라는 이름으로 그들을 규정하고 이해해 보려 노력한다. 90년대생에 대해 유난히 특별한 이해가 필요한 이유가 무엇일까?

90년대생과 호흡은 기업의 미래 성장 동력이다

애플의 아이폰 출시로 한국, 중국 등에도 스마트폰이 급격하게 보편화된 2010년 무렵 90년대생들은 10대 후반, 20대 초반이었다. 지속적으로 스마트폰을 사용해 온 이들에게는 여러 가지 공통적인 특성들이 있다. 중국에서는 이들을 '손가락으로 모든 것을 하는 세대'라고도 한다.

90년대생들은 SNS와 채팅으로 소통은 물론이고 콘텐츠로 쇼핑 리스트를 준비한다. 이들의 특성을 본다면, 앞으로의 마케팅 중심은 디지털 영역에 집중되어야 함은 물론이고, 단순히 광고로만은 접근하기 어렵다는 것을 알 수 있다. 필자 또한 90년대생들과 일을 하다 보면 한국인, 중국인을 막론하고 여러 가지 이해되지 않는 공통적인 패턴이 있다.

가장 가까운 예로 업무상 협업을 하거나 타사와 접촉할 때가 많다 보니, 상대가 불쾌하게 생각할 수 있거나 오해의 소지가 있을 만한 내용에 대해서는 채팅이 아닌 전화로 소통하자고 여러 차례 얘기했지만 고쳐지지 않는 친구들이 많았다. 이모티콘을 선물하거나, 커피를 선물하며 채팅 상에서 느낌을 전하는 게 더 익숙한 세대들이기에 전화 소통은 무척이나 낯설고, 불편한 것이라 추측해 본다.

온라인상에 또 다른 자기 세계가 있다는 것도 공통적인 특징이다. 《트렌드 코리아 2020》에서도 90년대생들을 '멀티 페르소나'라고 정의하고 있다. 평소에는 점심값이나 커피값도 아끼지만, 취미생활과 덕질을 위해서는 수백만 원도 아깝지 않게 쓰는 모습을 보면 매우 이중적이다. 90년대생들은 한국인과 중국인을 벗어나 모두 비슷한 특징을 갖고 있으며, 서로의 제2의 페르소나를 존중한다는 점도 매우 인상적이다.

필자도 회사에서 90년대생 직원들을 자주 접하는데, 덕질을 하는 친구부터 주말마다 완전히 몰입하며 참여하는 취미 동호회까지 가끔은 이들이 '정말 내가 알고 있던 사람 맞나?'라는 생각이 들 정도로 다른 캐릭터로, 다른 생활을 하고 있어 자주 놀라곤 한다.

또 그들은 이해할 수 없거나, 받아들일 수 없는 일들에 대해 침묵하지 않고 당당하게 얘기한다. 물론 이 역시 채팅을 통해 얘기하지만 말이다. 이들에게 하고 싶은 말과 진행해 보고 싶은 프로젝트를 하지 못하게 하는 것은 퇴사의 가장 큰 이유가 되기도 한다. 기업의 외형과 상관없이 그들은 스스로 성장을 가능하게 하는 환경과 자유로움을 더 중요하게 생각하는 패턴을 보인다.

어떤 면에서는 90년대생들의 이런 모습이 멋지게 보인다. 더 이상 이해받을 수 없는 '상명하복 구조'의 기업 문화로는 그들을 이끌 수 없을 것이고, 이런 90년대생들의 특성으로 인해 기업은 구조적으로 많이 변화해야 할 것이기 때문이다. SNS와 구글, 각종 앱은 한 국가에서의 트렌드가 아닌, 전 세계 사람들을 묶는 역할을 한다. 그들의 특성을 이해하지 않고, 그들의 세계와 함께 발전해가지 않는 기업에 더이상 미래는 없다.

중국의 90년대생은 무슨 생각을 할까?

만약 당신 기업이 90년대생 소비자와 호흡하는 것에 자신 있는 기업 문화를 갖고 있다면 중국에서도 매우 긍정적인 반응을 보일 것이다. 중국의 90년대생도 유사한 패턴을 가지고 있기 때문이다.

중국의 '90년대생'들은 인터넷 환경을 손가락 하나로 주무르는 세대이다. 이들이 소비 주축으로 떠오른다는 것은 '새로운 소비시대'의 서막이 시작됨을 알리는 메시지다. 물론 이후의 00년대생에게는 그 흐름이 더욱 짙어지겠지만 이제 막 시작된 90년대생들의 진입은 많은 기업과 마케터에게 적지 않은 고민을 안겨준다.

중국에서도 90년대생들의 인터넷 용어를 활용한 마케팅이나 90년대생의 라이프 스타일을 앞서 반영한 상품, 90년대생들이 이끄는 화두에 적중한 상품은 베스트셀러가 된다. 사실 80년대생들도 온라인 쇼핑을 하지만, 이들처럼 일상 자체가 온라인에 있는 세대라고 할 수는 없다.

90년대생들은 오락, 취미, 소통, 교류, 쇼핑, 생활 모든 것을 디지털을 중심으로 하기 때문에 이들과의 접점에 정통한 브랜드는 빠른 속도로 성장하는 것은 물론이며, 장기적으로도 유망한 기업이 될 잠재력을 가졌다고 해도 무방할 만한 힘을 지니게 된다. 특히 한국 기업들은 중국에 진출할 때 90년대생들에 대해 더욱더 집중적인 스터디가 필요하다.

또한 90년대생들은 해외 브랜드에 대해 적극적으로 학습해서 사용해 보고 입소문을 만들며 공유하는 세대이기 때문에, 이들이 우리 브랜드들에게 아군이 되었을 때 시장을 잠식하는 속도가 그 이전과는 비교할 수 없을 정도로 빠르다.

90년대생들이 중국의 온라인 마켓 안에 주요 소비층이 되면서 일어나는 시장 변화들은 어떤 것들이 있을까? 시장에서 데이터로 이미 증명되고 있는 몇 가지 예측 가능한 사례들을 살펴보자.

안티에이징 화장품

90년대생 여성들이 20대 후반, 30대에 진입했을 때 가장 크게 떠오르는 화두는 어떤 것일까? 안티에이징이 아닐까?

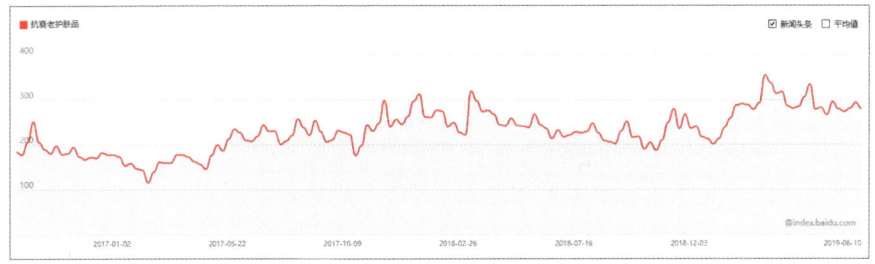

▲ '안티에이징 화장품' 키워드에 대한 최근 2년간 바이두 지수 변화

"안티에이징" 키워드는 현재 중국 온라인을 뜨겁게 달구고 있는 이슈이다.

물론 80년대생에게도 안티에이징은 큰 화두였지만, 이들에게 인터넷의 검색량을 바꿀 정도의 파급력을 갖지는 않았다. 현재 90년대생의 소비는 인터넷상에서의 흐름과 판매 방식 자체를 바꾸는 파급력을 지니고 있다.

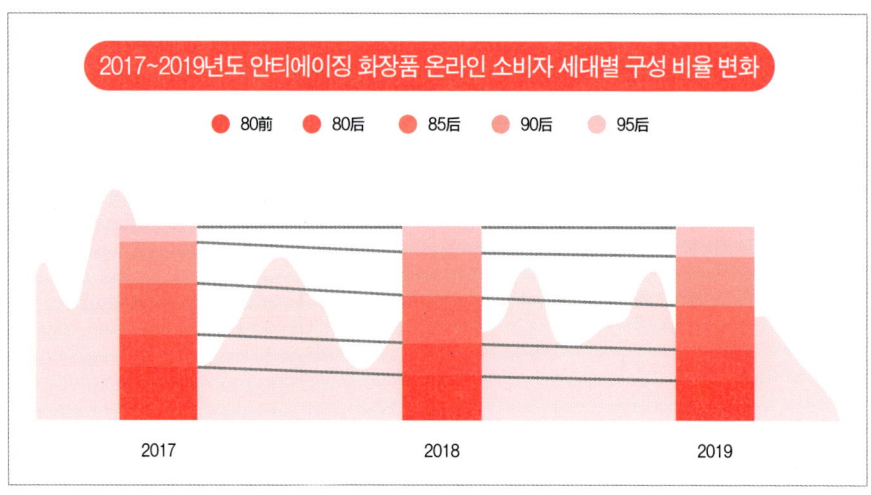

▲ 2017~2019년도 안티에이징 화장품 온라인 소비자 세대별 구성 비율 변화(출처: The Oriental Beauty Valley's 2019 Blue Book)

위 그림처럼, 2019년 90년생과 95년생의 안티에이징 화장품 소비 비중이 빠르게 늘어난 만큼 '안티에이징 화장품' 카테고리는 앞으로도 온라인에서 지속적으로 성장하게 될 것이다. 실제로 2019년 화장품 카테고리 중 가장 큰 성장세를 보이는 영역은 '안티에이징 화장품'인 '안티에이징 에센스'로 집계되고 있다.

그렇다면, '안티에이징'을 화두로 하는 다른 카테고리는 어떻게 성장했을까?

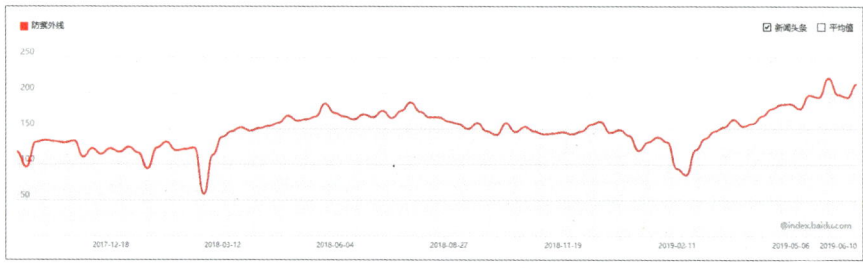

▲ '자외선 차단' 키워드의 최근 2년간 바이두 지수 변화

자외선은 피부를 노화시키는 주범인 만큼 자외선 차단에 대한 관심도가 지속

상승하고 있다. 소비자 중심으로 생각하고 추이를 살펴보면 90년대생이 주도하는 온라인 마켓의 성장 추이와 시장 인사이트를 가늠해 볼 수 있다.

마스크팩 시장

중국향으로 '마스크팩'을 개발하는 한국 기업들이 많은데, 마스크팩 시장은 어떨까?

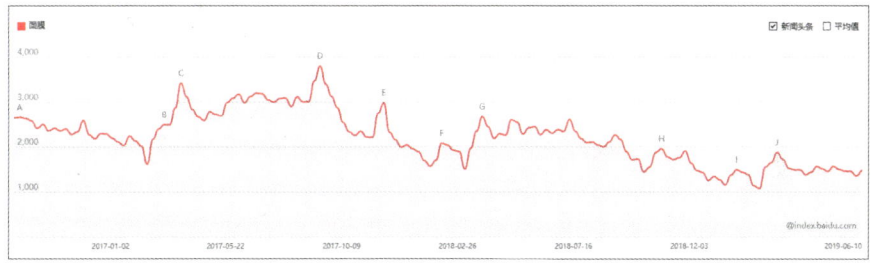

▲ '마스크팩' 키워드의 최근 2년간 바이두 지수 변화

2017년부터 2019년 상반기까지 바이두 지수를 보면 마스크팩에 대한 소비자 관심도는 예전 같지 않다. 바이두 지수뿐만 아니라 2019년 성이참모를 분석해 봐도 마스크팩은 여전히 많이 팔리고 있으나, 카테고리별 매출 점유율은 하락세를 보이고 있다.

중국의 90년대생들은 밤 늦은 시간까지 잠을 자지 않는 친구들이 많다. 오랜만에 고향에 가면 부모님들과 잠자는 시간 때문에 다투는 일이 비일비재한 것은 중국에서도 어느 집에나 있는 일상이다. 화장품 브랜드 겔랑은 이런 90년대생들의 특징을 읽어내고 중국 SNS 데이터를 분석 후 밤새고 피곤해 보이는 얼굴에 활력을 주는 '밤샘크림'을 개발했다. 밤샘크림은 중국 온라인상에서 마케팅에 대대적으로 성공하며 필수 아이템으로 자리 잡았고, 겔랑의 전체 제품매출의 대부분을 차지하게 되었다.

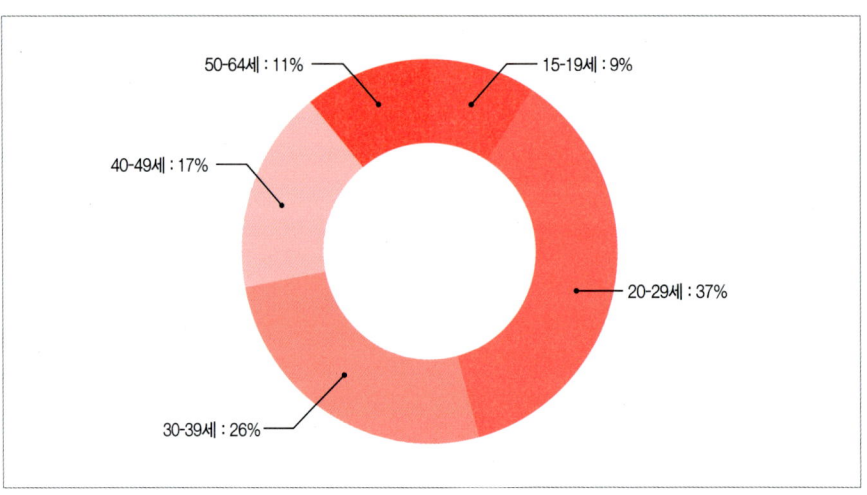

▲ 화장품 판매액 증가에 따른 연령별 기여도(출처: Finding new shoppers in China beauty market's untapped potentials)

위 자료를 보면 90년대생(20~29세)에 대한 화장품 판매액 증가 기여도가 37%에 이르며, 80년대생(30~39세)이 26%, 00년대생(15~19세)은 9%를 차지하고 있는 것을 볼 수 있다. 90년대생, 00년대생이 화장품 판매에 기여하는 비중을 합산하면 전체의 46%에 이르고, 00년대생이 사회에 본격적으로 진입하기 시작하면 이들의 기여도는 기하급수적으로 상승할 것이다. 따라서 지금 한국 브랜드들이 중국의 90년대생에게 집중해야 하는 이유는 다음과 같다. 첫째, 받아들이는 객단가, 즉 소비력에 가장 큰 이유가 있다. 둘째, 90년대생에게 접근하는 마케팅 노하우가 00년대생들에게도 고스란히 적용될 것이기 때문이다. 또한 앞으로 90년대생들이 30대 중반 이상으로 진입하면 현재 시점에서 체험해 보고 느꼈던 브랜드들이 그들의 재구매를 습관화하게 될 것으로 예측된다. 그들의 마음 속에 오랜 기간 호감을 유지할 브랜드가 되기 위해 지금 중국 시장에서는 전 세계의 브랜드들이 치열하게 경쟁하고 있다.

02 장거리 선수 일본 브랜드와 단거리 선수 한국 브랜드

우연히 한국에서 중국 알리바바와 다른 온라인 판매 플랫폼 담당자들의 세미나를 참석할 기회가 있었다. 그리고 당시 중국인 발표자들이 한국 기업을 이야기하면서 "단거리 선수 한국 브랜드"라는 표현을 종종 썼었다. 그들은 중국어로 점잖은 표현을 통해 비유하였지만, 중국 시장에 진출하는 한국 기업을 얼마나 안타깝고 답답하게 바라보는지 그 시선을 이해할 수 있었다. 그들이 왜 그렇게 표현했는지에 대해서 본인도 이해하고 있던 터라, 그날을 씁쓸한 하루였던 것으로 기억한다.

한국 브랜드들은 소비자들이 관심을 가질 만한 재미있는 포인트와 아이디어가 충분하지만 장기적인 브랜드 전략과 마케팅 투자가 부족하고, 재구매를 일으킬 만한 특별한 경쟁력 없이 신상품 출시에만 전념한다는 것이 그들의 요지였다. 즉 시장의 관심을 잠깐 받다가 사라지기 일쑤라는 것이다. 필자가 보기에도 한국 기업들은 중국 시장을 바라볼 때, 상품과 소비자의 진정성보다 단기적 매출에 급급한 마케팅 전략으로 접근하는 경향이 있다.

일본 브랜드에 밀린 것이 사드 때문일까?

한국 브랜드들이 중국으로 대거 진출하던 시기는 2014년 즈음이다. 중국 내수 시장의 고성장에 따라 중국인들의 GDP가 올라가고 있던 시점에 한류라는 기폭제를 만나 역직구 및 직접 진출이 폭발적으로 늘어나기 시작했다.

패션, 뷰티, 식음료, 여행 등 어느 카테고리라 할 것 없이 다양한 카테고리의 제품들이 중국 시장에서 큰 환영을 받던 시기였기 때문에, 한국 기업의 수권을 받아 중국에서 유통하는 중국 온라인 채널들과 대리상들이 많아졌다. 그리고, 합리적인 가격과 우수한 품질, 한류라는 프리미엄이 주는 이점을 통해 중국 소비자들의 사랑을 받았다. 그 시기에는 전략적인 마케팅이나 특별한 노력을 하지 않아도 잘 팔려나가던 시기였다.

▲ 티몰에서 '일본 화장품' 검색 시 노출 화면

하지만, 중국인들의 한국 제품에 대한 사랑은 2016년 사드를 기점으로 차갑게 식어갔다. GDP의 상승과 함께 소비자의 눈높이가 올라간 중국 시장은 이미 글로벌 브랜드들의 집중적인 경쟁의 각축장이 되었다. 지금의 중국인들은 더 이상 한국 브랜드에 열광하지 않는다.

중국인들에게 한국은 다시 방문하고 싶은 국가 순위에도 오르지 못할 정도로 매력적인 나라가 아니다. 이제는 중국 기업이 한국 기업보다 더 합리적으로 제품을 잘 만든다고 생각하는 중국인들도 많아지고 있다. 더군다나, 중국인에게 호감을 얻고 적극적으로 소통하는 커뮤니케이션 마케팅에 있어서도 중국 기업들이 더 공격적이고 유리한 위치에 있다.

중국 시장의 현실은 이렇게 돌아가고 있음에도 우리 한국 기업들은 아직까지 한류를 타고 얼떨결에 얻었던 과거의 성공에 너무 젖어 있지 않았느냐는 생각에 뒤를 돌아보게 된다.

한국 브랜드가 사드로 인한 한한령에 막혀 일본 브랜드들에게 순위를 넘겨줬다고 생각되지 않는다. 중국인의 정서상, 정치적으로 따지자면 한국보다 일본을 더 싫어하는 사람이 많다. 다만, 일본 브랜드들이 해외 진출에 있어 한국 브랜드들보다 브랜드와 마케팅에 대한 경험이 많은 점도 유리하게 작용하였고, 근본적으로 일본 브랜드가 중국 소비자들에게 한국 브랜드보다 장인 정신이 있다는 평가를 받고 있는 점도 우리가 되짚어봐야 할 요소이다.

유통과 한류로 풀던 중국 비즈니스 1.0 세대, 2.0 세대의 준비는 달라야 한다!

앞으로의 중국 시장 공략을 위해서는, 아래 세 가지 사항을 필수조건으로 갖추어야 성공할 수 있을 것이다.

- 중국인들이 원하는 최적의 퀄리티와 가격대를 맞춘 상품을 내놓을 수 있는가?
- 글로벌 브랜드와 중국 로컬 기업과의 경쟁이 치열한 중국 온라인 마케팅 환경에서 성공할 만한 값진 콘텐츠를 갖고 있는가?
- 그동안 한국 기업들이 진출했었던 다른 국가들과 달리, 중국만의 독특한

온라인 플랫폼 환경에 대해 제대로 이해하고, 이를 응용할 수 있는 자원 (인력과 자본력)과 전략을 쓰고 있는가?

위의 3박자를 모두 갖추지 않고서는, 신규로 진입해서 성공하기 매우 어려운 시장으로 환경이 만들어지고 있다. 뷰티 카테고리를 예로 들자면, 중국에 생산 거점을 둔 한국의 제조사들이 많기 때문에 중국 기업들도 OEM, ODM으로 기술과 디자인적 감각은 한국답게, 그리고 가격과 가성비는 중국답게 맞출 수 있다. 이러한 한국 OEM 제조사들의 중국 기업 물량이 적지 않다는 점을 고려할 때, 우리 한국 기업이 로컬 브랜드에게 무엇으로 이길 수 있는지 고려해 봐야 할 것이다.

두 번째로는 콘텐츠를 중심으로 흘러가는 온라인 마케팅에서 모델 활용 전략, KOL Key Opinion Leader 전략, 브랜드 전략에 대한 과감한 투자 의지와 브랜드 DNA를 갖춘 기업이어야만 한다. 브랜드의 DNA가 없는 경우, 높은 마케팅 비용과 상품 주기가 너무 짧아지고 있어 수익 창출이 어려워질 것이다.

세 번째는 중국 이커머스와 온라인 마케팅 생태계를 이해하는 자원이 필요하다. 애초부터 중국 시장의 특성이 반영되지 않은 사업 전략을 갖고 진입하는 한국 브랜드들이 많은데, 이 부분에 대해서도 반드시 공정하고 엄격한 검열이 필요하다. 이커머스를 잘못 펼치면 중국의 복잡한 온라인 가격 정책에 실패하는 경우도 많고, 셀러들과 협상을 잘못하면 빠르게 시장 내에서 엄청난 수의 안티 소비자를 양산하는 효과를 가져올 수도 있다.

진입 초기부터 성숙기까지 전략적으로 설계하고 움직일 수 있는 사업 기획을 해야 한다. 중국은 일단 시작하면 멈추지 않는 기관차 같은 마케팅을 진행해야 살아남을 수 있다. 멈추는 순간 당신 브랜드의 DNA에서 장점만 복제한 경쟁자가 눈앞에 나타날 수도 있다는 사실을 잊지 말자.

03 제대로 된 CMO를 찾아라!

한국 기업들이 중국 시장에서 단거리 선수라는 오명을 벗어나려면, 앞으로는 중국 시장에서의 글로벌 기업들이 그러하듯, 중국에서의 마케팅 전략을 좀 더 장기적이고 깊게 준비하는 플랜이 요구되고 있다.

그렇다면, 중국 시장을 위한 CMO Chief Marketing Officer는 어떻게 전략을 내세워야 할까? 여기서 CMO는 최고 마케팅 책임자의 의미로만 쓰지는 않겠다. 기업마다 규모와 사이즈가 다르기 때문에, CMO라는 표현을 빌릴 뿐, 중국 사업 팀장이 될 수도 있고 과장이 될 수도 있다.

한국보다 큰 시장에 한국보다 적은 인력 배치!

중국향으로의 마케팅은 한국에서 세워놓은 브랜드 아이덴티티와는 다른 방향으로 전개될 확률이 높다. 소비자와 채널이 급격하게 변하는 중국의 특성을 감안할 때, 중국 시장에서의 마케팅 성공 방식이 다르게 나올 가능성이 높기 때문이다. 이런 면에서 중국 마케팅 조직은 매우 유연하게 움직일 수 있는 조직 구성과 프로세스가 필요하다. 보고 프로세스나 결제까지 컨펌하는 데 있어 한 달씩 걸리는 프로세스라면 중국 온라인 마케팅 성공 확률은 현저히 떨어질 것이다.

경험상 그간 미팅을 했었던 모든 기업들이 중국 진출에 사활을 걸겠다고 하지만, 한국보다 시장 규모가 비교할 수도 없을 만큼 큰 중국에 진출하면서도 제대로 된 마케팅팀을 구성하지 않는 경우가 많다.

최근 중국 마케팅 트렌드로 가늠컨대, 독자들도 디지털 영역에서의 성공이 필수라는 점에 동의할 것이다. 워낙 중국 온라인 시장의 변화가 빠르고, 언어 장벽도 있다 보니 쉽지 않은 영역이지만, 현재 중국 디지털 마케팅을 집행하는 데 필요한 업무 영역을 가이드해 보고자 한다. 디지털 영역에 필요한 사람을 꼭 중국인이나 중국어가 가능한 인재로 둘 필요는 없다. 열정이 있는 전문가라면 중국인 실무자들과 함께 충분한 학습이 가능하다.

필자가 보는 현재 중국 마케팅 환경에서 필요한 인재는 아래와 같이 업무 영역을 세분화해 볼 수 있다.

'창의적 브랜딩과 고객 소통' 영역

- 중국 시장에서 다음 스텝을 위한 창의적 스토리텔링 제시가 가능한, 종합 마케팅 대행사에서의 CD Creative Director급 경력자

한국에서 짜인 브랜드 스토리 혹은 세일즈 커뮤니케이션이 중국 소비자에게 그대로 호응을 얻는 경우는 문제되지 않지만, 중국 내 소비자가 다르고 시장의 성숙도가 달라 브랜드를 리빌딩해야 하는 경우는 전략적인 전문가가 필요하다. 콘텐츠 및 매체 집행에서 일관된 브랜드 정체성을 유지 보수하는 데 있어서도 전문가가 필요하다.

'전문적 총괄' 영역

- 중국 마케팅 채널과 유통 채널의 융합과 시너지 전략 수립 가능자

- 마케팅을 고려한 중국향 상품개발 및 총괄 가능자(중국 시장에 대한 높은 이해도를 갖춘 자)
- 브랜딩과 퍼포먼스 마케팅의 균형적 전략 수립 및 설계 가능자
- 전자상거래와 마케팅 간의 피드백을 조율하며 균형을 잡아갈 수 있는 자

중국에 진출하다 보면 실행을 통해 중국 소비자와 채널에 대해 여러 면에서 습득이 가능해지는데, 이 부분에 대해 집중적으로 데이터를 구축해 나가고, 기업 내의 상품개발 및 유통에서의 활용은 물론 중국향으로 진행되는 모든 부서에 필요한 정보를 통합 공유하며 유의미한 성장 과정을 주도할 수 있어야 하기 때문이다. 축적한 데이터의 활용과 반영이 없을 경우, 시간이 흘러도 각축의 장인 중국 시장에서 생존할 확률은 제로에 가깝다.

'digital oriented' 영역

- 검색(바이두), SNS(웨이보, 위챗, 샤오홍슈), 숏클립(빌리빌리, 콰이쇼우, 도우인), 판매채널(티몰, 징동, 왕이카올라, VIP, 1号店 등)의 생태계에 매우 익숙하며 이슈 붐업 및 DA광고 효율을 만들어 갈 수 있는 5~10년 경력자

이 영역에는 오랜 경력보다는 디지털 매체를 좋아하고, 콘텐츠를 통해 플랫폼에 어떻게 이슈가 되는지에 대한 이해도가 높은 젊은 인재가 필요하다. 중국인이거나 중국향 마케팅 대행사의 경력자가 적합하다.

이제 한국 기업들은 Made in korea만으로 무난한 프리미엄을 얹고 진출하던 기억을 지워야 한다. 프리미엄 글로벌 브랜드들과 가성비를 앞세운 로컬 브랜드와의 치열한 경쟁 속에서 살아남을 방법을 강구해야 한다. 위의 세 가지

영역을 한꺼번에 준비해서 진행하기란 기업 입장에서 쉽지 않고, 언어의 장벽이 있기에 각 영역에 적합한 사람들을 배치하더라도, 이를 학습하고 시너지를 내기까지 적지 않은 시간이 걸릴 것이다. 하지만 앞으로 몇 년을 바라보고 차근차근 준비해 나가길 바란다.

앞서 언급했듯이, 중국의 디지털 마케팅 영역은 마케팅과 판매의 경계가 모호하며, 브랜딩과 판매 촉진의 영역도 모호하다. 더군다나, 특정 캠페인을 진행하고자 할 때에도 이커머스팀의 예산으로 집행해야 할지 브랜드 마케팅팀의 예산으로 집행해야 할지 모호할 때도 많다. 하지만, 중국 시장에서는 상품이 곧 마케팅이 되고 마케팅 포인트를 기획한 상품이 곧 브랜딩이 되기도 한다.

상품 하나가 아닌, 브랜드 전체가 중국 소비자들에게 사랑받는 구조로 만들어야 수업료를 내는 시간을 단축하고, 시장에서 위치를 확고히 할 수 있다. 이런 관점에서 위에서 언급한 세 영역의 인재와의 융합을 빠르게 시도할수록 성공의 가능성이 높아질 것이다.

04 3억을 쓰면 30억을 팔아 주는 왕홍 찾기?

이 책을 읽고 있는 누군가가 이 제목부터 솔깃하게 느낀다면, 그 정도로 중국 시장을 안일하게 바라보는 것은 매우 위험하다고 말해 주고 싶다. 상식적으로, 3억을 써서 30억을 팔아주는 왕홍이 있다면, 그 왕홍이 자기 자본으로 브랜드를 론칭하고, 고객사를 굳이 받아 홍보해 줄리 만무하다. 물론 마케팅을 진행하다 보면, 이러한 성과를 내는 일도 있긴 하다. 하지만 이는 고객사와 마케팅 대행사 간의 긴밀한 소통, 정밀한 설계, 중국 시장에서의 브랜드 위치, 상품기획

▲ 바이두에서 '왕홍 키워드' 검색 시 노출 화면

및 프로모션 가격 수립, 왕훙과의 호흡 등 다양한 요인들이 전부 맞아떨어질 때 가능하며, 매우 어려운 일인 게 사실이다.

중국 광고주들의 광고 투입 구조를 살펴보면 중국 브랜드들 역시 왕훙에 대한 투자가 가장 높다. 상황이 이렇다 보니 왕훙 마케팅은 왕훙이나 브랜드, 플랫폼에 대한 깊은 이해가 없는 상태에서 투입해서는 더 이상 ROI가 나오지 않는 마케팅 형식으로 변하고 있다.

가장 많은 전략과 사전 준비가 투입되어야 하는 마케팅 영역임에도 불구하고 한국의 왕훙 마케팅은 명확한 전략 설계 없이 매출에 대한 관점으로만 접근이 이루어지고 있는 실정이다.

왕훙 마케팅의 성공 필수 조건

저자들의 중국 마케팅 경험을 토대로, 현장에서 느낀 왕훙 마케팅의 성공 필수 조건에 대해 간단히 정리해 드리고자 한다.

첫째, 최근 급속도로 영향력이 올라가고 있는 트렌디한 왕훙을 합리적인 금액으로 진행할 수 있을 때 파급효과가 극대화된다. 예를 들자면 지금은 TOP 연예인급으로 성장한 리자치의 경우에도, 2018년까지는 중소기업들도 접근해 볼 수 있는 홍보비와 현물로 가능했으나 현재는 억대의 홍보비와 매우 높은 할인율의 공급가격을 요구하는 상황으로 변했다. 초기에 리자치와 협업했던 브랜드의 경우 투자 대비 높은 효율을 얻었으며, 지금도 눈에 띄는 라이징스타로 발돋움하는 왕훙들의 광고 비용이 급격하게 상승하고 있다.

둘째, 왕훙의 팔로워 성향과 자사 상품의 적합도가 매우 높을 때 파급력이 커진다. 팔로워의 주요 연령층, 좋아하는 성향 등에 대한 분석이 잘 이루어진 후에 진입했을 때 파급력이 커진다. 팔로워에 대한 분석은 단순히 왕훙의 팔로워 숫자만을 의미하지 않기에 다양한 관점에서의 분석이 필요하다.

셋째, 왕홍 본인이 진행하고자 하는 상품과 브랜드를 매우 믿고 신뢰하며, 긍정적으로 평가할 때 파급력이 커진다. 예를 들어, 하루에도 수십 개의 제품을 받아 보는 뷰티 왕홍 입장에서 특정 제품에 대해 긍정적인 평가와 호감을 얻기 위해서는 제품 경쟁력은 필수다. 공급가격을 싸게 주면 취급한다거나, 광고비만 준다고 해서 열심히 하는 구조가 아니다. 실제로 왕홍이 그 제품에 대해 긍정적으로 느낄 때 콘텐츠에 왕홍의 호감이 온전히 묻어나며 팔로워들에게 적극적인 추천이 이루어진다.

넷째, 왕홍의 팔로워 소득 수준과 상품의 객단가가 맞을 때 긍정적인 효과를 기대할 수 있다. 왕홍들을 분석해 보면 그 왕홍의 팔로워가 절강성에 많은지 광동성에 많은지, 팔로워의 대부분이 여자인지 남자인지, 어느 가격대의 핸드폰을 쓰는지 등을 파악할 수 있다. 이런 자료들을 통해 팔로워들의 소득 수준을 가늠해볼 수 있다.

팔로워 숫자가 많고 적음을 떠나서 자사의 제품 가격이 중국 젊은이들에게 고가로 책정될 상품이라면 이런 분석은 더더욱 필수다. 예를 들어 콰이쇼우라는 플랫폼의 왕홍 방송은 주로 저가 상품을 소개하는 채널인데, 타사에서 어느 왕홍의 판매 효과가 좋았다는 말만 듣고 집행할 경우 실패 확률이 높아지는 식이다.

가볍게 취급하면 안 될 기타 조건들

위에서 설명한 요인들 외에도, 왕홍 마케팅의 매출 영향력이 큰 여러 요인들이 있다. 하지만 아쉽게도 왕홍 마케팅을 하는 회사들 중에서 이런 성과를 낼 수 있는 회사는 많지 않으며, 필자들이 속해 있는 대행사 또한 무조건적인 보장은 불가능하다. 필자가 이야기하고 싶은 주요 포인트는, 왕홍 마케팅을 진행하기 전 앞에서 설명한 다양한 요인들을 준비했다고 해서 대행사에만 맡기고 결과

만을 기다리는 것이 아닌, 대행사와 '같이' 체크하고 준비할 때 이전보다 왕홍 마케팅의 성공 확률이 올라갈 것이라는 점이다.

마케팅 상담을 하다 보면 어떤 경우에는 '왕홍 라이브'를 집행할 때 마치 내일부터 당장 해당 상품이 트럭 100대 분량씩 팔려나갈 것으로 기대하고 찾아오는 고객들도 있다. 더욱 문제인 것은 판매 라이브 방송을 하는 왕홍들 중에서 적지 않은 이들이 본인이 소개하는 상품에 대한 검증과 전문성도 없이, 말투나 행동에 경솔함과 가벼움이 묻어나는 경우가 많다는 것이다. 브랜드의 관리 차원에서는 접근하지 말아야 할 왕홍들이 태반이지만, 라이브 방송을 한다고 하면 그 왕홍이 어떤 왕홍인지를 확인하기도 전에 매출에 대한 기대감만 갖고 시작하는 한국 기업의 사례가 많다.

왕홍 마케팅이 상품 홍보 및 세일즈 확대를 위한 효율적인 마케팅 수단임은 틀림없다. 하지만 어느 왕홍과 어떻게 설계하고, 어떻게 준비하고 진행하느냐에 따라 그 효과는 전혀 다르게 나올 수 있다는 점을 꼭 기억했으면 한다. 사실 중국에서는 최근 판매 왕홍이 유통하는 제품에 대한 문제들이 많이 발생하면서, 중국 내에서 물건을 판매하는 왕홍들에 대해 상품과 판매에 대한 국가 차원에서의 인허가, 유통경로를 관리해야 한다는 지적이 일고 있다는 것도 알아두자.

또한, 진행하고자 하는 마케팅 채널에 따라 왕홍의 활용 가이드나 목적도 분명히 설정해야 한다. 한국에서는 '라이브 방송' 왕홍에 집중적으로 투입하지만, 중국에서는 다양한 채널에서 더욱 다양한 왕홍들과 협업한다. 예를 들어 화장품 기업에서 왕홍 마케팅을 진행하고자 할 때, 대부분의 기업들은 전략적으로 띄우고자 하는 시그니처 신상품을 선택하고 라이브 방송 왕홍을 통해 고객에게 접근하겠지만, 반드시 옳은 전략은 아니다.

웨이보 왕홍 중에는 '라이브 방송'이 아닌 포스팅 또는 숏클립 형태로만 후기를 남기는 왕훙들도 있다. 샤오훙슈 왕훙 중에는 연예인이라 착각이 들 만큼 뛰어난 미모를 지니고 수준 높은 사진 스킬로 제품을 소개하는 데 일가견이 있는 이들도 있다. 도우인의 뷰티 왕훙들은 숏클립을 재밌게 만들어 판매보다는 브랜드와 홍보에 도움을 주면서 넓은 범위의 팔로워들에게 정보 전달의 유리함을 갖는다. 이런 관점에서 만약 필자가 브랜드사의 기획자라면, '브랜드 론칭' '신상품 론칭' '매출 촉진' 등 정확한 마케팅 목표에 따라 다양한 채널과 다양한 왕훙을 검토하여 활용할 것이다.

실제로 채널별 왕훙마다 판매 영향력이 다르고 브랜드나 상품의 호감도를 올리는 영향력이 다르기 때문에, 각 기업의 대표상품별로 중국 시장에서의 위치와 목표에 따라 왕훙 마케팅의 활용도 달라질 수 있다는 점을 명심하자!

그리고 리뷰 콘텐츠 애셋으로의 가치를 남길 것인지, 또는 일회성 콘텐츠라고 하더라도 판매 촉진을 위한 수단으로 활용할 것인지에 따라 선택해야 할 채널 및 왕훙의 범위를 달리해야 함을 명심하자. 샤오훙슈의 경우 브랜드나 상품을 검색했을 때, 긍정적 호감도를 유도하는 리뷰 콘텐츠 자산으로서의 가치가 높다. 타오바오 혹은 콰이쇼우, 이즈보 등에서의 판매 촉진을 위한 라이브 방송은 일회성 가치로밖에 남지 않는다는 점을 명확하게 인식해야 한다.

한국으로 치자면 홈쇼핑 형태의 라이브 방송은 검색으로 노출되는 형태가 아니기 때문에 리뷰 가치로 남지 않으며, 봤던 홈쇼핑을 또 보는 사람은 없다. 콘텐츠로서의 가치도 일회성이다. 만약 리뷰 콘텐츠 자산으로서의 가치가 주요 목표라면, 왕훙의 외모와 브랜드의 적합도는 물론, 라이프 스타일과 포스팅의 톤앤매너, 팔로워의 도시 분포와 소득 수준까지 고려하여 선정해야 할 것이다.

중국 온라인 마케팅에 있어 왕훙 마케팅의 비중은 결코 작지 않다. 하지만 왕훙 마케팅 이전에 다른 중국 온라인 마케팅의 점검도 함께 되어야 한다는 걸 잊지 말자. 중국인들이 잘 알지 못하는 신규 브랜드나 중국 시장에 처음 진입하는 기업일수록 왕홍 마케팅에 대한 관심과 수요가 많은 것 같다. 하지만, 왕홍들도 의뢰 받은 상품의 신뢰도와 브랜드 인지도를 확인하여 진행 여부를 결정한다. 중국에서 어느 정도 알려진 브랜드나 상품이라면 괜찮겠지만, 그렇지 않은 경우 왕홍들로부터 간혹 상품 홍보를 거절당하기도 한다. 이는 영향력이 큰 왕홍으로 올라갈수록 빈번하게 생기는 현상이기도 하다. 따라서 왕홍 마케팅을 진행하기에 앞서 라이브 방송을 통한 세일즈에만 신경 쓰는 것이 아닌, 중국 내 다소 간의 바이럴 마케팅(언론 보도, 바이두 검색 노출, SNS 리뷰 콘텐츠 생성 등)이 선행되어야 왕홍 설득에도 유리하다. 이런 과정을 거치면 왕홍 마케팅 진행 후, 해당 상품을 검색하려는 소비자에게도 유리한 마케팅 효과를 거둘 수 있을 것이다.

그 외에도, 해당 상품의 타오바오 입점 수, 다른 전자상거래 채널에서의 입점 여부, 그들이 판매하고 있는 가격대 등을 함께 고려하여 판매 라이브 왕홍을 기획하는 등 왕홍 마케팅은 매우 전략적으로 접근해야 하는 영역임을 명심하자.

05 연예인은 더 이상 브라운관에 살지 않는다!

모델 광고에 보수적인 편인 '설화수'에서 중국 연예인 모델을 기용하기 시작했다는 기사를 보았다. 기존의 설화수가 해왔던 것처럼 연예인을 기용하지 않고 소비자에게 '제품의 가치'를 고유하게 전달하는 방식이 중국에서는 통하지 않는 걸까? 아니면 다른 어떤 이유가 있는 걸까?

매스미디어 시대의 연예인과 SNS 시대 연예인은 다르다!

우선 가장 큰 차이는 매체 특성에 있다. 중국에서 TV조차도 OTT로 보는 것이 오래 전부터 습관화되어 있을 정도로 동영상 소비의 생태계가 한국보다 빠른 편이다. 한마디로 중국은 지상파 방송의 파급력이 없어진 지 오래다. 한국의 경우 최근 동영상 소비가 늘어나면서 유튜브를 필두로 하는 마케팅이 시작되고, 인플루언서와 커머스의 결합이 이루어지고 있다. 그러나 중국은 그보다 2~3년 더 앞서 이런 현상이 시작되었다. 한국보다 다양한 방식의 비즈니스 모델이 있다는 것만 봐도 그렇다. 이런 중국의 시장 생태계는 SNS에서의 팬슈머 양산이 곧 브랜드의 승리를 이끌고 있는데, 한국 브랜드들의 경우 연예인을 SNS에서 활용하는 것이 아닌 TV CF의 모델 혹은 대표이미지로 사용하는 데 중점을 두

▲ 바이두에서 '중국 연예인' 검색 시 이미지 노출 화면

고 있기에 인식상 차이가 크다.

　현재 중국의 주요 소비 계층은 90년대생이다. 이들을 중심으로 마케팅을 펼치려면, 가장 영향력 있는 무대는 온라인이며, 온라인 안에서도 SNS와 숏클립 채널이다. 중국 시장에서의 '연예인'은 더 이상 브라운관 속에 살지 않는다.

　필자가 학생 때만 하더라도 연예인은 TV에서 보는 선망의 대상이면서 우리의 우상이었으며 우리는 그들을 좋아하고 따르는 팬에 불과했다. 지금의 90后, 00后 세대에게는 다르냐고? 다르다. 달라도 너무 다르다.

　전 세계적으로 BTS의 성공에서 가장 크게 꼽는 성공 요인은 진실성 있고 성실한 SNS의 활용과 팬들과의 소통이다. 그들이 꿈꿔가고 있는 노래와 그들의 일상, 그들의 생각과 그들의 친구, 그들이 먹는 것과 입는 모든 것이 매일매일 전 세계로 공유된다. 이런 현상은 필자가 생각하던 유년 시절의 '연예인과 팬과의 관계'와는 너무 다르다고 얘기하고 싶다. 지금의 세대에게 연예인은 매일 일상을 함께 하고, 매일 인터랙션을 주고 받음으로써 쌍방향 소통을 하는 대상이다. 연예인은 팬클럽 회장이 아닌 팬들에게도 꾸준하게 댓글을 남겨주고, 선물을 보내는 팬을 기억한다. 팬들 또한 매일매일 연예인의 일상을 보면서 마치 그들이 내 옆에 있는 것처럼 빠져들게 되는 게 아닌가 싶다.

그리고, 앞으로는 단순히 춤 잘 추고 멋있는 연예인보다 본인만의 개성과 소통 능력이 돋보이는 SNS 운영이 가능한 연예인이 더 높은 인기를 얻을 확률이 높다. 중국에서는 연예인들이 즐겨 쓰는 화장품이나 애장품, 친구들과의 데이트 등 일상의 소소한 부분까지 민낯으로 나와 공유해 주기도 한다.

중국에서의 연예인 마케팅 성공 방정식

만약 연예인 수지가 매일 인스타그램에 나와 오늘 밤의 보습 케어를 어떻게 하고 있는지 실시간 동영상으로 공유해 준다면 어떨까? 아마도 많은 여성분들이 궁금해하면서 보게 될 것이다. 홈쇼핑보다 재밌고, 호기심 가는 내용일 테니까. 중국에는 이런 형식의 콘텐츠를 다루는 앱이 대성공을 거둔 사례가 있어, 이를 소개하고자 한다.

샤오훙슈

영문명으로는 'Red'라 불리는 이 앱, 샤오훙슈는 상품 큐레이션형 SNS로 뷰티/패션 분야의 한국 기업이라면 반드시 연구해야 하는 플랫폼이다. 샤오훙슈

▲ 샤오훙슈 PC 홈페이지 화면(출처: https://www.xiaohongshu.com/)

는 초창기, 중국 연예인과 해외에 거주하는 셀럽 및 유학생 위주로 고퀄리티의 상품 소개 콘텐츠를 막대하게 생산해 중국 내 유행의 시작을 만들어간 앱이다.

최근에는 간혹 한국 연예인들도 샤오홍슈 계정을 만들지만, 막상 중국어로 SNS 활동을 하기란 생각만큼 쉽지 않다. 언어적인 문제도 있겠지만 문화 차이의 문제도 있다. 한국 연예인은 SNS상에서 상업적인 활동에 대해 매우 보수적인 반면, 중국 연예인이나 왕훙들은 SNS에서의 상업 활동에 대한 마인드 자체가 매우 개방적이기 때문에 SNS의 활성화 정도에 차이가 있다.

물론, 중국에서도 일부 연예인들 중에는 왕훙들의 무분별한 상업 활동에 대해 부정적인 시각을 가진 이들도 있다. 하지만, 중국은 문화적으로 한국보다 상업에 대해 개방적인 공감대를 형성하고 있기 때문에, 연예인과 왕훙의 콜라보 또한 비일비재하다.

2020년 4월 기준으로, 중국에서 연예인의 상품 소개 콘텐츠는 포스팅 한 번에 1억에서 3억 정도의 금액을 받는다. 물론 연예인의 지명도에 따라 비용이 달라지겠지만, 많은 중국 기업들은 이미 연예인과의 모델 계약보다는 다양한 연예인과 왕훙들을 통한 포스팅 한 번에 더 포커스를 맞춘다.

연예인들의 이런 상업 활동이 활발해지면서 중국 연예인들은 모델 계약과 SNS 상의 상업 활동 계약이 별도로 구성된 경우가 많다. 예를 들어 모델 계약은 소속 매니지먼트에서 진행하지만, 웨이보나 샤오홍슈 등에서 기업(브랜드)과의 계약은 또 다른 디지털 마케팅 에이전시가 계약 권리를 가지고 있는 것이다. 즉, 중국에서는 온라인 채널별로 모델 계약을 전부 진행해야 한국에서의 모델 계약과 같은 권리를 가질 수 있다.

'안젤라'라는 중국 연예인이 있다고 가정해 보자. 그녀의 소속 매니지먼트가 'BA'라는 곳이다. BA와의 계약을 통해 모델 계약을 진행하려 한다면, BA와는 촬영 및 초상권에 대해 계약을 한 것이다. '안젤라'의 웨이보와 샤오홍슈에서도 다른 경쟁사 제품이 못 올라오게 하기 위해선, 웨이보 에이전시 및 샤오홍슈 에이전시와 별도로 모두 협의가 되어야 한다. 이런 구조가 가능한 이유는 디지털 에이전시들이 모든 SNS에 대해 콘텐츠부터 바이럴 확산 및 붐업까지 계약 권한을 가지고 선투자하기 때문이다.

이처럼 중국은 이미 단발성 연예인 마케팅이 활성화되어 자리 잡고 있다. 그렇기 때문에 모델 계약이 아니더라도 중국 연예인들은 SNS상에서 여러 브랜드와 빈번하고 친근하게 등장한다. 연예인의 이러한 활동이 기업에도 투자 비용 대비 높은 마케팅 파급력을 갖다주기 때문에, 연예인 활동뿐만 아니라, SNS상에서의 인플루언서 역할도 함께 활발해지는 추세이다.

또 다른 사례를 들어보자.

'링윈'이라는 샤오홍슈에서 핫한 연예인이 있는데, 원래는 인지도와 호감도가 높은 연예인이 아니었다. 하지만, 샤오홍슈가 한참 성장하던 시기에 샤오홍슈 내에서 SNS 활동을 매우 활발히 하면서 셀럽 이미지의 스타가 되었다. 한국 연예인 중에도 비슷한 사례가 있다. '이다해'의 경우, 한국에서보다 중국에서의 셀럽 활동이 더 많아질 정도로 샤오홍슈 내에서 매우 핫한 스타로 자리 잡고 있다.

연예인들은 매일 밤 숏클립에서 만나고 그들의 집과 일상 친구들까지 모두 SNS로 공유하면서 젊은 세대들과 소통하고 있다. 브라운관에 나온 적이 별로 없지만, SNS에서 더욱 유명해진 스타들이 다시 브라운관에서 활동하기도 하며, 연예인과 인플루언서의 경계선이 모호해지고 있는 것이다.

중국의 도우인(한국명으로는 틱톡)에서 유명해진 '모던형제摩登兄弟'는 도우인에서의 폭발적인 반응과 인터랙션을 기반으로 뮤지션 활동을 하고 있다. 도우인과 같은 숏클립 플랫폼이 곧 스타를 만들기도 하고, 샤오홍슈 같은 플랫폼에서 스타의 인플루언서화가 이루어지는 곳이 바로 중국이다.

위에서 소개한 바와 같이, 연예인과의 협업이 모델 계약으로만 이루어지는 한국과는 달리, 중국에선 기업과 연예인, 브랜드와 연예인 간의 다양한 콜라보가 이루어지기도 한다.

중국에서의 '멀티모델' 전략

중국에서 브랜드들은 '멀티모델' 전략을 많이 쓰고 있다.

예를 들어, 화장품 브랜드의 경우, 30~40대가 좋아하는 고급스러운 이미지의 여성 모델을 메인으로 계약하고, 20대가 좋아할 만한 아이돌 남자 모델을 단기 계약해 서브 모델로 쓴다. 곧 이슈가 될 만한 드라마에 주인공으로 출연 예정인 배우를 수많은 화장품 카테고리 중 '마스크팩' 카테고리에서만 모델로 체결하기도 한다. 이렇듯 중국에서는 한 모델에 얽매이지 않고, 치밀하고 계획적으로 다양한 모델을 활용하는 전략을 펴고 있다. 중국에 갓 진입하는 한국 뷰티 브랜드들은 남자 연예인을 모델로 쓰는 것에 대해 매우 의아해하지만, 글로벌 브랜드들조차 중국에서는 여성의 팬덤을 움직일 수 있는 남자 연예인을 선호대상 1위로 꼽는다.

여러 가지로 한국과는 온도 차이가 있는 중국의 연예인 마케팅에 대해 한국

▲ 바이두에서 중국 로컬 브랜드인 'Perfect Diary 모델'로 이미지 검색 시 노출 화면

광고주가 빠르게 눈을 뜰 필요가 있다. 중국에서는 SNS와 온라인 유통이 빠르게 중심으로 자리 잡으며 연예인은 트래픽과 인지도를 한번에 빠르게 움직일 수 있는 멀티 소스로 활용되고 있기 때문이다.

연예인이 더 이상 브라운관에 사는 우상으로만 존재하지 않은 만큼, 그리고 젊은 소비자들에게 연예인과의 친밀도가 비교할 수 없을 정도로 가까운 만큼, 앞으로 한국 기업들도 중국에서의 연예인 활용 전략을 보다 치밀하게 짤 필요가 있다.

06 포지티브 확산보다 네거티브 확산이 더 빠르다!

중국에서는 특정 상품이나 특정 브랜드를 의도적으로 비방하는 왕홍들도 있다는 것을 명심하자. 별도의 전문용어가 있는 것은 아니지만, 필자들은 이를 "블랙 왕홍"이라 부르고 있다. 주로 외국 브랜드들이 중국에서 적극적인 방어가 어려운 점을 이용하여 집중 공략하기도 한다.

정확한 근거자료 없이 비방하는 경우도 있는데, 경쟁사로부터 경제적 대가를 받거나, 비방 광고를 통해 외국 브랜드가 접근해 왔을 때 금품을 요구하는 경우도 있다.

문제는 이런 왕홍들의 콘텐츠가 긍정적인 내용일 때보다 부정적인 내용일 때 더 빠른 입소문과 확산을 일으킨다는 점이다. 사람의 뇌가 긍정적인 열 가지보다 부정적인 한 가지를 더 정확하게 기억하는 습성이 있는 만큼, 블랙 왕홍들의 비방 내용이 빠르게 확산되면 브랜드에 큰 타격을 주게 된다.

이슈 대응 능력은 시작 전에 준비해야 하는 필수요소!

몇 가지 사례들을 통해 좀 더 자세히 알아보도록 하자.

A사는 중국 대리상에게 모든 마케팅을 위임했고, 그 대리상에게 상품 공급

을 하고 있다. A사는 낮은 비용으로 SNS 운영이 가능한 마케팅 대행사에 각종 SNS의 운영을 맡겼고, 그 대행사는 한족을 비하하는 농담 콘텐츠를 A사의 SNS에 배포하였다. A사의 공식 계정에서 해당 콘텐츠는 다른 매체로 빠르게 확산되었으며, 뒤늦게 이 사실을 확인한 A사는 포스팅을 삭제했으나, 고객들의 비방 댓글과 DM은 끊이지 않고 빗발쳤다. 삭제한 포스팅은 이미 여러 차례 공유 및 재생산되어 온라인에서 빠르게 확산되었다. A사는 공개 사과를 나섰어야 하지만 그 타이밍마저 놓쳐, 현재 A사의 브랜드 계정에는 어떤 내용도 올라오지 않고 SNS 운영을 정지하였다. 팬슈머를 만드는 데 있어 오랜 투자와 시간을 필요로 하는데, 작은 실수 하나로 A사는 많은 팬슈머를 잃었다.

어느 날 B사의 판매 채널에는 채팅 문의가 빗발쳤다. 어떤 왕홍이 B사의 제품에 대해 비방 영상을 올렸고 그 영상을 본 고객들이 불안한 마음으로 B사의 판매 채널에 들어가 사실 여부를 묻는 채팅 상담을 남긴 것이다. B사를 비방했던 왕홍은 결국 B사로부터 금전적 대가를 받고서야 비방을 멈췄다.

C사의 경우, 중국에서도 인기가 상당히 높은 한국 연예인을 모델로 썼다. 모델 계약이 끝나갈 무렵, C사의 경쟁사에서 해당 연예인과 계약한다는 소식이 들리기 시작했고 C사는 해당 모델의 팬클럽에 대한 부정적인 내용들을 SNS에서 포스팅하였다. 중국 내 해당 연예인의 팬클럽들이 C사의 공식 계정에 몰려가 항의하고 폭탄 댓글을 퍼부으면서 이슈가 발생하는 경우도 있다.

글로벌 브랜드 D사에서는 이런 일도 있었다. 티몰 CS 담당 직원이 고객에게 D사와 'TOP급 왕홍'이 모델 계약을 한다는 부정확한 정보를 흘린 것이다. 그 내용을 들은 고객이 그 내용을 SNS상에 공유하면서, 사실과 다른 소문이 일파만파 확장되었다. 허위 정보를 노출시킨 D사는 TOP급 왕홍에게 사과해야 했고, D사에 대한 소비자들의 신뢰도는 하락했다.

중국 내 TOP급 왕홍이 노골적으로 E사의 브랜드와 성분 신뢰도를 비방한 경우도 있다. E사는 당시 중국 따이꺼우를 통한 면세점 매출도 상당히 올라가던 시점이었는데, 하루 아침에 매출이 곤두박질쳤다. TOP급 왕홍이 이런 비방 글을 올리게 된 이유는 E사가 계약 약속을 하고, 나중에 그 약속을 지키지 않았기 때문이라는 소문이 있었다. 기업과 왕홍 사이에서 자주 마찰이 발생하곤 하는데, 어느 상황에서도 왕홍 또는 왕홍 매니지먼트사와의 소통을 조심스럽게 해야 할 필요성이 여기에 있다. 왕홍들과의 조율이 잘 안 될 경우, 한국 기업이 손해 볼 가능성이 그만큼 높기 때문이다. TOP급 왕홍의 비방은 B, C급 왕홍들이 반복해서 언급하는 효과를 가져왔고, 빠른 속도로 브랜드는 시장에서 사라지다시피 하게 되었다.

왕홍 섭외 요청이 거절 당하는 경우도 있다. 한국 기업 F사는 중국의 유명 왕홍 M을 섭외해 달라고 요청했으나, M은 한국 기업의 광고는 절대 받지 않겠다고 회신했다. 특정 기업이 아닌, 한국 기업의 광고를 받지 않는 이유를 조사해 보니 이전에 한국의 모 기업에서 M의 소속사에 성수기에 계약을 걸고 경쟁사의 광고를 받지 못하게 한 뒤, 성수기에 집행 취소를 문자 하나로 마무리한 사례가 있어서라고 한다.

왕홍과의 협업을 논의하는 시점에서 그들도 사람이기 때문에 감정적인 대응이 들어올 수도 있다. 하지만, 당신이 애써 중국 시장에서 하나씩 만들어 가고 있는 브랜드 인지도와 호감도를 문화의 차이 또는 소통에서 오는 오류로 인해 하루아침에 물거품이 되지 않도록 각별히 조심하고 관리하라는 것을 강조하고 싶다.

한국도 마찬가지겠지만, 중국에서도 핫한 브랜드일수록 사건·사고가 비일비재하다. 예기치 못한 곳에서 다양한 형태로 이슈가 커지는데, 지금과 같이 온라인이 활성화된 시대에는 한 번 부정적인 이슈가 발생하면, 실시간으로 급속히 확산될 수 있기 때문에 더욱더 '돌발 상황에 대한 대응' 가이드를 준비해 두는 것이 좋다. 특히 위에서 언급한 내용들뿐만 아니라, 중국의 정치, 민족, 이념 등 매우 민감한 사항에 대해 네거티브한 이슈는 초 단위로 급속하게 확장되며, 중국 시장에서의 퇴출까지 이어질 수 있다는 점을 명심하자.

07 감성 인지부터 이성적 구매까지

중국에서 단일상품 하나로 대박을 터트리던 시절은 이미 지나갔다. 매일매일 수많은 브랜드들의 집중적인 광고와 무한 경쟁 속에서 한국 기업이 단일상품 하나로 살아남을 수 있는 시간은 이전보다 너무 짧아졌다. 이는 어렵게 제품을 띄우더라도 치고 올라오는 경쟁사의 제품들 속에서 제품의 유행 주기가 매우 짧아졌다는 뜻이기도 하다.

중국 시장에 들어가는 한국 상품은 중국 상품과의 비교 우위에 있는 뷰티/패션/생활에 많이 집중되어 있는데, 대부분 한국 상품의 주요 타깃층은 20~35세의 중산층이 된다. 그리고, 이들은 인터넷 활용도가 매우 높은 스마트 소비자임을 잊지 말자.

브랜드 가치를 올리기 위한 준비 A-Z

왕홍 마케팅에 집중하는 브랜드들 중에는 이 부분에 대해 전혀 인지를 못하고 고객들의 충동적 구매에만 집중한 채 진행하는 경우가 많다. 우선 필자가 중국 마케팅을 하면서 생각한 프로세스를 공유하고자 한다.

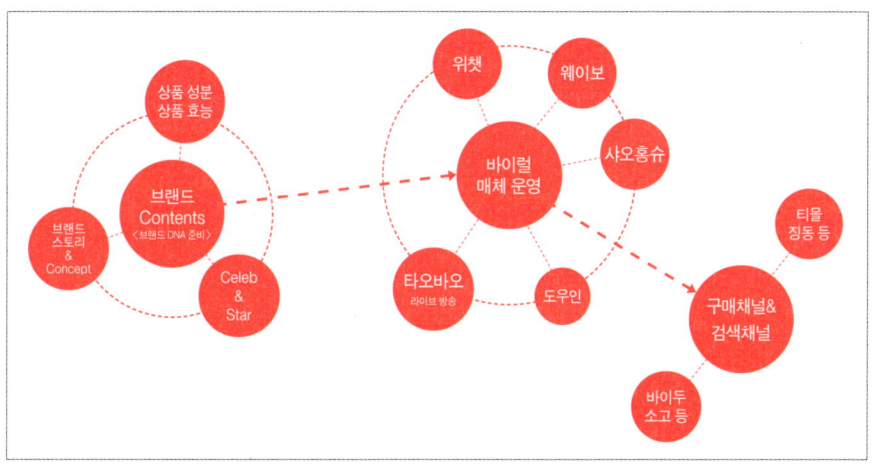

▲ 중국 마케팅 프로세스 도식화

❶ 브랜드 DNA의 중국화 준비
❷ 브랜드의 기본 공식채널 OPEN(웨이보, 위챗, 바이두, 샤오홍슈 등)
❸ 중국인과의 이슈와 공감 끌어내기(철저한 기획 및 마케팅의 집중 투입)
❹ 소비자의 꼼꼼한 검열을 거쳐 판매 성과 도출

우선 한국에서 중국으로 가는 브랜드에 대한 모든 기초 자료부터 중국화해야 한다.

중국향으로 브랜드의 철학과 네이밍, 기술, 특장점 등을 중국화해서 표현하는 것에도 당신이 생각하는 것보다 꽤 많은 시간이 걸릴 것이다.

브랜드의 DNA를 중국화하였다면, 두 번째로 중국 내에 브랜드 DNA를 확산시킬 수 있는 공식 채널들을 준비한다. 중국 시장에 진입하고자 하는 기업의 상품 카테고리별로 조금씩 다를 수는 있겠지만, 중국에서 가장 많이 활성화되어 있는 위챗, 웨이보, 샤오홍슈, 타오바오, 도우인 등을 활용하게 된다. 플랫폼별 공식채널을 오픈함으로써 각종 플랫폼에서의 광고 상품이나 인플루언서와 협업할 때, 좀 더 유기적이고 효율 높은 마케팅 설계가 가능해지기 때문에 우선적으로 계정들을 오픈해 두는 것이 좋다.

세 번째로는 검색 채널과 판매 채널의 검색 최적화를 확보한다. 검색 채널에 키워드 광고나 SEO 작업 등으로 구매 연결까지 전환하는 게 쉽지는 않다. 여기서 언급한 마케팅 항목들이 소비자가 최종 구매 결정을 하게 하는 정보 검색의 과정에 속해 있기 때문에, 촘촘하고 세밀한 마케팅 설계와 관리가 필요하다.

예를 들어, "갈색병 에센스"라는 닉네임으로 모든 SNS 채널에서 유명세를 타고 있고 중국 소비자들로부터 괜찮은 평가와 호감을 얻고 있는 기업이 있다고 해 보자. 중국 소비자들은 이 상품에 대해 바이두 검색 채널에서 "갈색병 에센스"로 검색하게 될 확률이 높다. 만약 이때 경쟁사의 브랜드에 관한 내용이나 갈색병 에센스의 부정적인 내용들이 상위에 노출되고 있다면, 혼동을 겪은 소비자들은 결국 경쟁사의 쇼핑몰로 유실되게 된다.

혹은 '타오바오 APP'에서 "갈색병 에센스"를 검색했을 때, 비슷한 콘셉트의 경쟁사 제품이 대량 판매를 일으키며 상위 노출되고 있다면, 소비자는 여기서도 다른 제품과 혼동할 수 있다. 결국은 경쟁사의 상품 페이지로 들어가, 긍정적인 상품평을 보고 타사 제품을 구매할 수도 있는 것이다.

중국에서 상품 판매를 위한 맨 마지막 단계의 점검은 바이두 혹은 티몰에서 반드시 자사 상품이 어떻게 노출되고 있는지 확인하는 것이어야 한다. 플랫폼의 특성상 바이두에서는 브랜드의 신뢰도를 확인하고 좀 더 상세한 정보 검색을 원할 때, 바이두 검색 행위를 하는 경우가 많은 편이다. 티몰에서는 구매해 본 고객들이 어떻게 평가하는지를 보여주는 상품평 및 가격 비교를 위한 검색이 많은 편이다. 해당 브랜드는 해외 브랜드이기 때문에 고객 입장에서는 당연히 더 많은 정보를 얻고자 할 것이다. 고객들은 이 브랜드가 세계적으로 어떤 위치에 있는 브랜드인지, 믿고 살 만한 브랜드인지, 안전한 성분과 역사를 가지고 있는지를 살펴본다. 따라서 플랫폼별 검색 목적과 특성을 고려한 모니터링이 이루어져야 당신 제품의 인기 수명을 늘릴 수 있을 것이다.

중국 소비자들은 상품 구매 시, 아래와 같은 행동 패턴을 가지고 있다는 점을 기억하자.

❶ SNS 혹은 미디어로 공감 혹은 호기심을 느낀다.
❷ 상품이나 브랜드에 대해 바이두, 티몰, 샤오홍슈 상품평 등을 통해 이성적 확인을 거친다.
❸ 직접 상품을 체험한 뒤에는 소비자가 다시 상품평을 공유하여 이를 확산한다.

다시 말해, 위의 구매 행동 패턴 3단계를 통해 소비자의 동선을 이해하고 그에 맞는 마케팅 설계가 이루어진다면, 당신의 중국 시장 성공 가능성도 그만큼 함께 올라가지 않을까.

'인지-호감-질문-행동'에 대한 채널은 어떻게 설계할까?

독자들의 이해를 돕기 위해, 마케팅의 아버지라 불리는 필립 코틀러의 5A 이론을 참조해 인지-호감-질문-행동 과정을 중국 온라인 시장에 맞게 적용해보자.

인지 Aware
- **고객접점**: 다른 사람, 광고, 과거 경험 등
- **고객행동**: 인지한다
- **고객상황**: 안다

* 고객 인지 및 호감 유도 채널: SNS(웨이보, 샤오홍슈, 위챗, 도우인 등의 왕홍 혹은 피드광고, 앱 팝업 광고), OTT(아이치이, 요쿠, 텐센트 TV 등의 프리롤 광고 또는 DA 광고), 버티컬 매체(여행/뷰티/육아/패션/생활 등)

호감 Appeal
- **고객접점**: 다른 사람, 광고, 과거 경험 등
- **고객행동**: 호감을 느낀다(끌린다)
- **고객상황**: 좋아한다

질문 Ask
- **고객접점**: 샤오홍슈 사용후기, 타오바오/티몰/징동 사용후기, 바이두 검색
- **고객행동**: 묻는다(조사한다)
- **고객상황**: 확신한다

행동 Act
- **고객접점**: 온라인 구매(티몰, 타오바오, 징동 등 판매채널) 후 공유(샤오홍슈, 웨이보)
- **고객행동**: 행동한다
- **고객상황**: 구매 후 확산, 공유, 평가한다

중국 온라인 시장에 적용한 이론의 가장 마지막 고객상황은 '구매 후 확산, 공유, 평가한다'이다. 그리고 구매 후 확산에 초점을 두고 마케팅을 진행하려면, 고객들로 하여금 이 상품을 꼭 써보고 싶게 만드는 커뮤니티 형성이 매우 중요하다.

필자의 경우, 고객사와 협업할 때 고객사에 맞는 모든 채널을 세팅한 후에

전략상품을 정하고, 전략상품에 대한 콘텐츠를 브랜드 호감형, 구매 자극형, 정보 전달형 등 다양한 방향으로 제작하여 배포한다. 반응이 좋은 콘텐츠 유형으로 해당 매체의 피드 광고를 집행하는 것은 물론, 왕홍들과의 광고 자원을 활용해 고객들이 꼭 한번 써보고 싶도록 호감을 자극한다. 이렇게 하면 고객들이 호감을 느끼고, 브랜드와 상품에 대해 검색했을 때 충분히 호감을 이어가고 확신을 이어갈 수 있는 것은 물론이다.

이렇게 고객들이 제품을 체험해 보기 시작하면 제품에 대해 입소문을 유도하는 2차, 3차 캠페인을 벌여 고객 스스로가 콘텐츠를 재생산하여 확산시키도록 유도한다.

이런 과정들이 자연스럽게 몇 번씩 이어지면 브랜드와 상품은 가시적인 성과를 얻을 수 있다. 하지만 한국의 많은 고객사들은 고객에게 확신을 줄 수 있는 콘텐츠와 리뷰 자원을 검색 결과로 노출시키는 것보다는 라이브 방송을 통한 일회성 판매에 주력한다. 이처럼 일회성 판매에 주목하는 브랜드는 이성적 확신을 주는 채널(바이두, 샤오홍슈)에 소홀해 입소문이 확산되지 않는다.

다시 한번 강조하자면 중국 소비자들은 속칭 '호갱'이 아니다. 장기적으로 중국 내에서 큰 성과를 얻고자 한다면, 빠른 길을 찾기보다는 다소 천천히 가더라도 맞는 방향으로 설계하여 묵직하게 돌파하길 바란다.

중국 사업의 구조적 모순 해결!

중국 사업에 관심 있는 기업들을 만나다 보면, 현실적으로 여러 포인트를 파악해 봤을 때 전혀 준비되지 않은 상황에서 욕심만 내는 기업들도 만나게 된다. 중국으로 진출하고 싶지 않은 브랜드가 있겠냐만은, 그런 기업들의 중국 진출은 우선 말리고 싶은 게 사실이다. 한국 기업이 중국 시장에 진출할 때 문제점이 될 만한 요인들을 다음과 같이 소개해 드리고자 한다.

콘텐츠: SNS와 숏클립

중국에서의 마케팅은 한국과 달리 SNS와 숏클립 콘텐츠의 영향력이 크다. 중국의 에스티로더나 랑콤, 중국의 성공한 로컬 브랜드 등을 중심으로 SNS 혹은 숏클립 콘텐츠를 분석해 볼 필요가 있다.

사실 중국 SNS 콘텐츠의 성격과 운영 방식이 다르다고는 하지만, 한국에서도 충분히 중국향 콘텐츠에 맞출 수 있다. 더군다나 중국향 콘텐츠에 대해 미리 연구하고 투자한다면, 마케팅 비용의 상당 부분을 아낄 수 있다.

대부분의 한국 기업이 한국인의 감성으로 만들어진 콘텐츠를 그대로 번역만 하여 중국 마케팅에 활용하고 있으나, 이런 콘텐츠들의 인터랙션은 거의 전무하여 매체 광고를 활용한다고 해도 그 효과가 극히 미미하다.

상품: 가격 정책과 셀링 포인트

모든 시장에는 '보이지 않는 손'이라는 게 있다. 당신이 원하는 가격 정책이 아닌, 중국 마켓에 들어와 있는 글로벌 브랜드와 로컬 브랜드들의 경쟁 구조 속에서 중국 소비자가 원하는 가격대 범위 안에서 당신이 설 자리를 찾는 것이 중요하다. 시장 상황을 살피지 않고 내가 원하는 가격을 책정하는 게 의미가 없다는 뜻이다.

통상 중국 온라인 마켓에서 가격을 책정할 때에는 중국 소비자가, 상시 할인가, 이벤트 할인가, 광군절/618 등의 최저가 등 4개의 다른 가격이 통일성 있게 관리되어야 한다. 가격에 매우 민감한 중국 시장에 안정적으로 안착하기 위해서라도, 대리상 및 리셀러들이 온라인 플랫폼에서 당신이 설정한 가격 정책을 제대로 유지하고 있는지 데일리 모니터링을 하는 전담 인력이 있어야 한다.

당신의 상품을 누군가가 한 번 접했을 때 바로 호기심을 불러 일으키는 상품의 셀링 포인트 또한 너무나 중요하다. 필자의 경험으로는 홈쇼핑을 많이 진행해 본 기업들이 이런 매력적인 콘텐츠에 능한 편이다. 중국으로 진출 시에도 한국 고객이 좋아하는 콘텐츠와 셀링 포인트라면 크게 다르진 않겠지만, 접근하는 매체의 특성에 따라 조금씩 달라져야 할 때가 있다. 한국 고객에게는 중요했던 셀링 포인트를 담은 콘텐츠가 중국 고객에게는 유효하지 않는 경우가 간혹 있으며, 최근에는 1분 내의 숏클립 영상 콘텐츠를 선호하는 경향이 많아 1분 내에 시선을 잡는 콘텐츠 기획이 중요해지고 있다.

유통 채널
유통 채널을 어떻게 설계하여 중국에 들어가느냐에 따라 오픈 기준과 배송 기준, 세금 기준, 인허가 취득의 필요 유무가 모두 다르며, 중국 내 인허가 취득 전 판매 가능 여부도 다르다.
- **중국의 역직구 채널**: 글로벌 티몰, 글로벌 징동, 왕이카올라, 샤오홍슈 등
- **중국 내륙 채널**: 티몰, 징동, VIP, 쑤닝 등

또한 역직구 채널은 면세점과도 긴밀하게 연결되어 있어, 가격정책 및 유통 경로에 대한 밀고 당기기가 필요하다. 가격 정책에 대해 이해도가 없는 고객사의 경우, 처음 접근할 때 매우 어렵게 느껴질 수 있다. 역직구 채널과 중국 국내몰을 동시에 운영할 경우, 법인 주체를 '어디로 등록할 것인지(본사 또는 중국대리상), 그리고 역직구 채널과 중국 국내몰을 어떻게 차별화된 전략과 목적성을 가지고 운영해야 할 것인지도 분명하게 결정해야 하는 요소이다.

현재의 시장 환경에서는 역직구는 한국 본사에서 운영하고, 중국 국내몰은 대리상이 운영하게 하는 방법을 추천한다. 여러 가지 이유가 있는데 우선 본사에서 역직구몰을 운영함에 따라 마케팅과 이커머스에 대한 빠른 습득이 가능하고, 본사에서 엔드 유저를 상대해 봄에 따라 빠르게 시장환경과 상품 개선점

을 바꿔나갈 수 있다. 역직구는 국내몰보다 매출이 작지만, 중국 내에 인허가 취득 전에 상품을 팔아 볼 수 있는 장점이 있다. 본사에서 역직구를 통해 신제품을 판매해 보고, 고객반응이 매우 좋을 경우 빠른 인허가 취득 신청과 동시에 공격적인 마케팅을 통해 국내몰로 진입했을 때 수량을 폭발적으로 늘릴 수 있다.

역직구를 통해 신제품을 판매해 보고 한국과는 달리 중국 고객의 반응이 좋지 않을 경우, 복잡한 인허가 과정을 거칠 필요 없이 역직구만으로 구매가능한 상품으로 전략을 설정할 수 있다.

만약 모두 대리상에게 위임한다면 고객정보와 데이터를 요청하고 공유받기가 어려운 부분이 있다. 본사에서는 새로운 신제품을 중심으로 마케팅하고 싶지만 대리상에서는 기존에 잘 팔리는 제품 위주로 마케팅을 진행하길 원한다. 신제품 마케팅에 대한 입장이 달라 이를 조율하기 위한 불필요한 소통이 많아지는 경우가 많다. 역직구로 베스트 상품을 만들어 가며 시장을 이끌고, 대리상이 역직구몰에서의 판매 성과를 기반으로 매입을 하게 하는 것이 효율적이라 판단된다.

CHAPTER 3

중국 온라인 시장 조사, 나도 할 수 있다!

CHINA DIGITAL MARKETING
TREND 2020

01 중국 플랫폼 지수를 통한 시장 조사

중국에서 우리가 상대해야 하는 경쟁사 브랜드는 어딜까? 경쟁사 브랜드들은 어떤 마케팅을 집행하고 있으며, 어떤 루트를 통해 어떻게 발전해 가고 있을까? 또한, 소비자들은 그 브랜드에 대해 어떤 인식을 갖고 있을까?

  이런 것들은 마케팅 대행사에 의뢰하지 않더라도 담당자가 얼마간의 지식을 가지고 있으면 충분히 살펴볼 수 있다. 중국 시장에서의 데이터 분석을 직접 해보면 인사이트도 생기고, 이를 통해 당신이 속해 있는 기업에서의 정확한 마케팅 전략 수립이 가능하다. 이를 위해, 중국에서 자주 사용하는 각각의 플랫폼 지수와 연구 자료를 활용한 시장조사법을 알아보자.

중국 마케터들이 가장 보편적으로 사용하는 바이두 지수

바이두 지수百度指数는 중국 기업들이 중국 온라인 검색 트렌드를 분석할 때 가장 보편적으로 사용하고 있는 빅데이터 분석 툴이다. 바이두 회원 가입만 하면 바로 사용 가능하고, PC단의 키워드는 최대 2006년부터의 데이터를 확인할 수 있으며, 모바일단 키워드는 최대 2011년부터 조회가 가능하다.

바이두 지수의 개념, 제대로 이해하기!

바이두 지수 관련해서, '바이두 지수가 키워드 검색량을 뜻하는 것인가요?' 또는 '저희 브랜드 지수가 ○○○인데, 실 검색량은 얼마인가요?' 등의 질문이 많다. 정확한 바이두 지수의 개념부터 알고 가자. 바이두 지수는 해당 키워드의 검색량 상승과 하락 추세를 반영하는 수치로서, 수치가 높을수록 검색량이 많다고 할 수 있다. 하지만 바이두 지수에 구체적으로 어떠한 요인들이 반영되는지는 바이두에서도 오픈하지 않고 있기 때문에 정확히는 알 수 없다. 따라서 바이두 지수를 확인할 때에는 바이두 지수 자체로의 절대 수치도 봐야겠지만, 동종업계의 경쟁사 브랜드 또는 연관 키워드와 비교하면서 분석하는 것이 시장 조사에 더욱 도움이 될 것이다.

바이두 지수 등록

바이두 지수에 등록되어 있지 않은 키워드를 조회할 경우, '×××키워드 미등록, 비용 지불 후 연관 데이터 확인 가능'이라는 안내가 뜬다. 신규 론칭한 브랜드 키워드 검색 시 자주 이러한 페이지가 뜨기도 한다. 바이두 지수에서 모든 키워드의 데이터를 오픈해 주지 않기 때문에, [구매하기立即购买]를 통해 1년에 198위안의 비용만 지불하면 바로 확인 가능하다.

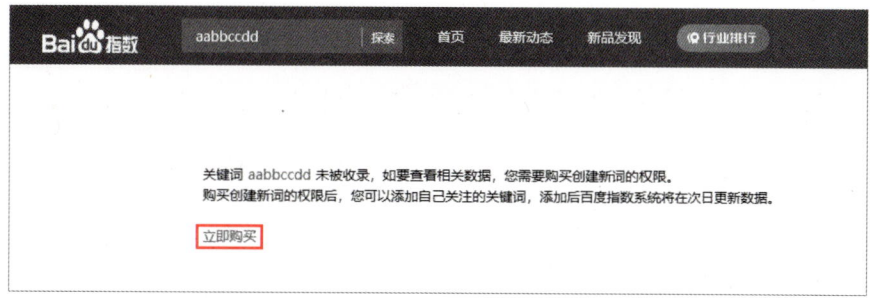

▲ 바이두 지수에 등록되지 않은 키워드 검색 시 결괏값 화면

참고로, 구매한 키워드의 바이두 지수 데이터는 다른 사용자들에게도 오픈되어, 누군가 해당 키워드를 검색해도 조회할 수 있게 된다. 이러면 남 좋은 일을 하는 게 아닐까 하는 생각이 들 수도 있다. 하지만 그보다는 긍정적인 부분이 더 크다. 바이두 지수 등록이 되지 않으면 월 1천만 원의 비용을 쓰면서도 객관적인 마케팅 효과를 측정하는 기준이 없어 평가하기 모호한 경우가 생긴다. 따라서, 바이두 광고를 진행하는 기업이라면 바이두 지수 등록을 하고, 그 추이를 지속적으로 모니터링하면서 마케팅 효과를 측정해보는 것이 좋다.

바이두 지수의 업데이트된 기능

2019년, 바이두 지수에서 여론 분석 및 검색 유저 분석 등 일부 중요한 기능에 대해서 업데이트하였다. 이러한 중요 기능 위주로 하나씩 알아보기로 한다.

- 여론 분석 기능

바이두 지수를 조회하는 페이지 최하단에 '정보 지수 资讯指数'와 '매체 지수 媒体指数' 이렇게 2개의 온라인 언론 지수를 볼 수 있는데, 정보 지수는 특정 키워드와 연관된 콘텐츠(언론 보도, 블로그 등)의 조회, 좋아요, 댓글, 리트윗 등 인터랙

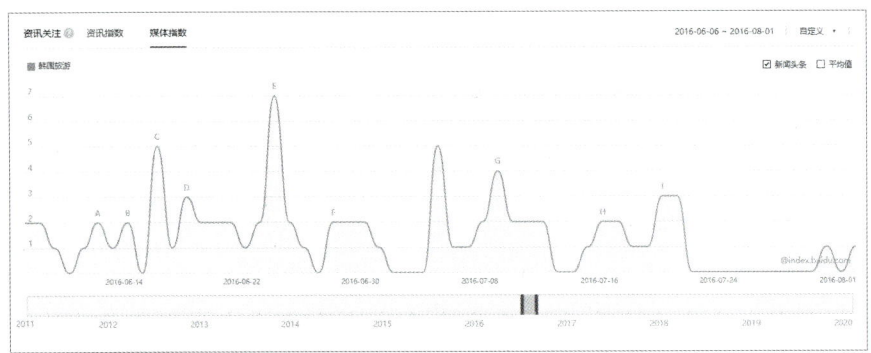

▲ 바이두 지수 조회 결과 페이지

션 수를 합산하여 보여주는 지수이다. 네티즌들이 어떤 브랜드 또는 이슈 사항에 대한 관심을 갖고 있는지를 나타낸다.

반대로 매체 지수는 언론 매체들이 ○○ 키워드와 연관된 콘텐츠를 얼마나 배포하였는지에 대한 지수이다. 어떤 이슈에 대한 언론 매체들의 관심도를 보여준다.

- 검색 유저 분석 기능

바이두에서 해당 키워드를 검색했던 유저들의 성별, 지역, 연령대 구성 등을 알려주는 '검색 유저 분석人群画像' 기능에 대해 살펴보자.

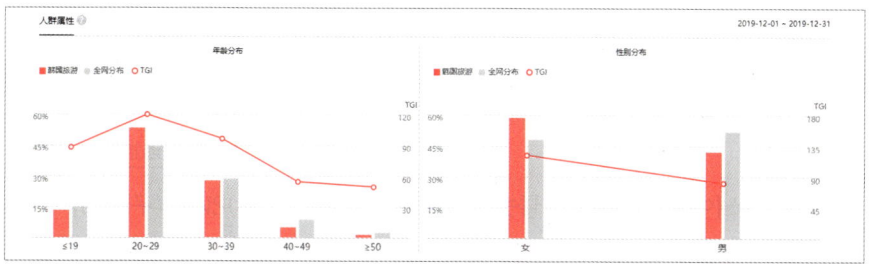

▲ '한국여행' 키워드 검색 유저 성별 및 연령대(좌) 및 성별(우) 분석

위 그림에서 붉은색 바는 특정 키워드의 사용자 분석 데이터를 의미하고, 회색 바는 바이두 전체 검색유저의 평균치를 의미한다. 해석하자면, 예시로 검색한 '한국여행' 키워드의 경우 평균치 데이터보다 여성이 차지하는 비율이 높다는 것을 알 수 있다.

바이두 지수 관련하여, 좀 더 상세한 내용은 바이두 지수 활용 가이드 사이트 http://index.baidu.com/Helper를 참고하여 스터디하기를 바란다.

SNS의 트렌드/이슈를 확인할 수 있는 웨이보 지수

웨이보 지수는 현재 2018년 6월부터 시작된 리뉴얼 작업으로 인해 PC 버전은 확인이 어렵고 모바일 버전으로만 사용 가능하다. 따라서 웨이보 지수 확인을 위해서는 모바일로의 접속이 필요하다는 점을 알아두자. 웨이보 지수 확인은 다음 사이트 https://data.weibo.com/index 를 참고하자.

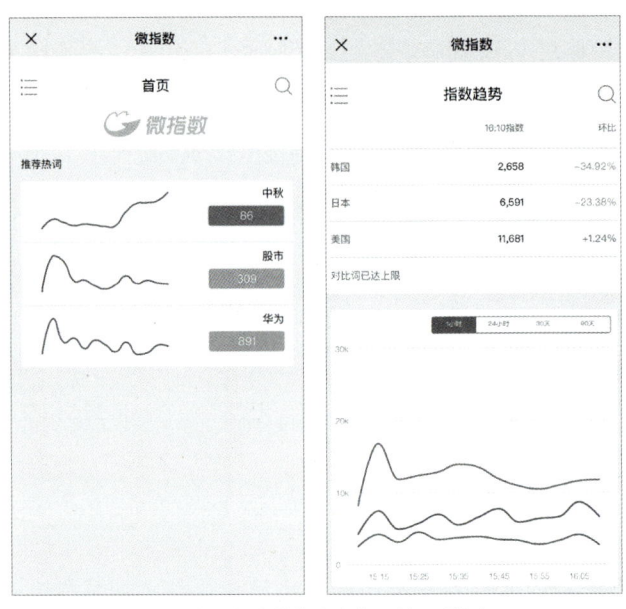

▲ 웨이보 지수 모바일 버전 첫 화면(좌)과 웨이보 지수 조회(우)

왼쪽 화면은 웨이보 지수 모바일 버전 첫 화면이다. '추천 키워드推荐热词'는 실시간 관심도가 급상승 중인 검색어를 나타낸다. 돋보기 아이콘을 클릭해서 원하는 키워드를 입력하면 오른쪽 화면처럼 웨이보 지수를 조회할 수 있다. 최대 3개의 키워드를 입력하여 각각의 데이터를 비교할 수 있고, 기간은 1시간, 24시간, 30일에서 최대 90일 전까지의 데이터 확인이 가능하다.

웨이보 지수 PC 버전에서는 관심 유저들의 성별, 연령대, 지역, 별자리, 취미 등 데이터를 자세히 제공해주고 있는데, 모바일 버전에서는 위 기본 기능 외, 제공하는 기능이 없다는 점이 아쉽다. 웨이보 지수의 PC 버전이 빠르게 리뉴얼되어 좀 더 상세한 내용의 확인이 이루어지길 바라는 마음이다.

중국 소비자의 채팅 속 이슈를 파악할 수 있는 위챗 지수

모바일에 최적화되어 있는 위챗 지수를 확인하려면, 반드시 위챗 앱을 사용해야 한다.

아래 그림과 같이 우선 위챗 채팅화면의 상단 검색창에 '微信指數'를 입력하고(❶), 첫 번째 자동완성어를 클릭한다(❷). 클릭하면 '미니 프로그램: 微信指數'라고 나오는데(❸), 이것이 바로 위챗 지수를 조회하는 툴이다.

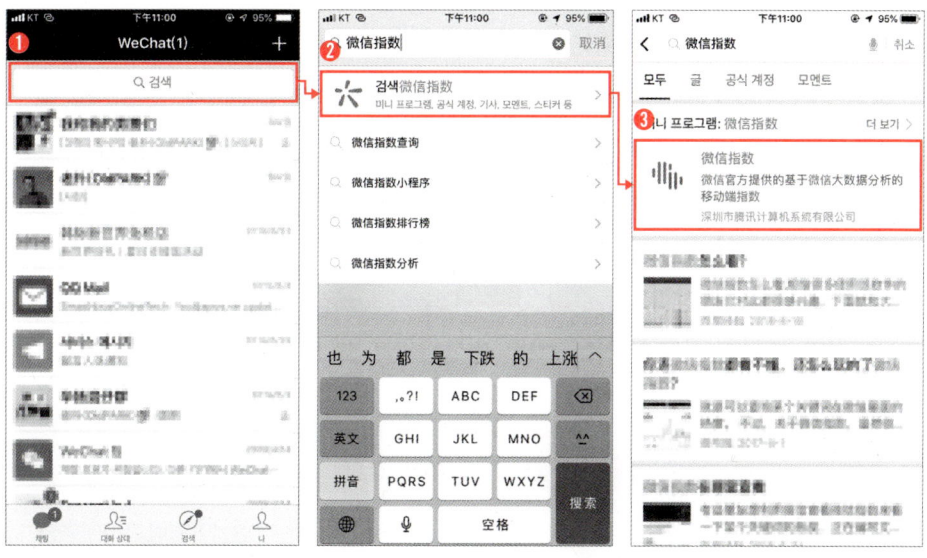

▲ 위챗 지수 검색 툴 찾는 방법

CHAPTER 3 중국 온라인 시장 조사, 나도 할 수 있다! _ 109

 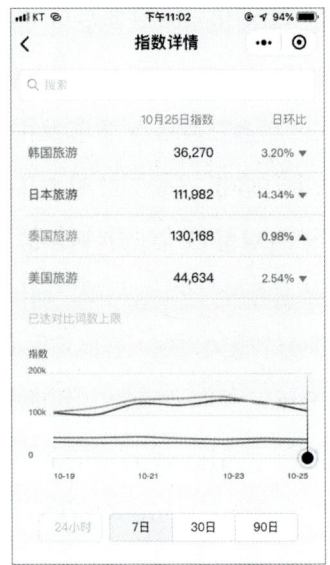

▲ 위챗 지수에서 "한국여행" 키워드의 검색 결괏값

위챗 지수 조회 페이지는 웨이보 지수 조회 페이지와 유사하고, 사용 방법도 큰 차이가 없다. 다른 점이라면 위챗은 최대 4개 키워드까지 비교 분석 가능하고, 최장 90일 전까지의 데이터만 확인이 가능하다는 점이다.

전자상거래 빅데이터로 보는 타오바오 지수

위에서 소개한 바이두 및 웨이보, 위챗 지수는 마케팅 시장 조사 차원에서 유용하게 활용할 수 있는 데 반해, 타오바오 지수는 알리바바라는 중국에서 가장 큰 전자상거래 플랫폼에서 제공되는 특성상 유통과 마케팅 관점에서 좀 더 많은 인사이트를 얻을 수 있는 툴이다. 2011년 연말에 론칭한 타오바오 지수는 지금까지 여러 차례에 걸쳐 업데이트되었다. 한국 기업 입장에서 아쉬운 점은 점점 무료로 조회할 수 있는 데이터가 적어지고, 타오바오/티몰 판매자 가입 후 별도의 비용을 지불해야 상세 데이터를 조회할 수 있다는 것이다.

아래에서 타오바오 지수 사용법을 간단히 알아보기로 한다. 우선 타오바오 계정 등록 상태에서 https://shu.taobao.com/industry에 접속한다.

▲ 타오바오 지수 상단 메뉴바

우선 상단 메뉴바를 보게 되면 왼쪽에 '검색어 순위搜索词排行', '지역 분석热门地区', '구매자 분석买家概况', '판매자 분석卖家概况' 이렇게 4개 기본 분석 카테고리가 있고 오른쪽에서 업종 및 데이터 기간을 선택할 수 있게 되어 있다.

여기서 업종은 위 그림처럼 대 카테고리-세부 카테고리 순으로 해당 업종을 선택할 수 있으며, 조회 기간은 최근 7일간의 데이터까지 확인 가능하다.

▲ 타오바오 지수 업종 카테고리 선택 화면

CHAPTER 3 중국 온라인 시장 조사, 나도 할 수 있다! _ 111

▲ 여성 청바지 카테고리 TOP 10 주요 검색어

　업종 선택 완료 후, 위와 같이 TOP 10 주요 검색어, 지수 수치 및 증감률 등의 세부 데이터를 확인할 수 있다. 단, 바이두 지수처럼 타오바오 지수도 실제 타오바오 내 검색량을 뜻하는 것은 아니라는 점을 유의하자.

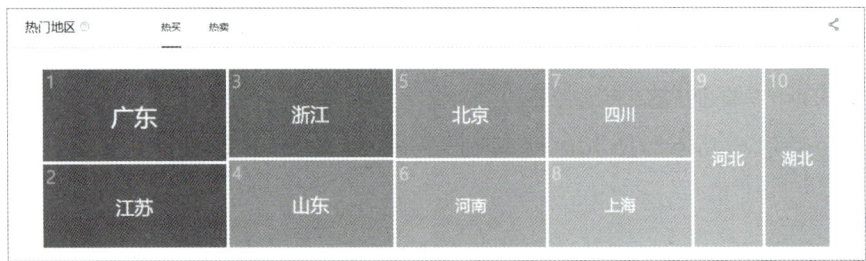

▲ 타오바오 지수 지역 분석

　그다음, 위 그림과 같이 지역 분석을 통해 판매량 TOP 10 지역을 직관적으로 확인할 수 있다. 임의로 선택한 '여성 청바지' 카테고리의 경우, 위와 같이 광둥성, 강소성, 절강성에서 가장 많이 판매되었음을 알 수 있다. 타오바오/티몰에서 판매되고 있는 상품이라면 모든 카테고리를 분석할 수 있다. 만약 당신이 지금 중국 온라인 판매 채널에 대한 계획을 수립하는 단계라면, 타오바오

▲ 타오바오 지수 판매자 분석

지수 분석이 큰 도움을 줄 것이며 깊은 인사이트를 제공하리라고 확신한다.

타오바오 지수의 구매자 분석단에서는 성별, 연령대, PC/모바일 유입량 등 바이두 지수와 비슷한 타깃층 분석 데이터를 제공해 주고 있다는 점을 알아두자. 다만, 전자상거래 플랫폼 특성상 판매자 분석단에서 다른 온라인 플랫폼에서 제공하지 않는 온라인 판매자의 정보를 좀 더 세부적으로 확인할 수 있기 때문에, 여기서는 판매자 분석단 내용 위주로 설명해 드리고자 한다. 위 그림처럼 좌측에서 '판매자의 타오바오 등급星级'을 확인할 수 있고, 우측에서 '타오바오숍의 경영현황经营阶段'을 확인할 수 있다.

'여성 청바지' 카테고리를 예로 들자면, '판매자 등급' 중 다이아몬드 등급이 40%, 그 다음 황관 등급이 약 31%, 하트 등급이 약 17% 그리고 티몰이 약 12%를 차지하고 있음을 알 수 있다.

다이아몬드 및 황관 등급의 판매자가 70% 이상 점유하고 있다는 것은 경쟁이 상대적으로 매우 치열하다는 뜻으로 볼 수 있다. 위 데이터를 참고하여 각 기업의 온라인 현황에 맞는 시장조사를 병행한다면, 타오바오 지수를 통해 중국 시장에서의 유통 전략을 수립하는 데 큰 도움이 될 것이다.

인사이트 도출, 하나

만약 당신이 앞으로 타오바오 대리상을 찾을 것이라면, 타오바오 판매 등급 다이아몬드/황관이 당신 제품의 유통 확대에 유리할 수 있다.

인사이트 도출, 둘
전체 몰 중 티몰의 점유율은 12%에 지나지 않지만 판매량이 많다는 전제하에 만약 당신이 앞으로 타오바오에 입점하여 직접 판매를 구상하고 있다면, 낮은 판매자 등급인 하트 등급부터 시작해야 하는 타오바오보다 티몰이 적합할 수도 있다. 소비자 입장에서 하트 등급인 당신의 타오바오와 다이아몬드/황관 등급인 경쟁사의 타오바오 중 어디서 살 확률이 높을까를 생각해보면 된다.

02 보고서 등 연구 자료 찾아보기!

하루가 다르게 급변하고 있는 중국 시장 환경을 파악하고, 업종별로 최신 마케팅 트렌드를 알아보기 위한 연구 자료 소스들을 소개하고자 한다. 다만, 바이두 등의 검색 엔진은 유료인데다 업무상 시간이 많이 투입되기 때문에, 무료로 연구 자료 등을 확인할 수 있는 사이트 위주로 소개한다.

iResearch

2002년에 설립한 iResearch艾瑞网는 중국 최초의 온라인 전문 컨설팅 회사이자, 중국에서 영향력이 가장 높은 온라인 산업 연구기관 중 하나이다. iResearch 사이트 https://www.iresearch.com.cn에서는 분기별로 뷰티, 여행, AI, 금융 등 주요 업종의 보고서를 받아볼 수 있다. 이런 보고서들은 모두 iResearch에서 직접 작성해서 업로드한 것이어서 소비자 행위, 시장 규모 등 기본적인 데이터 분석은 물론이고, 향후 업종 전망 등 인사이트까지 제공하는 경우가 많다. 따라서 중국 시장에 들어가는 한국 기업의 입장에선 매우 유용한 툴로 활용할 수 있을 것이다.

▲ iResearch 보고서 검색 화면

우선 https://www.iresearch.com.cn/report.shtml에 접속하면, 위 그림과 같이 우측 상단에 검색창이 있다(❶). 검색창 왼쪽에 있는 달력 아이콘을 클릭하면 2012년부터 연도별로 보고서 검색이 가능하다. 그 아래 뷰티, 자동차, 의료, 부동산 등 다양한 업종별로도 보고서 검색이 가능하다(❷).

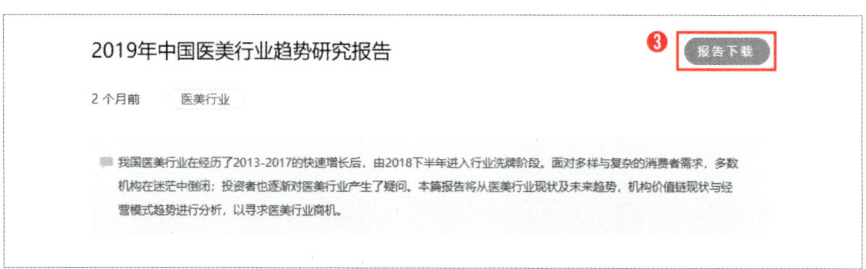

▲ iResearch 보고서 미리 보기 화면

좀 더 알아보기로 하자. 임의로 보고서 하나를 클릭해서 들어가 보면, 웹페이지에서 미리 보기 형식으로 보고서의 내용 확인이 가능하다. 우측 상단에 있는 [다운로드下载报告]를 클릭하여(❸), PDF 형식의 보고서를 다운로드받을 수도 있다. 보고서의 다운로드를 위해 별도의 회원 가입이나 비용 지불이 필요 없기 때문에 중국어만 가능하다면, 누구나 편리하게 이용 가능하다.

199IT.com

199IT.com은 필자가 보고서나 시장 조사를 할 때, iResearch와 함께 가장 많이 사용하는 사이트이다. 199IT는 iResearch처럼 보고서를 직접 제작하지는 않으나, 각종 온라인 매체, SNS 플랫폼 및 각 연구기관에서 발표한 보고서를 수집하고 세분화하여 공유해 주고 있다. 즉, 중국 온라인 보고서 영역에서의 바이두와 같은 존재라고 보면 좀 더 이해하기 쉬울 것이다.

▲ 199IT 보고서 검색 화면

사이트를 접속하면 상단 메뉴바에서 각 업종 카테고리별로 자료를 조회할 수 있고, 그 아래 검색창을 통해서 찾고 싶은 보고서나 연구 자료를 찾아 볼 수 있다.

iResearch와 동일하게 웹페이지로 보고서 미리 보기가 가능하며, 다만 자료의 다운로드를 위해서는 위챗으로 다음 그림에 있는 바코드를 스캔하여 199IT 위챗 공식 계정을 팔로우 하게끔 되어 있다. 그다음 위챗 공식 계정을 통해 보고서의 풀 네임을 메시지로 보내면, 다운로드 링크를 자동으로 회신해 주고 있다. 이 책을 읽고 있는 누군가는 여기서도 마케팅의 힌트를 얻을 수 있을 것 같다. 이러한 방법 또한 공식 계정으로의 유입을 고려한 마케팅적 접근이 될 수 있으니 말이다.

▲ 199IT 보고서 다운로드 화면

웨이보 리포트

웨이보 리포트微报告는 분기별로 업종을 나눠 SNS 마케팅 트렌드나 웨이보 사용자의 행위 분석 등의 내용을 보고서 형태로 제공해 주고 있다. 또한 빅데이터 기반으로 SNS 매체 관점에서 각 업종에 대해 연구하고 향후 SNS 마케팅 방

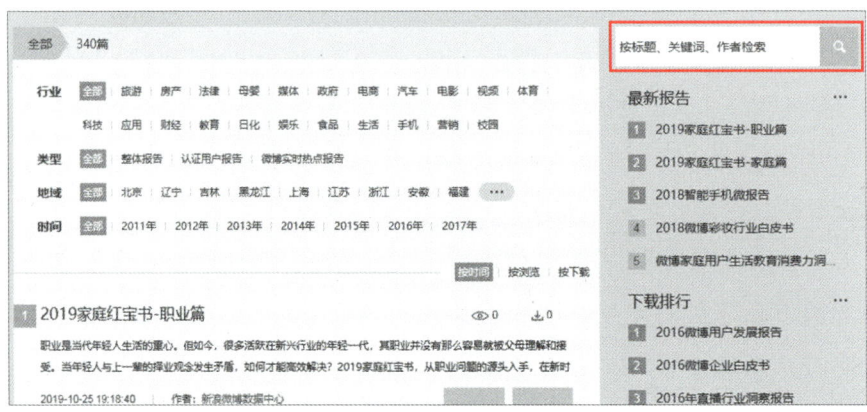

▲ 웨이보 리포트 검색 화면

향 등을 제시해 주고 있어, 경쟁사 분석 및 SNS 운영 전략을 수립할 때 참고하면 매우 유용하다.

웨이보 계정(개인/기업) 등록 상태에서 https://data.weibo.com/report에 접속하면, 보고서 리스트를 확인할 수 있고, '업종 行业', '보고서 유형 类型', '지역 地域', '시간 时间' 등으로 보고서의 필터링도 가능하다. 또한, 우측 상단의 검색창을 통해 원하는 보고서 내용의 검색도 가능하다.

기타 사이트

위에서 소개한 3개의 사이트 외에 다음과 같이 연구 자료를 제공해주는 플랫폼도 간략하게 정리하여 소개한다. 독자들의 필요에 따라 잘 활용하여 중국 시장을 철저히 조사하는 데 작은 도움이라도 되길 바란다.

분류	소개	링크
마펑워 马蜂窝	중국 여행업, 여행객 관련 보고서	http://www.mafengwo.cn/gonglve/zt-1051-0-0-0.html#list
텐센트 리서치 企鹅智库	텐센트 인터넷 산업 연구기관	https://re.qq.com
바이두 검색 자원 플랫폼 百度搜索资源平台	바이두 검색 엔진 최신 트렌드	https://ziyuan.baidu.com/college
알리 리서치 阿里研究院	알리바바 인터넷 산업 연구기관	http://www.aliresearch.com
징동 빅데이터 연구원 京东大数据研究院	징동 빅데이터 연구기관	https://research.jd.com
중국 통계청 中国国家统计局	중국 국가 통계청	http://www.stats.gov.cn/tjsj

03 소비자 설문 조사

앞에서 소개한 각종 지수 분석 툴과 보고서 및 연구 기관 사이트를 통해 약간의 시간과 노력을 기울인다면 중국 각 업종의 마케팅 트렌드나 시장 환경에 대해 거시적인 분석이 가능하다는 것을 알아보았다. 그렇다면, 신제품 개발이나 브랜드 론칭 전에 중국 소비자를 대상으로 온라인에서 설문 조사를 진행하는 방법에 대해서도 알아보도록 하겠다.

온라인 쇼핑몰의 구매평으로 보는 소비자 반응

티몰, 징동과 같은 중국 온라인 쇼핑몰에서는 구매자들에게 구매평 작성을 적극 유도하고 있다. 특히 '빠오콴爆款'이라 불리는 베스트셀러 제품에는 몇만 개의 구매평이 남겨져 있는 것을 흔히 볼 수 있다.

그리고, 이런 경쟁사 제품의 구매평을 수집하여 분석하는 작업이 어떻게 보면 다소 비효율적으로 느껴질 수 있다. 그러나 당신의 잠재 고객들이 타사 제품과 서비스에 대해 남긴 솔직하고 진실한 평가를 엿볼 수 있다고 생각한다면 아주 큰 의미가 있다고 생각한다. 그리고 당신이 중국 시장에서 성공하는 데 정말 간절함이 있다면, 이런 시장 조사 작업도 무겁게만 느껴지지는 않을 것이다.

▲ ○○ 브랜드 티몰 상품 페이지의 하단 구매평

　위 그림은 티몰 상세 페이지에서 확인할 수 있는 유명 색조 화장품의 상품평 페이지이다. 보시다시피 누적 구매평이 1.7만 건에 달한다. 그리고 위 그림에 표시한 부분은 티몰 구매평에 자주 노출되는 키워드의 빈도수를 분석한 것이다. '배송이 빨라서 좋다', '깔끔하게 지워진다' 및 '강력한 세척' 등 상품에 대한 긍정적 평가가 있는 반면에 '제품 가격이 다소 비싸다'라고 언급한 구매평도 71건에 달한다.

　이렇게 경쟁사의 구매평을 모니터링하면서 경쟁사의 장단점을 모두 파악하고, 그 안에서 개선점을 찾으려는 노력이 뒷받침되어야 중국 시장의 무한 경쟁에서 살아남을 확률을 높일 수 있을 것이다.

크라우드 펀딩 플랫폼: 제품 테스트 및 최신 트렌드 조사

중국에서는 크라우드 펀딩을 众筹[zhòngchóu]라고 하는데, 한국의 크라우드 펀딩과 같은 방식으로 운영되며 한국보다 더 활성화되어있다. 기업이나 개인이 신제품 또는 신규 서비스에 관한 아이디어를 크라우드 펀딩 플랫폼에 올려 사람들의 후원금을 모으고, 일정한 목표 금액에 달성하면 제품을 론칭해서 후원자들에게 제공한다.

▲ ○○ 프로젝트 징동 크라우드 펀딩 페이지

현재 타오바오, 징동, 쑤닝 등 주요 온라인 쇼핑몰에서 전부 크라우드 펀딩 플랫폼을 제공하고 있다. 이러한 플랫폼을 통해 아이디어 단계인 최신 제품들을 확인할 수 있다.

또한, 위 그림과 같이 프로젝트의 누적 후원금, 후원자 수, 목표 달성률 및 댓글 내용 등에서 시장 반응을 어느 정도 예측할 수 있다. 한국과는 다른 온라인 환경과 언어 장벽으로 인해 일정 부분의 스터디를 해야겠지만, 이런 크라우드 펀딩 플랫폼에 출시 예정인 신제품을 올려서 시장 반응을 미리 확인해 보는 테스트도 진행 가능하다는 점을 기억하자.

중국 주요 크라우드 펀딩 플랫폼

- 타오바오 크라우드 펀딩: https://cool.taobao.com

- 징동 크라우드 펀딩: https://z.jd.com
- 쑤닝 크라우드 펀딩: http://zc.suning.com

징동 설문 조사 따라하기

앞서 소개한 두 가지 조사 방법으로 타사 제품에 대한 잠재 고객들의 반응을 알아보았다면, 여기서는 직접 중국인 소비자를 상대로 나의 제품 또는 브랜드에 관한 설문지를 작성하고 조사를 진행하는 자세한 방법에 관해 소개하고자 한다.

제품 또는 서비스 론칭 전에, 또는 중국 사업을 진행하면서 중국 시장에 대해 설문 조사를 진행해야 할 때가 많을 것이다. 다만, 중국인 대상으로 설문 조사를 진행하고자 할 때 가장 어려운 점은 아마도 언어적인 장벽과 함께 조사 대상을 모집하는 일이 될 것이다.

더군다나 중국 고객을 상대로 중국 현지에서 진행해야 하므로, 중국지사가 있으면 그나마 도움을 받을 수 있겠지만, 중국지사가 없으면 외부업체에 비용을 지불하고 맡기는 수밖에 없다. 지금은 징동 쇼핑몰에서 론칭한 "온라인 설문 조사 플랫폼"을 통해 비교적 쉽게 설문 조사가 가능하니, 아래 과정을 따라 간단히 설문지를 생성하고 잠재 고객을 타기팅해 효율적으로 소비자 인사이트를 얻기 바란다.

우선 징동 계정으로 로그인한 후 https://survey.jd.com에 접속하여, 왼쪽 상단에 있는 [설문지 작성创建问卷]을 클릭한다.

그다음 화면에서 [새로 만들기创建空白问卷]를 통해 설문 내용을 작성해야 한다. [템플릿 선택引用问卷模板]에서 각 업종별 브랜드 인지도, 신제품 론칭, 서비스 만족도 등의 설문지 템플릿을 제공해 준다.

설문지 편집 완료 후 다음 단계로 넘어가면, 가장 중요한 설문 대상의 타기

▲ 징동 설문 조사 첫 페이지 화면

▲ 징동 설문 조사 설문지 편집 화면

팅 조건을 설정하는 페이지가 나오는데, 징동은 중국 2위의 전자상거래 플랫폼으로서 3.3억 명(2019년 3분기 기준)의 방대한 사용자를 보유하고 있기 때문에 보다 구체적이고 다양한 타기팅안을 설계할 수 있다.

▲ 징동 설문 조사의 타기팅 조건 설정 화면1

우선 가장 기본적인 인구 타기팅 조건을 보면 왼쪽에서 순차적으로 성별, 연령대, 학력, 직업, 결혼유무, 자동차 유무, 지역, 도시 및 도시 규모(1선, 2선 도시 등) 이렇게 총 9개의 조건을 통해 타기팅이 가능하다. 타기팅 조건을 하나씩 추가할 때마다 설문 조사 비용이 올라가면서 타기팅 모수가 줄어들기 때문에, 설문 조사의 목적에 따라 제일 핵심적인 설문 조건 위주로 3~5개 정도만 설정하는 것이 좋다.

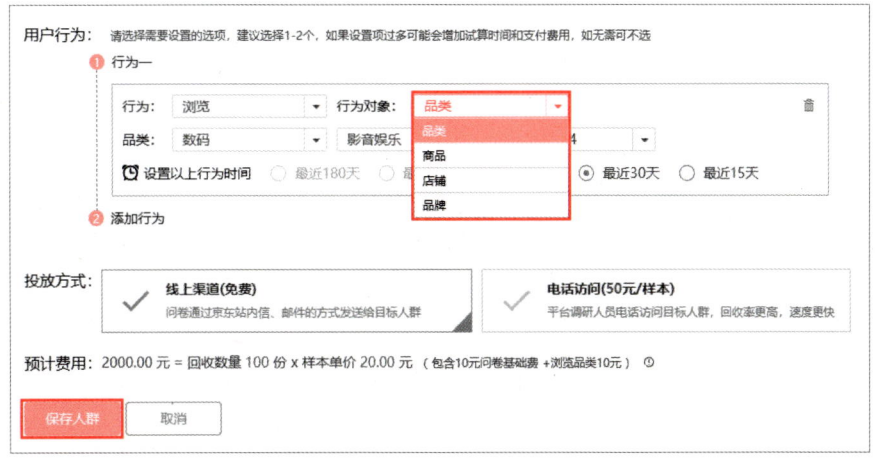

▲ 징동 설문 조사의 타기팅 조건 설정 화면2

인구 타기팅 설정 완료 후 소비자 행위에 대한 타기팅도 가능하다. 여기서 소비자 행위의 타기팅은 '방문 이력이 있는 자', '구매 이력이 있는 자', '방문 이력은 있으나 구매 이력이 없는 자', '장바구니에 넣었지만 구매 이력이 없는 자' 이렇게 네 가지로 나눌 수 있다. 그리고, 행위 대상은 쇼핑, 상품, 쇼핑몰, 브랜드 등 네 개로 나눌 수 있다.

예를 들어, 당신이 경쟁사인 A사의 징동 쇼핑몰을 방문했던 사람들에게 설문 조사를 하고 싶을 경우, 소비자 행위에서 '방문'을 선택한다. 행위 대상은 '쇼핑몰'을 선택한 다음, A사의 징동 쇼핑몰 링크를 아래 창에 붙여넣으면 된다.

모든 타기팅 설정을 마무리했다면, 하단 [타깃안 저장 保存人群]을 클릭한 후 다음 페이지에서 위챗페이로 비용을 지불하면 된다. 참고로 인구 타깃에서 3개의 조건을 선택하고, ○○ 쇼핑몰을 방문했던 소비자를 대상으로 설문 조사를 진행할 시, 인당 50RMB이다. 즉 100명 조사하는 데 약 5,000RMB의 비용과 노력을 들이면 중국 현지인을 대상으로 설문 조사를 진행할 수 있는 셈이다.

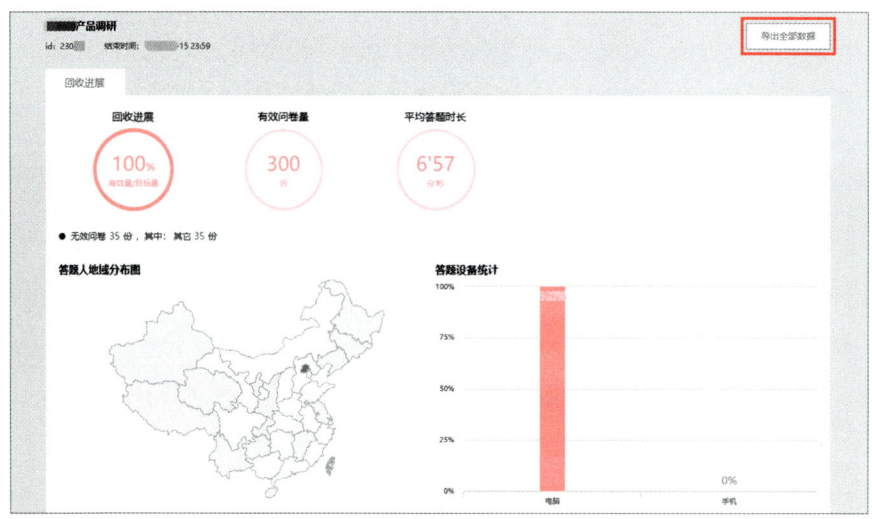

▲ 징동 설문 조사 리포트 다운로드 화면

또한, 설문 조사가 끝난 뒤, 그림과 같이 설문 조사에 참여한 사람들의 인적 사항 및 기본적인 리포트를 받아 볼 수 있고, 우측 상단의 [로우 데이터 다운하기 导出全部数据]를 클릭하면 엑셀로 모든 데이터를 다운받을 수 있어, 더 정밀한 연구 분석이 가능하다.

이와 같이 징동 설문 조사는 온라인에서 비교적 쉽고 정확하게 접근 가능하면서, 비용적으로도 큰 부담이 되지 않는 설문 조사 방식을 갖추고 있다. 중국 진출을 위해 소비자의 인사이트를 필요로 하는 한국 기업들에게 매우 유용하니, 잘 알아두면 좋을 것이다.

CHAPTER 4

플랫폼 트렌드

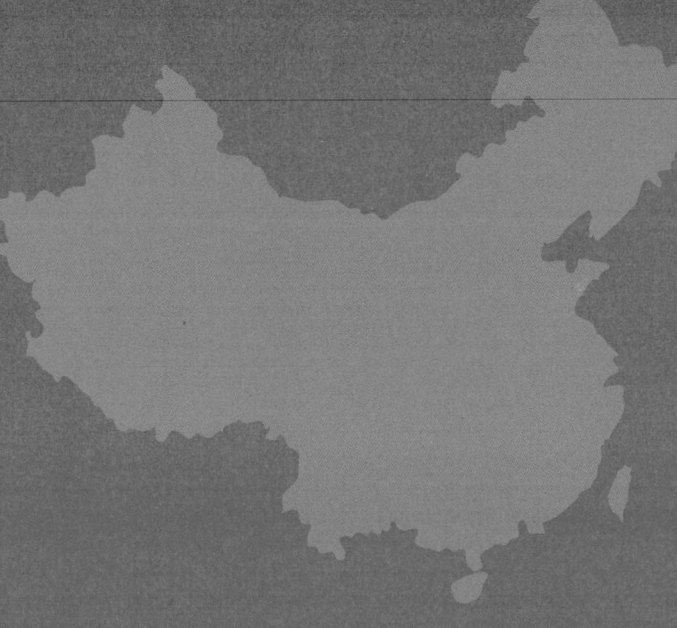

CHINA DIGITAL MARKETING
TREND 2020

01 중국 시장의 빠른 지각 변동과 온라인 연합 이해하기

2019년 11월, 라인과 야후 재팬의 합병이란 굵직한 소식으로 한동안 언론에서 이슈가 되었던 적이 있다. 한국에선 업종 내 1위 기업과 2위 기업 또는 1위 기업과 3위 기업의 인수 합병 사례가 드물지만, 중국에선 이러한 인수 합병이 빈번하게 일어나 업종 내 지각 변동이 매우 빠르게 돌아가기도 한다. 중국 기업들은 거대한 중국 시장 특성상, 우선 시장 점유율을 올려서 시장을 장악한 후, 그다음에 이익을 창출하는 형태가 많다. 그렇기 때문에, 심한 출혈 경쟁을 피하고, 시장 점유율을 올리기 위해 이러한 업종 내 인수 합병이 한국보다 활발하다. 즉, 중국 기업들은 돈을 들이더라도 시간을 사는 실용적인 방식을 선호한다고 볼 수 있을 것이다. 이러한 기업 간의 인수 합병 사례를 들여다 보면, 결국에는 경쟁사를 흡수하고, 시장을 장악한 후에 세부적인 유료 서비스를 추가하여 이익을 창출하는 방식임을 알 수 있다. 경쟁사였던 동영상 플랫폼 유쿠와 투도우의 합병, 그리고 우버에 대항하기 위한 택시 호출 공유 서비스 1,2위였던 디디다처滴滴打车와 콰이디다처快滴打车의 합병 등 중국 IT 생태계에서 이러한 사례는 매우 많다.

중국 온라인 기업들의 연합과 기업별 지분 구조를 이해하고 있으면 온라인 마케팅의 보다 촘촘하고 효율적인 설계가 가능해진다. 예를 들어, 한국 기업에서 티몰과 징동을 모두 운영하고 있다고 하자. 그리고 DA 광고를 통해 티몰과 징동에 입점되어 있는 전자상거래몰에서 광군절 프로모션을 홍보하고자 할 때, 당신이 선택하고자 하는 매체에 따라 전략적으로 티몰과 징동 중 더욱 적합한 랜딩페이지를 선택할 수 있다. 또한 티몰과 징동 중 광고를 하고자 하는 전자상거래몰에 따라, 전략적으로 매체를 선택할 수 있는 안목을 갖출 수 있을 것이다.

최근엔 중국 온라인 기업 중에서 기존의 BAT(바이두, 알리바바, 텐센트) 외에도 바이트댄스 그룹이 급속한 성장을 이루고 있는데, 각 IT기업별/플랫폼별 지분 관계를 이해하고 있으면, 온라인 마케팅의 설계에도 큰 도움이 되기 때문에 이를 설명해 드리고자 한다.

	바이두	알리바바	텐센트	바이트댄스
SNS	쯔후	웨이보, 샤오홍슈	위챗, 샤오홍슈, 쯔후	
숏클립	호칸동영상好看视频		콰이쇼우	도우인, 훽산동영상火山小视频
동영상	아이치이	유쿠, 빌리빌리	텐센트 TV, 빌리빌리	씨과동영상西瓜视频
전자상거래	여우잔有赞	타오바오, 왕이카올라	파이파이왕拍拍网, 징동, 핀둬둬, 웨이디안微店	
여행	씨트립, 취날	알리트립	마펑워	
간편결제	바이두치안바오百度钱包	알리페이, 카카오페이	위챗페이, 라인페이	
뉴스피드	바이두 앱		텐센트 뉴스	진르토우탸오今日头条
O2O	바이두 눠미百度糯米	어러머饿了么	따종디엔핑大众点评, 메이투안美团	
지도	바이두 지도	가아우더지도高德地图	텐센트 지도	
클라우드	바이두 클라우드	알리바바 클라우드	텐센트 클라우드	
자동차	이처왕易车网		이처왕易车网	둥처디懂车帝
검색	바이두	선마神马	소고	

▲ 온라인 기업별 연합 정리표

위 표에서 현재 가장 핫한 숏클립부터 SNS, 여행 OTA, O2O 등 주요 영역에서 BAT 및 바이트댄스 그룹의 투자(계열사 포함) 현황을 정리해 보았다. 다음에서 각 그룹별로 투자 방향과 전략을 알아보도록 하겠다.

검색시장 1위 바이두

구글과의 전면전에서 승리한 바이두는 수년간 중국 검색 시장 요지부동의 1위이며 주가 총액도 한동안 1,000억 달러에 달하는 'IT 거인'으로 성장하였다. 그러나 2016년 전후로 바이두 의료 검색 광고에 노출된 불법 병원을 찾아간 한 중국인이 치료를 받다가 사망하는 등 일련의 사건으로 바이두는 큰 위기에 빠졌으며, 게다가 360, 소고, 션마 등 검색 엔진 경쟁업체들의 빠른 성장으로 바이두의 시장 점유율이 점점 줄어들기 시작했다.

곤경에서 벗어나기 위하여 바이두는 2017년에 'All in AI'라는 새로운 전략을 내세웠다. 그 대표적인 액션이 바로 바이두 모바일단에 AI 기술을 대대적으로 도입하여 단순 정보 검색이 아닌 관심사까지 푸시해 주는 플랫폼으로 업그레이드했으며, 피드 광고 등 새로운 광고 상품을 시작하였다. 그 결과 2019년 5월 기준 바이두 앱 하루 사용자 수는 2억 명에 달하고 있으며, 중국 모바일 검색 시장점유율에서 약 74%를 지키면서 여전히 중국 온라인 검색 시장의 No.1으로 군림하고 있다.

이러한 바이두에서 지속적으로 온라인 영향력 강화를 위해 검색 시장뿐만 아니라, 다른 영역에서도 기업 투자를 적극적으로 진행해 왔는데, 대표적으로 2015년 10월, 당시 중국 인터넷 여행 사이트 업계 1위 씨트립과 2위 취날의 합병을 주도하였다. 2018년 말 기준으로 씨트립 및 취날은 중국 온라인 여행 티켓 판매의 54.6%, 숙박 예약의 59.9% 시장을 점유하고 있다.

앞으로도 바이두는 계속 'All in AI' 전략을 지키고자 할 것이다. AI과 연관된 빅데이터 분석, VR/AR, 자율 주행 기술 등 영역에 활발한 투자로 새로운 디지털 서비스 상품을 출시하여 시장 장악력을 확장할 것으로 예상된다.

알리바바 그룹

중국 전자상거래의 '1인자'인 알리바바 그룹은 타오바오, 티몰, 1688 등 자사 플랫폼 외에도 투자, 인수 방식으로 업계에 지각 변동을 일으키고 있다. 2019년 9월, 20억 달러의 비용으로 해외 직구 플랫폼인 왕이카오라 网易考拉를 인수한 것이 대표적인 예라고 할 수 있겠다.

2019년 상반기 중국 해외 직구 플랫폼 시장 점유율에서 최근 알리바바 그룹에 인수된 왕이카오라가 27.7%로 1위를 차지하고 있고, 티몰 글로벌이 25.1%의 점유율로 2위, 징동 글로벌이 13.3%로 뒤를 잇고 있다.

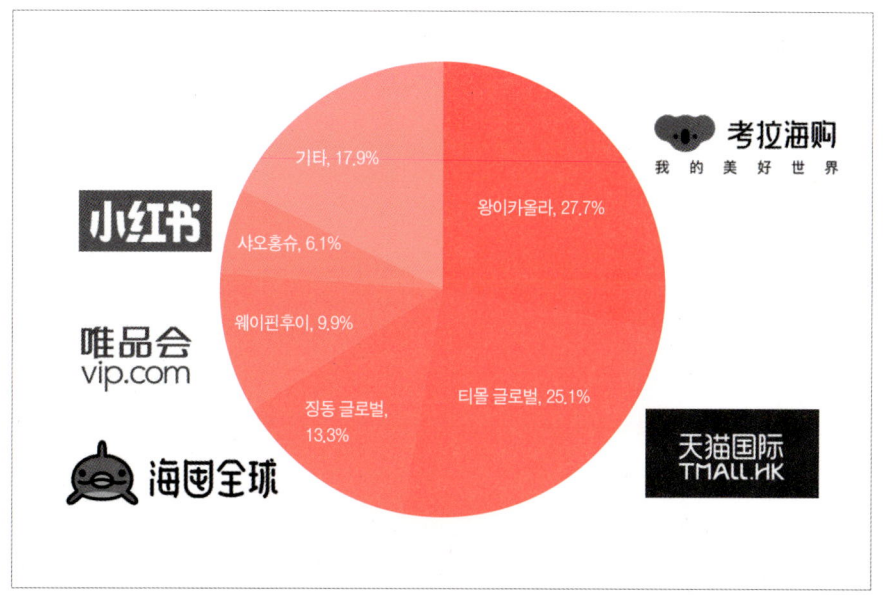

▲ 2019년 상반기 중국 해외 직구 플랫폼 시장 점유율(출처: https://www.iimedia.cn/c400/65637.html)

이런 치열한 경쟁 구조에서 왕이카오라는 시장 점유율을 지키기 위해 계속해서 두 거대한 경쟁사와 마케팅 출혈 경쟁을 하고 있었고, 계속 왕이카오라로 입점하는 브랜드 수를 늘려야 시장 점유율을 지킬 수 있는 상황이었다. 알리바바 그룹의 입장에서는 시간이 들더라도 막대한 자금력과 인력을 통해 왕이카올라를 이길 자신은 있었겠으나, 왕이카올라의 인수 없이는 단기간에 50% 이상의 직구 시장 점유율을 확보할 수 없는 상황이란 걸 그들도 잘 알고 있었다. 결국, 무의미한 출혈 경쟁에 빠져들기 싫었던 왕이카올라와 직구 시장에서도 절대적인 시장 점유율로 영향력을 넓히고자 했던 알리바바 그룹의 니즈가 맞아 떨어진 결과, 서로간의 인수 합병으로 그 막을 내렸다.

위와 유사한 전략으로 알리바바 그룹은 지도 앱 영역에서 가오더지도高德地图 인수를 통해, 바이두 지도와 1, 2위 쟁탈전을 진행하고 있다. O2O 영역에서는 어러머饿了么를 인수하여 43.9%(2019년 3분기)의 점유율로 텐센트가 투자한 메이투안美团과의 격차를 점점 줄이고 있다.

그 외 알리바바 그룹은 동남아 전자상거래 점유율 1위인 라자다Lazada, 인도의 페이티앰Paytm, 파키스탄의 다라즈Daraz 등 다양한 플랫폼 투자를 통해 해외 전자상거래 시장에도 적극적으로 뛰어들고 있다.

텐센트 그룹

QQ, 위챗 등 '국민 메신저'로 독보적인 위치에 있는 텐센트는 다년간의 수많은 외부 투자 중에서도 알리바바 그룹에 대적할 만한 전자상거래에 유난히 관심이 많았다. 2005년 9월, 즉 타오바오가 시작한 지 2년 만에 텐센트도 파이파이拍拍网라는 타오바오와 유사한 C2C 온라인 쇼핑몰을 론칭하였다. 당시 5.9억 명에 달하는 QQ의 방대한 사용자를 통해 성장하겠다는 전략이었으나, 시간이 갈수록 타오바오와의 격차는 더욱 더 커지는 상황이었다.

그러던 중 징동에서 'B2C+자체 물류' 즉, 지금의 쿠팡과 비슷한 운영 방식으로 '착한 가격과 빠른 배송'을 마케팅 소구점으로 하여, 빠르게 중국 B2C 시장 점유율을 2위까지 끌어올리면서 시세를 확장하고 있었다. 텐센트도 이 타이밍을 잡아 2014년에 약 2.1억 달러를 투자하여 15%의 징동 지분을 가져오게 된다.

그 후, 텐센트는 파이파이를 징동과 합병시켜 직접적인 전자상거래 사업에서 손을 떼고, QQ와 위챗을 통해 쇼핑 카테고리를 만들어 징동 플랫폼과 연동시켰다. 특히, 위챗에서는 타오바오, 티몰 등 알리바바 계열사의 사이트를 모두 차단하고, 디지털 광고 집행 시에도 랜딩페이지로 사용할 수 없게 하는 등 징동 전자상거래몰의 점유율을 올리기 위한 지원이 시작되었다.

추가로, 징동 외 텐센트는 위챗을 기반으로 하는 웨이상 플랫폼 웨이디엔微店, 그리고 위챗에서 가족, 친구 등을 모아 공동구매를 진행하는 쇼핑앱 핀둬둬拼多多에 투자하는 등 위챗을 통해 채팅부터 쇼핑, 결제, 생활 편의, O2O까지 모든 영역을 아우를 수 있는 올인원 전략을 취하고 있다.

그밖의 분야 중 주목할 만한 투자로는 2015년에 공동구매 사이트 2위인 따종디엔핑大众点评 주주로서 1위 메이투안美团과의 합병을 주도하여 최대 규모의 중국 O2O 플랫폼을 탄생시킨 것이다.

바이트댄스

바이트댄스는 위에서 소개한 BAT보다 뒤늦게 올라왔지만 빠르게 성장하고 있는 기업으로, 아직까진 외부 투자보다 바이트댄스 그룹의 주력 매체인 진르토우탸오今日头条 뉴스 앱, 글로벌명 TicToc으로 더욱 유명한 도우인抖音 숏클립, 씨과 동영상西瓜视频 등 자사 플랫폼의 확장과 구축에 더욱 몰두하고 있다. 이와 동시에 그동안 쌓은 노하우로 자동차 커뮤니티 동처디懂车帝와 같은 전문 커뮤니티 플랫폼 영역으로도 사업을 넓히고 있다.

02 바이두 검색 광고 & SEO 마케팅

브랜드 인지도, 매출, 시장점유율 등 모든 면에서 바이두는 아직까지 중국 검색 엔진 1위 기업이긴 하지만, 전성기 시절과 비교하자면 쇠퇴를 감추지 못하고 있다. SNS, 숏클립, 뉴스 피드 등 다양한 온라인 매체의 출시로 검색 엔진이 유일한 정보 습득 루트였던 예전에 비해 그 매체 파워가 점점 약해진 것이 큰 추세이고, 의료사고로부터 시작한 일련의 부정 이슈로 바이두에 대한 공신력이 무너진 것도 큰 영향을 끼쳤다.

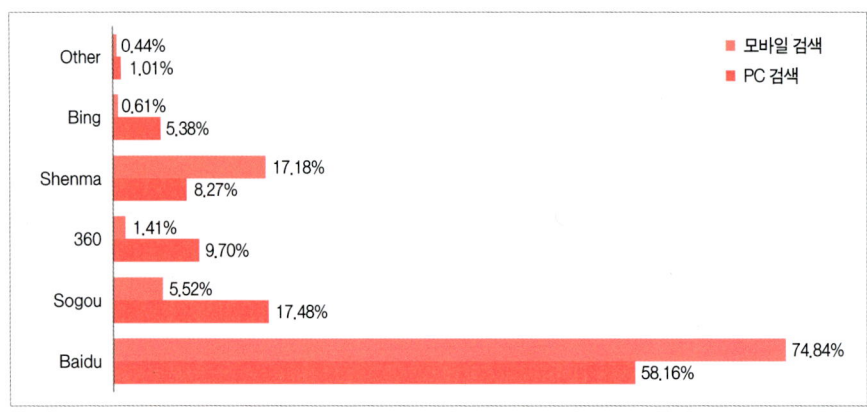

▲ 2018~19 각 검색엔진별 중국 시장 점유율(PC/모바일)(출처: statcounter.com)

게다가 경쟁사 중 360은 백신 프로그램 및 브라우저 시장에서 높은 점유율을 차지하고 있어서 PC 검색 영역에서 바이두와 쟁탈전을 벌이고 있다. 알리바바가 투자한 셔마神马는 중국의 오포, 샤오미 등 주요 모바일 기업들을 통해 모바일 웹 브라우저에 내장되어 스마트폰 시장의 성장과 함께 모바일 검색 영역에서 바이두 다음으로 높은 점유율을 차지하고 있다.

마지막 경쟁사 소고는 2004년에 설립한 중문 타자 입력기 프로그램 1위 기업이고, 2013년에 텐센트의 투자를 받은 후 적극적으로 검색 시장에 뛰어들었다. 소고는 현재 위챗에서 통합 검색을 할 때 사용하는 검색 엔진이고, 질의응답 플랫폼 쯔후知乎와도 손을 잡아 사업 영역을 넓히고 있다. 그 결과 현재 PC 검색 영역 2위, 모바일 영역 3위 자리를 차지하고 있다.

이렇듯 검색 영역을 천하일통天下一统하는 시대에서 내려온 바이두는 2017년에 'All in AI'라는 새로운 전략으로 바이두 모바일 영역 개발에 전력을 투입해 '제2의 전성기' 도약을 준비하고 있다.

빠른 홍보 테스트가 가능한 바이두 검색 광고

한국 기업 입장에서 검색 광고는 아마 진입 장벽이 제일 낮은 중국 온라인 홍보 채널일 것이다. 중문 홈페이지, 사업자등록증 및 기업 통장 등 기본적인 서류만 챙겨서 바이두 한국 공식 대행사에 제출하면 광고 계정 개설이 가능하다. 최소 충전금액과 15% 정도의 운영 수수료만 지불하면 광고 집행이 가능하다.

특히 한국 법인으로 개설할 때는 중국 법인처럼 홈페이지 ICP 비안을 받아야 하는 전제 조건이 없다. 화장품, 식품, 온라인 쇼핑몰 등 대부분의 업종은 별도의 관련 허가증(위생허가, 유통허가 등)을 제출하지 않아도 광고 집행이 가능하다. 다만 블록체인, 카지노, 금융 투자(주식), 의료기기, 약품 등의 업종은 중국 정부에서도 엄격하게 단속하고 있어서 광고 집행이 어렵다.

이와 같이 해외 기업이 접근하기 쉬운 간편한 절차 덕분에 검색 엔진에서의 빠른 홍보 테스트가 가능하다. 중국 진입 초기에 각종 전시회 참여나 SNS 등을 통해 브랜드를 알게 된 사람들에게 상호명, 브랜드명, 메인 제품 키워드 등을 활용한 최소한의 검색광고 운영으로 큰 비용을 들이지 않고 상위노출에 성공할 수 있다.

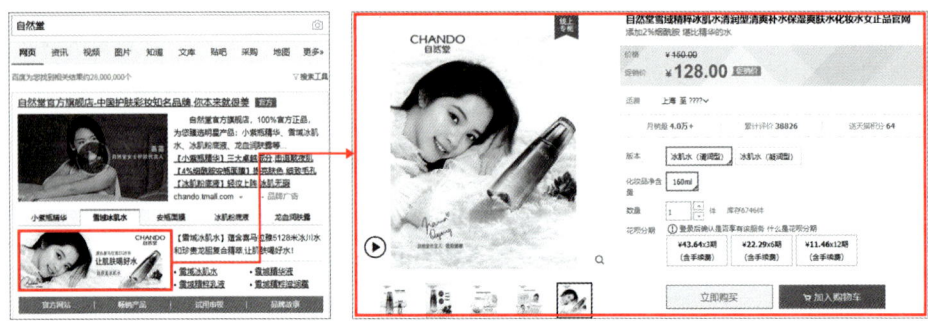

▲ CHANDO 화장품 바이두 검색 광고 화면

그렇다면, 검색 광고로 매출까지 이어지려면 어떻게 해야 할까? 중국 소비자 특성상 브랜드 자사몰을 아무리 잘 만들어도 그들에게 낯선 브랜드인 자사몰에서 회원 가입까지 하고 당신의 제품을 구매할 의향은 거의 없을 것이다. 위 중국 로컬 화장품 CHANDO처럼 티몰, 징동 등 중국 오픈 마켓 입점 후 판매가 어느 정도 이루어지고 구매평이 얼마쯤 쌓이기 시작할 때, 랜딩페이지를 자사몰로 설정해서 검색 트래픽의 구매 전환율을 테스트해야 의미가 있다.

검색 광고 영역에서 나의 브랜드를 보호하기

중국 시장 진출 준비를 하면서 바이두에 자사 브랜드 키워드를 검색해보면 공식 대리상처럼 홍보하고 있는 '짝퉁 사이트' 광고가 있는가 하면, 경쟁사 쪽에서 브랜드 키워드를 타기팅해서 광고 집행하는 것도 흔히 볼 수 있다.

이럴 때 경쟁사의 광고 집행을 막을 수 있는 방법이 없냐고 묻고자 찾아오는 업체가 많다. 바이두 검색 광고 계정을 개설하고 브랜드 키워드로 등록한 중국 상표등록증을 바이두에 제출하면, 다른 경쟁사 계정들이 브랜드 키워드를 검색하지 못하게 보호 신청할 수 있다. 신청하는 데 별도로 발생하는 비용은 없고, 빠르면 1~2주 안에 심사 통과 후, 브랜드 보호 적용이 가능하다.

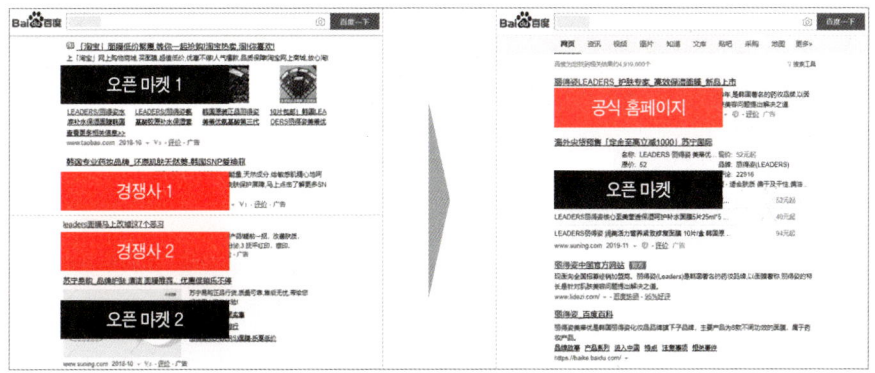

▲ 모 마스크 브랜드의 브랜드 보호 신청 전/후 비교

위 예시는 국내 모 유명 마스크 브랜드의 브랜드 보호 신청 전/후를 비교한 것이다. 집행 전에는 브랜드 키워드 보호 미신청으로 광고 영역에 경쟁사 및 오픈마켓 등 총 4개의 광고가 노출 중이었고, 브랜드 보호 신청 후에는 경쟁사 광고가 사라지고 브랜드 공식 홈페이지가 상위 노출 중이었다.

그리고 위 이미지처럼 브랜드 보호를 신청했지만 타오바오, 징동과 같은 온라인 쇼핑몰의 검색 광고는 여전히 노출되고 있는데, 다양한 품목과 제품을 판매하고 있는 온라인 쇼핑몰 특성상 브랜드사에서 보호 신청을 하더라도 오픈마켓은 해당 브랜드 키워드로 검색 광고를 진행할 수 있다. 궁극적으로 온라인 쇼핑몰에서 해당 브랜드의 매출을 올려주는 역할을 하는 것으로 볼 수 있기 때문에 크게 신경 쓰지 않아도 된다.

브랜드 키워드 외 중국에서 사용 가능한 모델 계약서를 바이두 쪽에 제출하면 연예인 키워드도 독점 형식으로 광고 집행할 수 있다. 연예인 팬덤을 활용하여, 팬들이 '×××연예인 어떤 화장품 모델인가요?' 등 연예인에 대한 관심사를 검색할 때 광고 노출을 하여 브랜드 인지도를 향상시키고 매출을 이끄는 데 도움이 될 것이다.

바이두 피드 광고 - 신의 한 수? 히든카드?

바이두 피드 광고는 2016년 하반기에 출시한 광고 상품으로, 'All in AI'의 바이두 최신 전략과 맞물려 모바일에 최적화된 광고이다. 기존 검색 광고는 유저들이 검색했을 때에만 광고 노출이 되는 것과 반대로, 피드 광고는 더욱 정밀한 타기팅을 통해 바이두 모바일 첫 페이지 뉴스 피드 사이에 광고를 푸시해 주는 방식이다.

▲ 바이두 피드 광고 노출 양식

노출 양식도 검색 광고보다 풍부하여 배너, 이미지, 영상, 앱 다운 등으로 다양하게 활용이 가능하다. 특히 영상 콘텐츠 광고는 클릭률을 올리는 데 매우 유리하다. 그리고, 광고 노출 설정 부분에서는 바이두 빅데이터 분석 툴을 이용하여 키워드 타기팅이 가능하며(즉 바이두에서 어떤 키워드를 검색했던 유저 또는 관심 있는 유저), 도시 상권商圈 지역, 앱 사용 습관 등도 정밀 타기팅이 가능하다.

피드 광고는 CPC, CPM 두 가지 집행 방식이 있는데, CPM 방식으로 집행하는 것이 더 효율적이다. 또한, 동일한 조건에서 검색 광고보다 클릭 단가를 30~50% 이상 절감할 수 있어서, 신제품을 론칭하거나 이벤트 행사 기간에 광고 트래픽의 대량 유입이 필요할 때 단기간으로 집행해 보는 방식을 추천한다.

한국은 광고에 대한 거부감이 심한 편이지만, 중국은 피드 광고가 무작위 노출이라기 보다는 중간중간에 적당히 노출되게끔 조절하고 있어서 광고에 대한 피로도는 있을 수 있어도, 거부감까지는 없는 편이다.

중국에서 SEO 마케팅하기

여기서는 콘텐츠를 상위 노출하는 기법이나 웹디자인 등 기술적인 내용을 다루지는 않고, 바이두를 대표로 하는 중국 검색 매체의 특성과 마케팅 채널로서 SEO 마케팅을 어떻게 활용할지에 초점을 두고자 한다. 우선 SEO 마케팅 개념부터 알아보자.

SEO 마케팅이란 바이두에서 어떤 키워드를 검색했을 때 검색 광고 영역을 제외한 자연 검색 영역에서 홈페이지, 언론 보도, 블로그 등 다양한 형태로 나의 홍보 콘텐츠를 노출시키는 작업을 가리킨다. 여기서 상위 노출 대상에 따라 SEO 마케팅을 홈페이지 SEO와 콘텐츠 SEO 크게 두 가지 형식으로 나눌 수 있다.

홈페이지 SEO는 자사 사이트를 바이두 검색 엔진에 최적화되게 디자인하여 콘텐츠를 꾸준하게 배포하는 식으로 첫 페이지에 노출시키는 작업이다. 저자 경험상 전문 인력을 보유하고 있다는 전제로 최소 6개월 이상 시간이 걸릴 것

플랫폼	장점	단점	URL
언론매체 新闻媒体	유사 콘텐츠를 제목만 수정하여 언론매체에 대량 배포 가능, 상위 노출 확률 높음	작업 비용 높음, 매체 심사과정에서 홍보성 문구 등 원인으로 거절될 가능성 높음	텐센트 뉴스: https://news.qq.com 소후 뉴스: http://news.sohu.com
바이두 지식인 百度知道	자문자답 또는 검색 시 이미 상위 노출 중인 질문 아래 답변하는 방식으로 홍보	이미지, 링크 등 삽입불가 텍스트 50자 이내	https://zhidao.baidu.com
쯔후 知乎	질의응답 전문 커뮤니티, 답변 內 이미지, 링크 등 노출 가능	대량 배포 시, 계정 정지 리스크가 큼	https://www.zhihu.com
바이두 블로그 百度百家号	상위 노출 확률 높음	홍보성 문구 및 유사문서 심사 엄격	https://baijiahao.baidu.com
소후 블로그 搜狐号	유사 문서 심사 엄격하지 않음, 상위 노출 확률 높음	심사과정에서 홍보성 문구 등 원인으로 거절될 가능성 높음	https://mp.sohu.com
BBS 게시판 BBS	대량 배포로 짧은 시간에 검색 노출 콘텐츠 수량 증가	BBS 게시판 사용률이 점점 줄어들어 상위 노출 확률 낮음	티엔야: http://bbs.tianya.cn Onlylady: http://bbs.onlylady.com
또우반 커뮤니티 豆瓣网	언론매체처럼 제목을 수정해서 대량 배포 가능 상위 노출 확률 높음	홍보성 내용에 대한 심사는 엄격함 삭제율 높음	https://www.douban.com

▲ 콘텐츠 SEO 마케팅 주요 배포 플랫폼

이다. 비용도 만만치 않아 쇼핑몰 등 온라인상에서 직접 매출로 이어질 수 없는 업종 같은 경우에는 SEO 마케팅보다는 키워드 검색 광고를 더 추천한다.

반대로 콘텐츠 SEO는 이미 검색 엔진에 최적화되어 있는 언론 매체, 블로그, 지식인 등을 활용하기 때문에 각 콘텐츠 배포 플랫폼의 특성을 이해하고, 정기적으로 대량 배포하면 짧은 시간 내에도 상위 노출이 가능하다. 위 표를 통해 SEO 마케팅의 주요 배포 플랫폼별 장/단점을 숙지한다면, 좀 더 수월하게 바이럴 마케팅 전략 수립이 가능해질 것이다.

바이두 PC 검색과 모바일 검색 결과가 다르다

바이두 분기 보고에 따르면 2014년 3분기부터 모바일단 검색 트래픽이 PC 영역을 초과하였으며 현재 공업품, 도매업 등 B2B 업종을 제외한 대부분 영역에서 모바일 영역 검색이 90% 정도를 점유하고 있다.

모바일 영역은 PC 영역보다 상대적으로 노출 면적이 작기 때문에 상위 노출 작업의 난이도가 높다. 더군다나, 바이두에서 모바일 검색단의 노출 로직을 계속 해서 업데이트하고 있으며, 전반적인 추세는 해당 사이트들로 하여금 PC뿐만 아니라 모바일에서도 접속이 빠르고 편리해야 모바일에서의 노출이 유리해지고 있다.

이렇듯 서로 다른 노출 로직과 특성으로 인해, 바이두 안에서도 PC 검색과 모바일 검색의 노출 결과가 다르게 나타날 수 있다. 하지만, 한국에 있는 대행사에서는 SEO 상위 노출이 상대적으로 쉬운 PC 영역으로만 진행해 주는 경우가 대부분이다. 만약 SEO 마케팅을 설계하고자 한다면, PC 영역에서만 노출이 잘 되는 것은 큰 의미가 없고, 모바일 검색 영역까지 장악해야 한다는 점을 꼭 기억하자.

바이럴 마케팅이 필요할 때만 해서는 안 된다

신제품 출시나 부정 이슈가 발생했을 때 SEO 마케팅을 진행하려는 기업들이 많은데, SEO 마케팅은 필요할 때만 해서는 안 된다. 평상시에 우호 콘텐츠를 정기적으로 배포하고, 브랜드, 메인 제품 키워드들을 모니터링하면서 꾸준히 상위 노출을 유지하는 것이 더 중요하다.

그리고, 중국 전자상거래 플랫폼에 입점할 때나 왕홍 섭외 시에도 첫 페이지에 양질의 콘텐츠들이 상위 노출되고 있으면 협상에서도 유리하다.

바이두 백과

바이두 백과는 네이버 백과와 비슷한 검색 상품으로서 한국 기업도 증빙 서류를 통해 직접 등록할 수 있으나 이 사실을 모르고 있는 경우가 많다. 우선 등록된 키워드를 검색할 때 첫 페이지 상단(PC+모바일)에 노출이 가능하고, 신뢰도 측면에서도 다른 검색 결과보다 공신력이 높아서 꼭 적극적으로 활용할 것을 추천한다.

백과 등록 시 반드시 객관적이고 명확한 근거자료를 제출해야 하므로 보통 중국 상표등록증이나 사업자등록증이 필요하며, 정해진 가이드라인에 맞춰서 신청서를 작성해야 한다. 이미 등록 완료된 백과를 수정하는 작업에 대해서도 문의가 많은데, 이미지 부분은 쉽게 교체할 수 있지만 이미 등록되어 있는 텍스트 영역은 반드시 출처가 명확해야 수정이 가능하다.

▲ 바이두 백과사전에 등록된 삼성전자 노출 화면

03 샤오홍슈

한국에서 브랜드를 론칭할 때 ATL 광고부터 BTL 광고까지 다양한 영역으로 마케팅을 설계한다. 중국에서도 한국 기업이 처음 시장 진입을 시도한다면 브랜드와 상품에 대해 고객들이 인지할 수 있도록, 브랜드를 알리는 다양한 형태의 광고 마케팅을 고민한다.

한국에서 브랜드의 대대적인 런칭에 TV CF를 가장 크게 떠올리듯이, 새롭게 진입하는 중국시장에서 런칭부터 빠르게 브랜드 인지도를 올릴 수 있는 마케팅 채널은 어떤 것들이 있을까? TV시청보다 OTT(over the top 넷플릭스 같은 인터넷망으로 영상 콘텐츠를 제공하는 플랫폼)가 활성화된 중국시장에서는 OTT 매체 내 영상광고, 숏클립 플랫폼 광고, SNS 채널 광고 정도가 브랜드 런칭에 효과적인 메인 채널이 된다.

중국 내 TOP 3 OTT 업체인 아이치이, 텐센트TV, 유쿠를 통해 영상 콘텐츠 화면 앞에 내보내는 프리롤 광고는 처음 중국 시장에 진입하는 한국 기업이 시도하기엔 비용이나 마케팅 설계 면에서 여러 한계가 있다. 따라서 대부분의 한국 기업들이 현실적으로 브랜드와 상품에 대해 가장 빨리 알릴 수 있는 방식은 숏클립이나 SNS의 활용이다. 물론, 각종 매체별로 DA광고도 있지만 DA 광고로는 브랜드 스토리나 상품의 강점을 표현하기엔 지면 측면에서나 여러모로 한계가 있다.

　중국의 대표적인 SNS 채널로는 웨이보와 위챗이 있으며, 숏클립 채널은 도우인과 샤오홍슈다. 중국에서는 도우인의 활성화가 더욱 잘 되어 있지만, 한국 기업들이 도우인보다 샤오홍슈에 더 많은 관심을 가지게 되는 데는 그 이유가 있다.

　샤오홍슈는 다른 SNS 채널이나 도우인과 달리, 애초에 소비자가 좋은 상품에 대해 정보를 얻고자 하는 목표가 분명하다. 그 때문에 샤오홍슈 채널 안에서 브랜드를 인식시키고 상품에 대해 광고하고, 어필하는 것을 거부감 없이 받아들인다. 지금은 샤오홍슈의 성격이 숏클립형 SNS에 가깝지만, 처음 서비스를 론칭할 때만 하더라도 직구 앱으로 시작되었다는 점도 그 이유 중 하나다. 초기 샤오홍슈에는 해외에 있는 중국인 유학생들이 많이 참여하면서 자연스럽게 글로벌 브랜드에 대한 정보와 해외의 선진화된 라이프 스타일을 공유하는 콘텐츠가 많았다. 그렇기 때문에 샤오홍슈 내에는 소비력이 높은 젊은 여성 위주의 회원이 많은 편이다.

　한국 제품의 경우, 같은 제품군에 속해 있는 중국 브랜드와 비교했을 때 가격대가 높기 때문에, 해외 브랜드에 개방적이고 소비력이 높은 사용자들이 몰려 있는 샤오홍슈가 한국 브랜드와 상품을 홍보하기에 가장 적합한 채널이기도 하다.

　사실 샤오홍슈는 많은 한국 기업 뿐만 아니라 광고대행사들조차도 접근을 어려워하는 채널이다. 급속도로 성장한 샤오홍슈가 수익 모델을 만들기 위해 다양한 시도를 하면서 빠르게 변하고 있고, 중국인이 좋아하는 콘텐츠 스타일과 샤오홍슈의 광고 상품, 그리고 샤오홍슈 판매까지 같이 고려하여 설계해야만 효율을 내는 채널이기 때문이다. 과연 샤오홍슈는 어떤 시스템으로 이루어져 있을까? 그 구조부터 살펴보자.

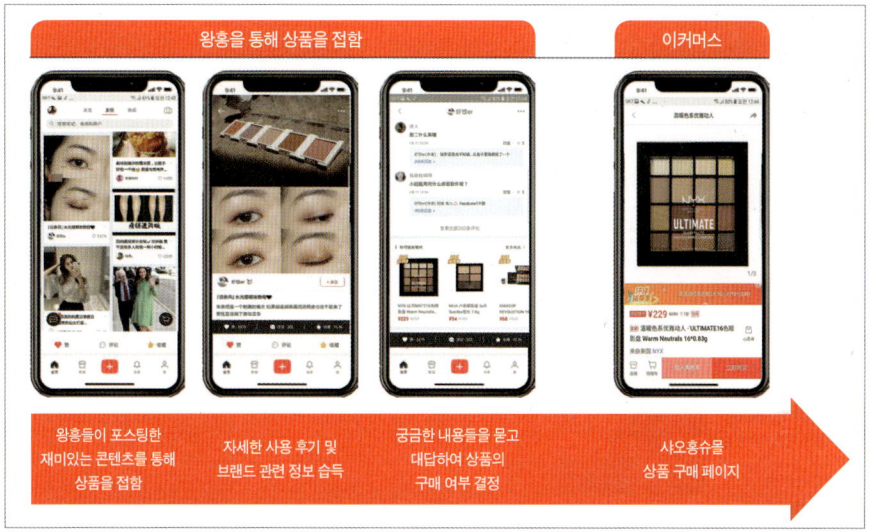

▲ 샤오홍슈 왕홍 포스팅과 이커머스 연동 흐름도

    샤오홍슈는 소비자 입장에서 콘텐츠를 소비하고 상품의 구매까지 원스톱으로 결제할 수 있는 구조로 되어 있다. 기업 입장에서는 콘텐츠로 마케팅을 집행하면서 판매까지 연동될 수 있게끔, 그리고 판매 효과가 다시 콘텐츠의 2차 바이럴로 이어질 수 있게끔 움직여야 한다.

    샤오홍슈 앱에 들어가면, 하단에서 메뉴단을 확인할 수 있는데 아래와 같이 다섯 개의 메뉴로 구성되어 있다.

❶ 首页(홈화면)	❷ 商城(쇼핑몰)	❸ +(플러스)	❹ DM 소식	❺ 나

    ❸, ❹, ❺번은 사용자 입장에서의 사용 기준이니, 여기서는 브랜드 입장에서 숙지해야 하는, ❶ 홈화면과 ❷ 쇼핑몰에 대해서 알아보기로 하자.

CHAPTER 4 플랫폼 트렌드 _ 147

◀ 샤오홍슈 메뉴단

　　샤오홍슈의 홈화면은 콘텐츠 부서, 쇼핑몰 기능은 이커머스 부서에서 관리하고 있는데, 샤오홍슈 내 두 부서의 담당자들끼리도 시각과 입장이 다르기 때문에 양쪽 부서와 모두 원활한 커뮤니케이션을 나누는 것이 중요하다. 또한 제대로 된 샤오홍슈 운영을 위해서는 마케팅과 커머스의 이해도를 동시에 갖추어야 한다.

　　콘텐츠 부서에서 추천하는 샤오홍슈 마케팅 방식과 이커머스 부서에서 추천하는 마케팅 방식도 서로 다르다. 같은 샤오홍슈 내 조직이라고 하더라도 한국 기업 입장에서는 혼란을 가져올 수 있는 구조이다. 샤오홍슈의 콘텐츠 영역과 쇼핑몰 영역을 보다 자세히 파악함으로써 샤오홍슈만의 특성과 구조에 대해서 좀 더 구체적으로 알아보기로 하자.

샤오홍슈의 가장 큰 장점, 콘텐츠 영역 이해하기

샤오홍슈에서는 홈화면contents part 부분을 SNS 파트라고 부른다.

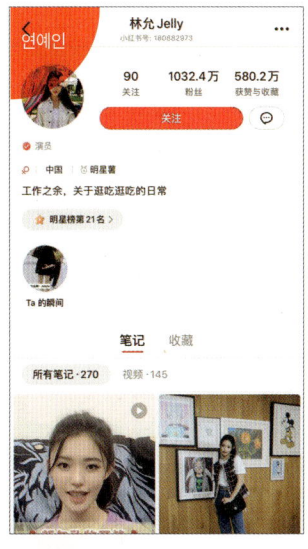

▲ 샤오홍슈의 네 가지 계정 주체

CHAPTER 4 플랫폼 트렌드 _ 149

여기에 노출되는 콘텐츠들을 구조적으로 분석해 보면 연예인 계정, 왕훙KOL 계정, 일반 유저 계정, 브랜드 공식 계정 이렇게 총 네 가지의 계정 주체가 있다.

하지만 우리가 홈화면에서 보게 되는 콘텐츠는 이 네 가지의 주체가 올린 콘텐츠 가운데 샤오훙슈의 콘텐츠 큐레이션 기능을 통해 내가 팔로잉한 계정들이 우선순위로 노출된다. 그 외에 인터랙션이 매우 활발한 콘텐츠 가운데 나의 관심사 위주로 노출된다.

여기서 한 가지 눈여겨볼 만한 사실은 홈화면의 큐레이션 콘텐츠들 사이, 여섯번 째와 열여섯번 째 위치에 노출되는 샤오훙슈의 광고다.

▲ 샤오훙슈 광고 위치 설명

브랜드가 샤오훙슈 광고를 집행하면, CPM(Cost Per Miles, 1000회 노출당 일정 비용을 차감하는 방식) 광고 형태로 진행하게 되며, 이 위치에서 광고 비용으로 보장한 노출 수를 완성할 때까지 일정 기간 동안 고정 노출된다.

많은 소비자들이 이 위치를 광고 위치로 인지하지 못하는 이유는 샤오훙슈에서 광고를 집행하는 브랜드들이 왕훙의 계정을 통해 광고를 노출시키거나, 연예인 계정을 통해 노출시키는 경우가 많기 때문이다. 또한, '광고广告'가 명확하게 표시되어 있어도 한국에서 확인할 때에는 광고주가 해외까지 광고 노출을 지정해 놓지 않는 이상 확인할 방법이 없기 때문에 광고를 접하게 되는 빈도수도 적다.

인스타그램이나 페이스북, 그리고 중국의 웨이보, 위챗과는 다른 형태의 피드 광고로 진행되고 있어 처음 샤오훙슈 광고 상품을 접하는 한국 기업들은 이에 대한 이해를 어려워한다.

샤오훙슈에서 대대적인 광고를 진행하고자 할 경우 최소 충전 비용이 30만 RMB 이상이기 때문에, 한국 기업들 중에 샤오훙슈 광고를 집행하는 광고주가 많지 않은 것도 사실이다. 하지만 최근 1~2년간 글로벌 브랜드 및 로컬 브랜드의 경우 매우 공격적으로 샤오훙슈 광고를 집행하고 있는데, 그 이유는 최근 중국에서 가장 핫한 SNS인 샤오훙슈에서 충성도 높은 팔로워를 확보하기 위함이다. 위에서 언급한 바와 같이, 브랜드 계정을 팔로워한 사용자는 앞으로도 홈화면에서 지속적으로 브랜드 계정의 콘텐츠를 접한다. 또한 쇼핑몰商城 내에서도 샤오훙슈만의 상품 큐레이션 기능을 통해 내가 팔로잉한 브랜드 상품 위주로 상품이 노출되기 때문에, 기업 입장에선 이러한 샤오훙슈의 매력을 놓칠 리가 만무하다.

다시 샤오훙슈의 네 가지 계정 주체로 돌아가서, 각 계정에 대해 설명하고자 한다.

- 연예인 계정

연예인 계정을 열기 위해서는 샤오훙슈의 심사를 통해 공식 인증을 받아야 한다. 공식 인증을 받게 되면 붉은 V마크를 달게 되고 샤오홍슈 관리자로 배정된다. 연예인을 통한 광고를 집행하기 위해서는 반드시 샤오홍슈의 인허가를 통해서 진행하도록 설계되어 있다.

• 왕홍 계정

　샤오홍슈의 왕홍은 연예인 계정과 마찬가지로 모두 샤오홍슈의 브랜드 파트너로 등록되어 있다. 브랜드 파트너로 등록되지 않은 왕홍이 광고를 집행할 때 샤오홍슈 검열에 적발되면 자동으로 해당 콘텐츠가 삭제된다. 따라서 샤오홍슈에서 왕홍 마케팅을 진행할 경우, 반드시 해당 왕홍이 브랜드 파트너의 자격을 획득했는지 확인해야 한다.

　샤오홍슈의 브랜드 파트너는 다른 SNS 채널과 달리, 허수 팔로워나 실제 인터랙션이 아닌 거짓 팔로워로 댓글 작업 등을 했다고 판명될 경우 왕홍 인증을 박탈당한다. 또한 샤오홍슈 회원의 급격한 광고 피로도를 막기 위해 브랜드 파트너로 등록된 왕홍의 한 달 광고 집행 수량 또한 5회 이하로 제한된다.

　이처럼 샤오홍슈가 엄격하게 왕홍 시스템을 관리하면서 샤오홍슈 왕홍은 다른 SNS 채널보다 팔로워 수가 적더라도 콘텐츠의 파급력이 큰 경우가 많고, 왕홍에 대한 회원들의 신뢰도도 높다. 다만, 아쉬운 점은 왕홍의 광고 수량 제한이 있고, 노골적인 광고를 엄격히 관리하는 채널이기 때문에 샤오홍슈 왕홍의 광고 집행 단가가 다른 채널보다 높은 편이다.

• 일반 유저 계정

　샤오홍슈 회원들은 내가 팔로잉한 연예인, 왕홍 등의 콘텐츠를 우선순위로 보게 된다. 기본적으로 상품에 대한 정보를 얻기 위해 들어오는 사용자들이 많아지면서 현재는 검색을 통해 정보 습득을 하는 경우도 많다. 그렇기 때문에 브랜드 계정의 운영자는 일반 유저인 회원들이 브랜드 계정을 팔로잉했을 때 첫 화면 접속 시 지속적으로 자사 콘텐츠를 노출시키고자 노력한다. 그러나 일반인 회원들도 큐레이션으로 노출되는 샤오홍슈의 특징을 알고 있기 때문에 브랜드 계정 자체가 재밌고 흥미있는 경우가 아니라면, 팔로잉을 취소하는 사례도 다른 SNS 채널보다 매우 높다는 점을 명심하자. 이는 한국 기업이 샤오홍슈를 운영하고자 할 때, 샤오홍슈의 특성에 맞게 콘텐츠 기획을 해야 하는 매우 중요한 이유이기도 하다.

• 브랜드 공식 계정

SK2의 웨이보 계정은 92만 명의 팔로워를 보유하고 있고, 샤오홍슈은 9.1만 명을 보유하고 있다.

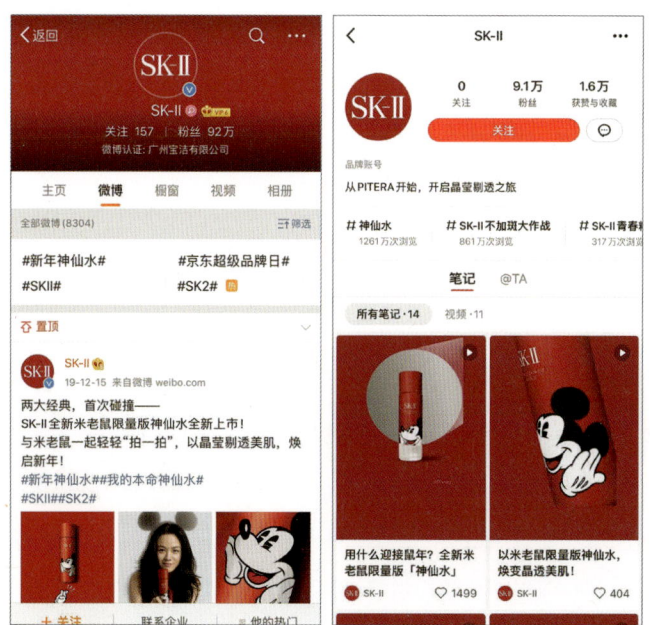

▲ SK2의 공식 웨이보 계정(좌) 및 공식 샤오홍슈 계정(우)

샤오훙슈의 브랜드 계정 활성화 정책이 시작된 시점이 2019년이기 때문에, 브랜드 계정 자체가 활성화를 거친 시기가 불과 일 년 정도라는 점을 감안하면 샤오훙슈는 팔로워 전환 비용이 매우 높은 채널이다.

웨이보의 경우, 브랜드 계정을 활성화시키는 다양한 방법이 있다. 하지만 샤오훙슈는 리트윗 기능도, 프로모션 지원 기능도 없다. 간편하게 진행 가능한 피드 광고 형태가 있는 것도 아니어서, 샤오훙슈 브랜드 계정의 팔로워를 모집하기 쉽지 않다. 중국 광고대행사들도 팔로워 모객에 어려움을 느끼고 있는 채널이 바로 샤오훙슈다.

하지만 뷰티나 건강기능식품, 헬스용품, 패션 등 젊은 여성 고객을 상대로 하는 카테고리일 경우, 샤오훙슈가 가장 핵심 채널일 뿐만 아니라 다른 채널보다 팔로잉에 대한 가치가 크기 때문에 지금부터라도 차근히 준비해 나가길 바란다.

결국 샤오훙슈의 계정을 키우는 데 있어 가장 효과적인 것은 '콘텐츠 투자' 이다. 양질의 콘텐츠로 큐레이션이 되는 만큼, 어려운 일이겠지만 콘텐츠는 기업의 좋은 기회 요소가 되기도 한다.

또 하나의 영역, 쇼핑몰

샤오훙슈의 전자상거래 형태는 크게 두 가지로 나눈다. 샤오훙슈에서 직접 매입을 하는 MD 사업 구조와 기업이 샤오훙슈 내 브랜드몰을 오픈하고 마케팅과 숍 운영을 함께 진행하는 입점몰 형태가 그것이다.

초기에는 샤오훙슈의 MD들이 한국 브랜드의 공급 대리상을 통해 한국상품을 매입하는 MD 사업 구조가 많았으나, 지금은 특별한 메리트가 있지 않은 이상 샤오훙슈에서 매입 형태로 진입하는 일은 드물다. 샤오훙슈에서 매입으로 진행할 경우, 가격과 수수료율을 조율하는 과정에서 입장 차이로 문제가 많이

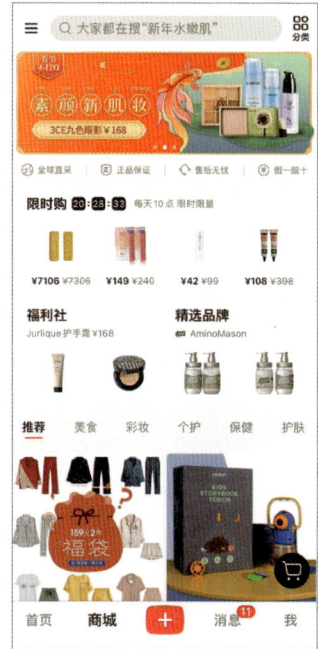
◀ 샤오홍슈 쇼핑몰 화면

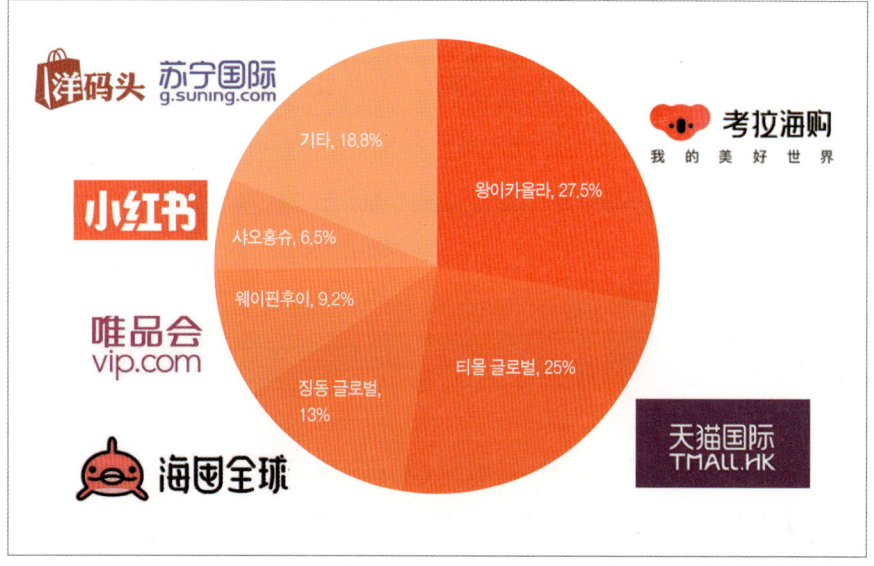
▲ 2019년도 1분기 중국 해외 직구 플랫폼의 시장 점유율(출처: https://www.iimedia.cn/c400/64340.html)

발행해 지금으로서는 추천하지 않는다.

    입점몰 형식의 경우, 한국 기업이 필요서류를 준비해서 신청하면 개설 가능하다. 브랜드몰 개설 후 마케팅과 숍 운영을 잘 하게 되면, 샤오홍슈의 전자상거래팀에서 단체채팅방 초청을 통해 각종 프로모션 참여나 마케팅 일정 등의 정보를 공유하며 프로모션 위치를 배정한다.

    샤오홍슈 브랜드몰은 CS 평가, 배송 속도, 일평균 UV 성장 속도, 마케팅 능력 등이 어느 정도 검증된 뒤에야 MD들이 관리해 주는 구조로 되어 있다.

    앞쪽 그림에서 보이는 바와 같이, 중국의 직구 채널에서 샤오홍슈가 차지하는 전자상거래 거래량 점유율은 6.5% 정도 밖에 되지 않는다. 아직까지 샤오홍슈는 전자상거래보다는 마케팅 채널로 더 활성화되고 있음을 알 수 있다. 그럼에도 '샤오홍슈의 브랜드몰을 운영할 필요가 있을까?'라는 질문에 대해 당연히 필요하다는 답변을 드리고 싶다.

    우선, 글로벌 티몰로의 입점이 쉽지 않은 브랜드는 입점이 보다 쉬운 샤오홍슈를 통해 합법적인 역직구를 시도해 볼 수 있고, 엔드 유저의 반응을 통해 향후 중국 사업의 방향성에 대해 학습할 수 있다. 다시 말해, 샤오홍슈가 일종의 가장 트렌디한 테스트 마켓이 되는 셈인 것이다.

    두번째로 샤오홍슈 내의 마케팅이 중요해지면서 콘텐츠 확보의 중요성도 커지고 있는데, 샤오홍슈 마케팅을 집행할 때 상품 URL의 랜딩페이지 설정은 외부로 연결이 안 되고 샤오홍슈 내의 숍에서만 가능하다. 도우인의 경우 티몰이나 징동으로 URL연동이 가능한데 반해, 샤오홍슈는 현재까지 샤오홍슈몰로만 연동된다. 따라서 최종 랜딩을 샤오홍슈몰로 연동해 놓으면 즉각 판매가 발생하고, 샤오홍슈를 통해 구매한 고객은 샤오홍슈 내 콘텐츠 리뷰를 남기는 경우가 많아 마케팅 자원으로서의 가치를 키울 수 있다.

    정리하자면, 샤오홍슈의 입점 용이성과 콘텐츠 리뷰 자산의 확보 측면에서 운영할 필요가 있다. 매출을 목표로 두기보다는 신제품 론칭과 바이럴 콘텐츠 재생산을 위한 목적성에 중점을 두고 운영하면 도움이 될 것이다.

샤오홍슈는 CPM, CPC, 앱 팝업 광고, 실시간 검색어 키워드 구입, 해시태그 마케팅 등의 유료 광고가 있으며, 라이브 방송을 통한 CPS도 곧 진행될 것으로 보인다.

지속적으로 마케팅 영역 내 유료광고 상품에 대한 업데이트와 새로운 서비스들이 보완되고 있는 데 반해, 아직까지 샤오홍슈의 커머스 영역의 성장 속도는 더딘 편이다.

샤오홍슈에서 커머스 기능을 탑재하였지만, 아직까지는 광고 수익 모델에 좀 더 중점을 두고 있는 모양새이다. 다양한 글로벌 브랜드 및 로컬 브랜드들이 막대한 자금을 투입하여 샤오홍슈에서 마케팅을 진행하고 있기 때문이다.

한국 기업의 경우, 아직까지 샤오홍슈의 유료 광고에 대한 이해도가 높지 않다. 샤오홍슈는 콘텐츠의 인터랙션에 따라 광고 효율 차이가 큰 채널이기 때문에, 샤오홍슈에 광고 집행을 준비 중인 기업이 있다면, 반드시 중국향 콘텐츠에 대한 전략과 적극적인 투자도 함께 준비해야 성공 가능성이 높아진다는 점을 다시 한번 명심하자.

지금 한국 기업들은 대부분 왕홍을 중심으로 샤오홍슈를 활용하고 있지만, 향후에는 샤오홍슈 내에서 고객과 잘 놀 줄 아는 브랜드, 팬슈머를 만들 줄 아는 브랜드가 크게 성공할 것으로 보인다. 따라서 왕홍 마케팅에만 의지하지 말고, 브랜드가 팬슈머를 만드는 데 필요한 노력을 같이 고민해야 한다.

04 급성장하고 있는 도우인

중국에서는 도우인抖音으로 불리고, 글로벌 버전으로 틱톡Tik Tok이라고 하는 이 앱은 바이트댄스에서 2016년 9월에 출시한 중국의 대표적인 SNS 형태의 숏클립 플랫폼이다. 9095년생을 비롯한 신세대 사이에서 선풍적인 인기를 끌고 있으며, 위챗, 타오바오와 함께 3대 필수 앱으로 자리 잡고 있다. 지금 20대 초중반의 대학생 및 사회 초년생으로, 앞으로 중국 온라인 시장에서 주요 소비자 층으로 자리 잡을 9095년생들이 가장 선호하는 온라인 플랫폼 중 하나인 도우인을 통해, 그들의 온라인 행동 패턴 및 도우인의 비즈니스 모델을 유심히 관찰할 필요성이 있다.

도우인은 2019년 하반기 기준으로 중국 시장에서 3억 2천 명의 일 사용자 수를 돌파하였고, 이제는 단순히 중독성이 강한 영상을 공유하는 채널이 아닌 중국 온라인 영역에서 엄청난 영향력을 가지고 급상승하는 마케팅 채널이 되었다. 숏클립 열풍이 불기 시작한 2018년 초부터 현재까지 중국 온라인 마케팅, 특히 모바일 생태계에서 가장 영향력 있게 지각 변동을 일으킬 만한 존재가 바로 도우인인 것이다. 비록 영상 플랫폼인 관계로 콘텐츠 제작 및 운영 면에서 웨이보, 위챗보다 난이도가 있지만, 마케터를 포함한 중국 사업에 관심이 있는 분들은 모두 도우인에 대한 깊이 있는 스터디가 필요하다.

도우인에서의 콘텐츠 커머스 활용

도우인은 짧은 동영상을 보는 단순한 동영상 플랫폼의 기능뿐만 아니라, 도우인 계정을 통해 직접 타오바오, 티몰 등의 전자상거래 플랫폼과도 연동할 수 있다. 또한 동영상 콘텐츠에서도 직접 구매 링크를 노출시켜 제품 홍보부터 온라인 매출까지 바로 원스톱으로 이어질 수 있게끔 설계되어 있다. 더군다나, 최근 알리바바 그룹에서 도우인에 적극적으로 투자하면서, 앞으로 중국 시장에서 콘텐츠 커머스로의 성장 기반을 마련했다.

도우인은 앞으로 중국에서 동영상 커머스를 연동한 비즈니스 모델 형태를 가장 완벽하게 구현할 수 있는 유력한 플랫폼이기에, 중국 온라인 시장에 진출하

▲ 도우인 영상 콘텐츠에서의 타오바오 연동 예시

고자 하는 한국 기업들에게 도우인에서의 판매 연동에 대해 소개하고자 한다.

그림과 같이 상품 링크는 영상 콘텐츠의 왼쪽 하단에 노출되고, 상품 링크를 클릭하면(❶) 도우인 내 해당 상품 링크를 걸고 배포한 영상 콘텐츠들을 통합한 페이지로 이동된다. 여기서 제품과 관련된 더 많은 상세한 리뷰 콘텐츠를 확인할 수 있다. 그다음, 빨간색 구매 버튼을 클릭하면(❷) 직접 타오바오의 상세페이지로 연결된다.

이렇게 도우인에서 내가 타오바오에서 판매하고 있는 상품을 연동하려면 두 가지의 사전 준비가 필요하다. 우선 계정 관리 페이지 오른쪽 상단을 클릭한

▲ 도우인 계정 관리 페이지 화면

후❸, 순차적으로 [크리에이티브 서비스 센터创作者服务中心]를 클릭한다❹. 그리고 [상품 공유 기능商品分享功能]을 클릭하면❺ 아래와 같은 세 가지 신청 조건을 확인할 수 있다.

- 실명인증(중국 신분증)
- 영상 10개 이상 포스팅
- 팔로워 1,000명 이상

실명 인증은 꼭 중국 신분증 번호를 입력해야 해서 현재로서는 중국인 지인이나 회사 직원 명의로 심사를 넣어야 한다. 신청 후 보통 7일 이내로 확인 메시지를 받을 수 있다.

두 번째 준비 작업은 타오바오 상품을 타오바오커淘宝客에 가입해야 하는 것이다. 타오바오커란 타오바오 플랫폼에서 제공하는 일종의 CPS 제휴 마케팅 서비스로, 누군가가 내 상품 링크를 가져가서 타오바오 사이트 외 블로그, SNS 등을 통해 판매가 됐을 때 정해진 수수료를 지불해 주는 타오바오 내 광고 상품의 일종이다. 도우인에서 상품 판매하는 것도 본질적으로 타오바오 외부 트래픽 인입으로 판매가 이루어진 것이기에 반드시 타오바오커 가입이 필요하다. 더 상세한 내용은 사이트 https://tbk.bbs.taobao.com/detail.html?postId=9179720를 참고하면 좋다.

이렇게 실명인증과 영상 10개 이상 포스팅, 팔로워 1,000명 이상 확보, 그리고 타오바오커 가입까지 마치면 본격적으로 상품 관리를 시작할 수 있다. 다음 장을 계속 따라가보자.

▲ 상품진열창이 추가된 도우인 계정 홈페이지 화면

위 두 가지 준비 작업을 마친 뒤 계정 홈페이지로 돌아오면 도우인 아이디 아래 [상품진열창商品橱窗]이라는 항목이 추가된다. 여기서 판매 상품에 대한 모든 관리가 가능하고 경쟁사 모니터링도 할 수 있다. [상품진열창商品橱窗] 클릭 시(❶) 위 이미지와 같은 페이지로 연동되고 [진열창 관리橱窗管理]와 [상품 추가 添加商品]를 순차적으로 클릭하면(❷, ❸) 상품 업로드 페이지로 넘어간다.

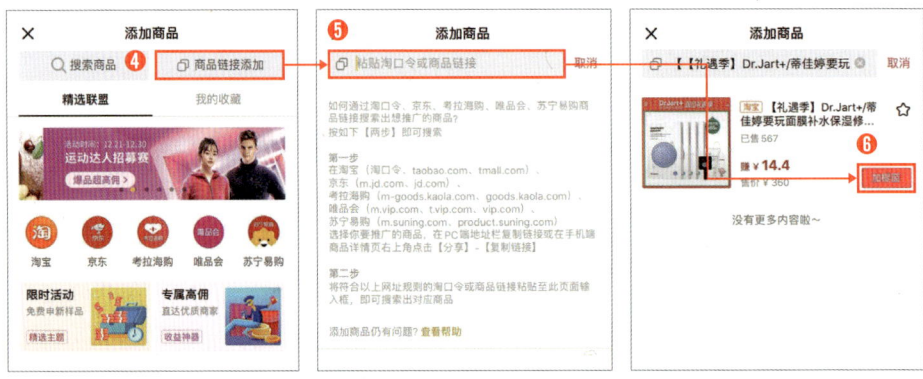

▲ 도우인에서의 판매 상품 연동 예시

그다음 온라인 쇼핑몰처럼 도우인에서 판매 중인 상품의 통합 페이지가 나오고, 여기서 내 브랜드나 다른 경쟁사 상품을 검색해서 도우인에서의 판매 현황을 확인할 수 있다. 또한 상단 [상품 링크 추가商品链接添加]를 클릭하면(❹) 판매 상품 연동이 가능하다. 페이지 상단에 있는 검색창에 타오바오(징동, 왕이카올라 등도 가능) 상품 링크를 붙여 넣고(❺), 진열창에 [추가하기加橱窗]를 클릭하면(❻) 도우인에서의 판매 상품 연동이 완료된다.

도우인은 개방형 SNS로서 타오바오(티몰)뿐만 아니라, 징동, VIP, 왕이카올라 및 쑤닝이거우 등 5개 중국 주요 전자상거래 플랫폼 상품 링크를 연동할 수 있어, 영상 콘텐츠와 판매 연동해 온라인 매출까지 설계할 수 있는 장점이 있다. 또한, 전자상거래 플랫폼과의 연동에 다소 제약이 있는 웨이보나 위챗과 달리, 중국 주요 전자상거래 플랫폼에 모두 트래픽을 유입시킬 수 있는 장점을 가지고 있다. 이는 웨이보, 위챗 등 기타 SNS 플랫폼과 가장 차별화되는 강점이며, 앞으로 한국 기업들도 적극적으로 활용하면 큰 도움이 될 것이다.

도우인 왕홍 플랫폼

도우인에서 콘텐츠를 배포한 후에는 이를 확산해줄 광고 상품이나 왕홍 마케팅 등이 함께 수반되어야 바이럴 확산에 유리해진다. 이를 위해, 도우인에서는 도우인 공식 왕홍들의 계정 정보를 분석하고, 단가까지 조회할 수 있는 씽투星图라는 왕홍 플랫폼을 제공하고 있다. 아직 한국에서는 잘 알려지지 않았지만, 도우인의 영향력이 나날이 커지고 있어 앞으로 한국 기업들의 도우인 활용 비중도 올라갈 것이다. 도우인의 왕홍 플랫폼에 대해 더 알아보도록 하자.

먼저 씽투 사이트 https://star.toutiao.com에 접속하고 회원 가입注册을 해야 하는데, 이메일 또는 핸드폰으로 인증번호를 받으면 쉽게 계정을 생성할 수 있다. 가입 후에는 기업 인증이나 개인 실명 인증을 받아야 한다.

▲ 도우인 왕홍 플랫폼 메인 화면

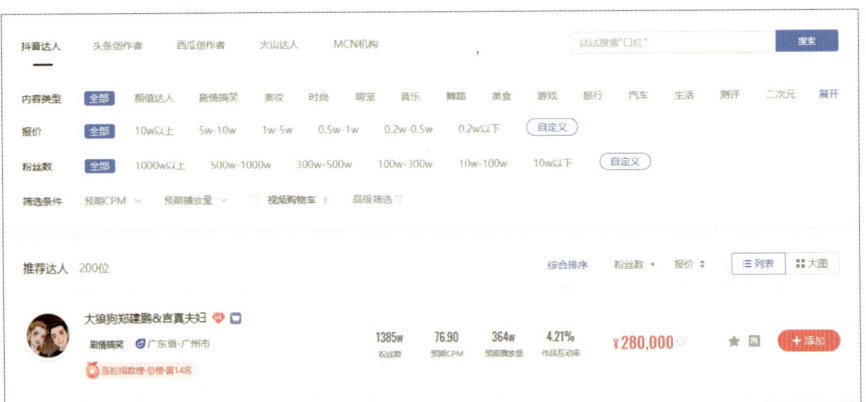

▲ 도우인 왕홍 조회 화면

관리 페이지 등록 후, 최상단 메뉴단에서 [달인 광장达人广场]을 클릭하면, 도우인 왕홍 리스트를 조회할 수 있다. 콘텐츠 유형内容类型, 단가报价, 팔로워 수粉丝数 및 영상 내 구매 링크视频购物车 유무 등 선택항목을 통해 왕홍의 필터링이 가능하다. 또한, 우측 상단 검색창에서 왕홍 닉네임으로 직접 검색할 수도 있다.

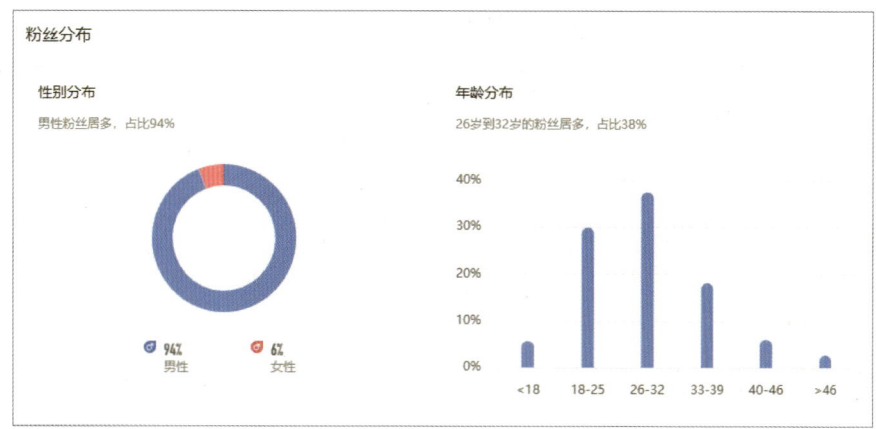

▲ ○○ 왕홍의 팔로워 데이터 분석 화면

그다음 원하는 왕홍 계정을 클릭하면, 월평균 영상 재생 수, 팔로워 증가 추이부터 팔로워들의 지역 분포, 연령대, 핸드폰 브랜드 등 10여 개의 상세 데이터를 확인할 수 있다. 위의 그래프들은 왕홍 계정의 데이터를 상세 분석한 화면의 예시다. 왼쪽 원 그래프에서는 팔로워의 성별 비중을, 오른쪽 막대 그래프에서는 팔로워의 연령 비중을 파악할 수 있다. 연애 카테고리의 ○○ 왕홍의 팔로워 구성을 분석해보니 연애라는 주제의 감성 콘텐츠로 가늠하건대 20대 여성 팔로워가 많을 것으로 보였다.

하지만, 도우인의 왕홍 플랫폼을 통해 분석해 본 결과, 실제로는 팔로워의 94%가 남성이고 연령대도 30대에 집중되어 있다는 것을 알 수 있다. 당신이 만약 뷰티 제품을 홍보할 예정이라면, 뷰티 제품에는 비교적 관심이 덜한 30대 남성 팔로워들이 밀집해 있는 이런 계정은 배제하려 할 것이다.

홍보하려는 제품의 특성에 맞는 타깃 고객의 연령과 나이에 맞춰 왕홍을 필터링하고자 할 때, 이처럼 활용할 수 있다.

앞선 사진은 중국 로컬 브랜드인 ○○ 바디워시의 바이럴 마케팅 사례이다.

▲ 중국 로컬기업의 도우인 마케팅 사례

여러 도우인 왕훙 계정을 섭외하여 자사 제품의 향이 지속성이 강하다는 점을 셀링 포인트로 삼아 영상 콘텐츠를 만들었다. 총 영상 배포 수가 100건 이상이며, 영상 콘텐츠당 '좋아요' 수가 평균 500개, 댓글이 40~50건인데, 지금까지 도우인을 통해서 약 4만 개가 판매되었다. 타오바오 월 판매량도 7만 건 이상으로 도우인의 '판매 파워'를 엿볼 수 있는 사례이다.

도우인에서 라이브 방송을 진행할 때에도 판매 연동이 가능하다. 오락성 콘

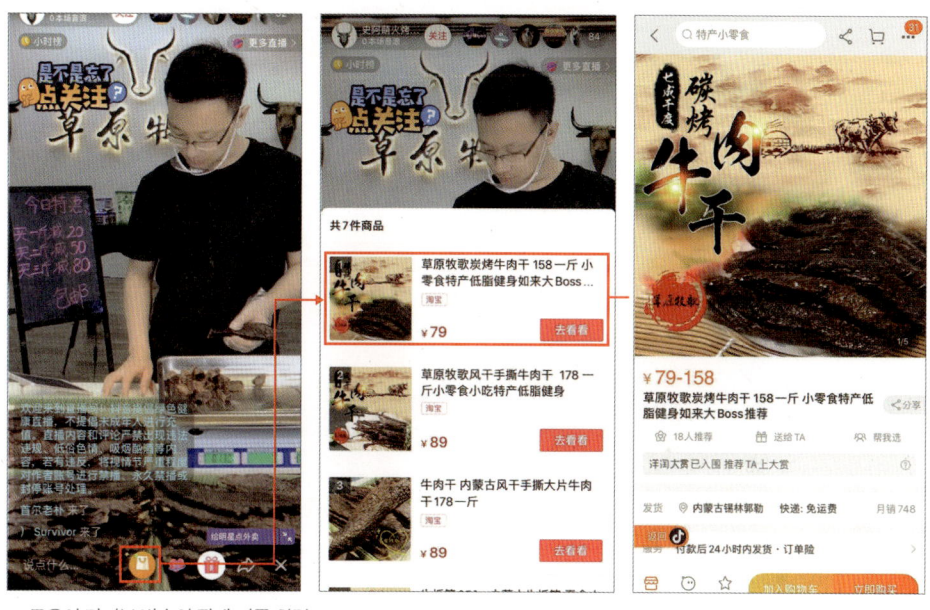

▲ 도우인 라이브 방송의 판매 연동 화면

텐츠 위주인 도우인 콘텐츠가 아직은 게임 방송 쪽에 더 활성화 되어 있어 타오바오 라이브보다 판매 연동이 덜 되는 편이지만, 지난 2년간 빠르게 성장해서 콘텐츠 커머스 영역의 생태계를 구축한 만큼, 도우인의 전자상거래 영역도 계속 관심을 두고 지켜봐야 할 것이다.

광고 플랫폼, DOU+

도우인에서 왕홍 계정을 활용한 바이럴 확산 외에도 '도우인+'라는 광고 플랫폼에서의 광고 집행을 통한 콘텐츠의 확산도 가능하다. 영상 타임라인 사이에 피드 광고 형식으로 노출되며, 도우인 왕홍 활용보다 가성비가 높으면서 세분화된 타기팅 설정 기능도 제공하고 있다.

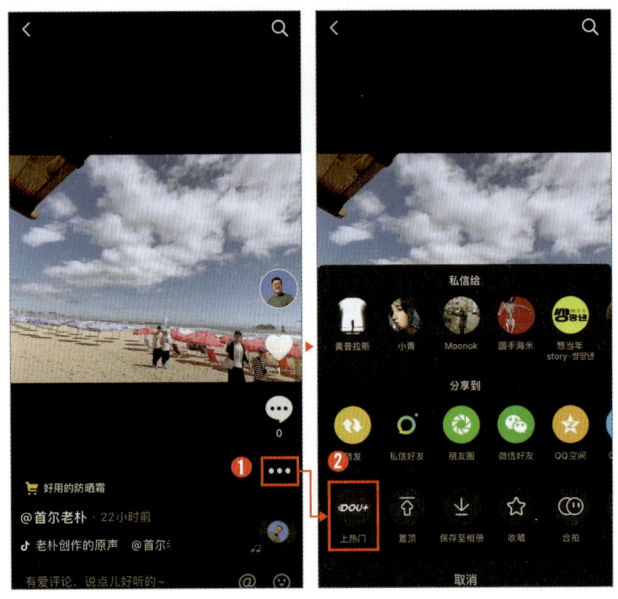

▲ 도우인+를 통한 피드광고 활용 방법

도우인 광고 기능은 별도의 광고 계정 개설 필요 없이 계정 가입과 동시에 사용 가능하다. 위 사진과 같이 광고 집행을 희망하는 콘텐츠의 우측 설정 버튼을 클릭한 후(❶) 하단에 나타나는 [DOU+]를 선택(❷)하면, 광고의 세부 타깃을 설정하고 광고 비용을 결제할 수 있는 화면으로 넘어간다.

도우인 광고는 다음과 같이 세 가지의 타깃 설정 방식이 있다.

◀ 도우인+ 피드 광고 타깃 설정 및 비용 결제 화면

- **AI 자동 타기팅**系统智能推荐: 영상 콘텐츠 내용과 빅데이터 분석을 기반으로 자동으로 잠재 유저들에게 광고를 노출하는 방식
- **수동 타기팅**自定义定向推荐: 유저 연령대, 성별, 취미 등의 조건을 수동으로 설정하여 타기팅하는 방식
- **계정 타기팅**达人相似粉丝推荐: 경쟁사를 포함한 타 계정 팔로워들에게 광고를 노출하는 방식

수동 타기팅 설정과 계정 타기팅 방식은 정밀 타기팅에 속한다. CPM 예상 단가가 40위안이고, AI 자동 타기팅 방식은 상대적으로 저렴한 20위안 정도에 진행 가능하다. 필자의 경험상 오프라인 매장과 같은 특정 위치에 있는 팔로워 대상이 아닌 이상, AI 방식으로 광고 집행해도 괜찮은 인터랙션을 확보할 수

있다.

　빠르게 성장하고 있는 플랫폼인 만큼 위에서 설명한 내용 외에도 수시로 기능이 업데이트되고 있어, 독자들의 좀 더 깊은 스터디와 효율적인 마케팅 전략 수립을 위해 유용한 계정들을 공유하고자 한다. 아래에서 추천하는 도우인의 공식 계정을 검색하여 팔로우하면 도우인의 새로운 정보들을 빠르게 공유받을 수 있을 것이다.

- 抖音小助手: 도우인의 핫이슈 안내
- 抖音广告助手: 도우인의 광고 집행 스킬 안내
- 抖音门店助手: 도우인 오프라인 매장 홍보 및 콘텐츠 제작 안내
- 抖音直播: 도우인 라이브 방송 트렌드
- 剪映: 도우인 공식 영상 편집 툴

도우인 마케팅의 중요성

최근 몇 년간 중국 SNS 발전의 가장 큰 특징을 꼽으라면 바로 이커머스와의 융합이다.

　샤오훙슈가 "인스타그램+커머스"의 개념으로 비약적인 성장을 하고 있듯이, 도우인도 "유튜브+커머스"의 개념처럼 발전해 나가고 있다. 숏클립, 동영상 소비가 대세인 지금, 앞으로 도우인의 성장 가능성도 무궁무진하다. 중독성이 강한 15초짜리 짧은 영상을 통하여 소비자들의 구매 충동을 일으킨 다음, 그 때 바로 쇼핑몰 링크를 푸시 노출하여 구매 유도를 하는 것이다. 그리고 실제 많은 중국기업들이 도우인+커머스를 적용하여 제품 홍보에 적절하게 활용하고 있다.

　물론, 중국과 한국의 감성 코드는 확실히 다르다.

　그렇기 때문에 도우인에서 중국인들이 좋아할 만한 영상 콘텐츠를 정기적으

로 만들어 배포하고, 이를 운영한다는 것이 쉽지 않은 것도 사실이다. 도우인에서 중국인의 감성 코드에 맞는 영상 콘텐츠 제작을 위해서는 적지 않은 비용과 시간이 드는데, 기업 계정을 운영하려면 매월 일정 수준의 영상 콘텐츠를 정기적으로 제작해야 하기 때문이다. SNS 특성상 단기적인 마케팅 성과가 크지 않은 점 역시 영상 콘텐츠를 활용한 마케팅을 쉽게 시작하지 못하는 이유이다. 더군다나, 사용자가 많을수록 마케팅 비용은 올라간다. 도우인에서의 광고 비용을 감수하려면, 최소한 이미 중국에서 일정 수준 이상의 브랜드 인지도와 매출이 이루어지고 있어야 한다.

이런 이유로 아직까지 한국 기업들의 도우인 마케팅은 활성화되어 있지 않은 편이다. 하지만, 숏클립 플랫폼의 영향력이 나날이 커지고 있는 만큼, 한국 기업도 제대로 된 중국 시장에서의 승부를 던지기 위해서는 도우인에 대한 깊이 있는 스터디가 필요한 시점임은 분명하다.

05 떠오르는 전자상거래 직구 플랫폼 소개

중국 전자상거래 시장 구조를 봤을 때 알리바바와 징동은 여전히 쌍벽을 이루고 있다. 하지만 위챗을 필두로 모바일 SNS의 빠른 성장과 중국 각지에 보세창고 설립이 가속화되면서, 공동구매, 해외 직구 등 온라인 쇼핑 영역에도 새로운 변화가 일어났다. 지금도 중국의 전자상거래 플랫폼은 이전에 비해 다양하게 세분화되고 있는 추세이다. 한국 기업들과의 연관성이 가장 높은 직구 플랫폼 중 대표적인 3개 플랫폼을 소개하면서 전자상거래 시장 트렌드를 살펴보고자 한다.

핀둬둬 - 소셜 미디어+공동구매

최근 몇 년 동안 중국의 '국민 메신저'로 불릴 만큼 대세로 자리 잡은 위챗의 특성을 전자상거래에 접목한 핀둬둬拼多多가 급속도로 성장하고 있다. 핀둬둬는 지인 기반의 상품 추천이라는 공동 구매 플랫폼의 성격을 갖고 있는데, 위챗 친구들에게 상품 링크를 공유하고 공동 구매하는 형식으로 급성장을 이룰 수 있었다.

2015년에 창립한 핀둬둬는 위챗으로 친구를 초대하여 공동 구매하면(보통

2~3명) 할인된 가격으로 식품, 생활용품 등을 살 수 있는 것을 셀링 포인트로 시작하였다. 가격에 민감하고 소득이 상대적으로 낮은 중국 3선 도시 이하 소비자들로부터 단기간에 호응을 얻어냈고, 이를 통해 핀둬둬는 타오바오, 티몰, 징동 다음으로 거래액이 큰 전자상거래 플랫폼으로 성장했다.

▲ 핀둬둬 공동구매 과정 흐름도1

핀둬둬에서 제품 상세페이지 조회하면 하단에 두 개의 구매 버튼이 있다. 예를 들어 과일 젤리를 단독 구매单独购买하면 6.9위안인 데 반해, 공동 구매发起拼单하면 5.8위안으로 할인된다. 이 버튼을 클릭한 후, 비용을 지불하고 위챗으로 친구 또는 단톡방에 링크를 공유하여 공동 구매자를 모집하는 메시지를 발송하면 된다.

구매 의향이 있는 사람이 위챗에 공유한 구매 링크를 타고 다시 핀둬둬로 들어가 회원 가입을 한 후 동일 제품을 같이 구매하면, 5.8위안의 할인 가격으로

▲ 핀둬둬 공동구매 과정 흐름도2

과일 젤리를 살 수 있다.

　이처럼 핀둬둬는 소셜 미디어와 공동 구매를 결합함으로써 사람들이 할인가를 받기 위해 주동적으로 위챗 친구를 끌어들이게 했다. 그리고 이러한 마케팅 포인트로 단기간에 수많은 사용자를 확보한 핀둬둬는 중국 4대 전자상거래 플랫폼으로 성장할 수 있었다.

　핀둬둬, 타오바오, 징동의 도시별, 연령대별 사용자 비중을 비교했을 때, 핀둬둬의 1/2선 도시 소비자 점유율이 상대적으로 낮은 반면 3/4선 도시, 특히 4선 및 그 이하 도시에서의 사용자 점유율이 현저히 높은 것을 알 수 있다.

　또한 연령 구성 면에서 세 플랫폼 모두 20~30대가 주력 소비자층이지만, 우리가 깊이 있게 주의해야 할 점은 36세 이상의 소비자층에서 핀둬둬가 13%의 점유율로 가장 높다는 점이다. 이는 위챗의 사용자 연령대 비중과 유사하게 나

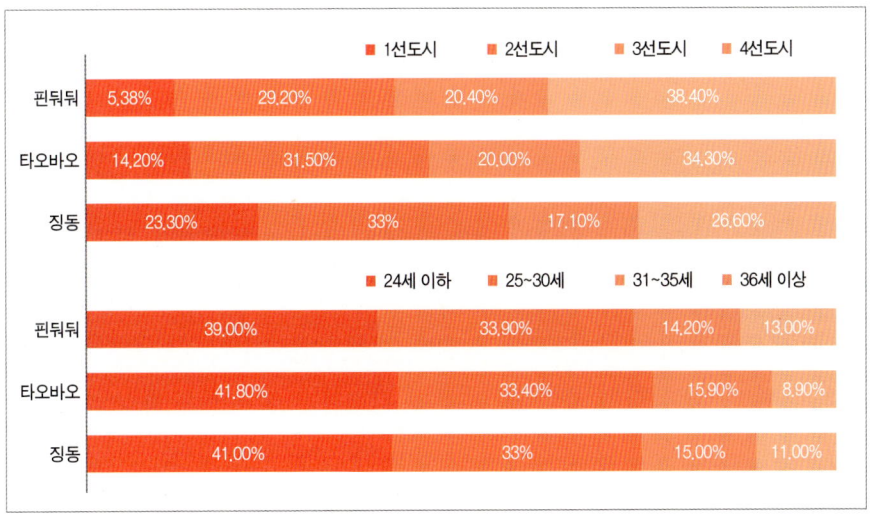
▲ 핀둬둬/타오바오/징동의 도시별 연령대별 사용자 비중(출처: QuestMobile.com.cn)

타나며 위챗을 주요 홍보 루트로 하는 핀둬둬가 위챗 사용자들을 플랫폼으로 끌어모은 것으로 해석할 수 있다.

2019년 4월, 핀둬둬는 글로벌 버전을 론칭하고 전략적으로 해외 직구 시장에 뛰어들어 '3년 안에 1만 개의 글로벌 브랜드를 입점시키겠다'는 계획을 밝혔다. 이는 중국 1/2선 도시 소비시장이 포화상태가 되어가는 전자상거래 환경 속에서 3/4선 도시로의 진입을 고려하고 있는 한국 브랜드들에게 '기회의 장'이 될 수도 있다. 아직은 중저가 상품의 판매 비중이 가장 높은 핀둬둬이지만, 핀둬둬가 전략적으로 론칭한 글로벌 버전의 성장 추이를 계속 지켜보면서 각 기업에 맞는 전략 수립 옵션에 핀둬둬를 넣어두면 좋을 것이다.

왕이카올라 - 젊은 층들의 해외 직구몰

2019년 9월, 알리바바 그룹이 20억 달러의 비용으로 왕이카올라 网易考拉를 인수하였다. 4장의 '중국 시장의 빠른 지각 변동과 온라인 연합 이해하기'에서 알리바바 그룹이 왕이카올라를 인수한 이유와 그 영향에 대해서 간단하게 알아보았다. 비록 알리바바에 인수된 지 불과 몇 달밖에 안 되었지만, 향후 왕이카올라에 가져올 변화와 발전 방향 등을 아래에서 간단하게 짚어보고자 한다.

왕이카올라의 인수를 확정함과 동시에 알리바바 그룹은 공식 웨이보를 통하여 향후 왕이카올라는 타오바오/티몰과 합병하지 않고 계속 독립적으로 운영할 것이라는 입장을 밝혔다. 이로 인하여 해외 직구 시장에서는 티몰 글로벌 및 왕이카올라라는 2개의 알리바바 계열 전자상거래 플랫폼이 공존하게 되고, 중국 직구 시장에서 50% 이상의 시장 점유율을 확보하게 된다.

알리바바가 2개의 서로 다른 직구 플랫폼을 독립해 유지하게 된 원인은 왕이카올라의 사용자 구성을 보면 알 수 있다. 왕이카올라의 경우, 30세 이하의 유저 비중이 60%에 달하고, 특히 '95后'의 비중이 34%를 차지하고 있다. 즉 티몰 글로벌과 비교해 보면 왕이카올라는 '젊은 층들의 해외 직구 플랫폼'이라는 브랜드 이미지를 가지고 있다. 12월에 진행한 왕이카올라의 블랙 프라이데이 프로모션 페이지의 콘셉트를 봐도 젊은 세대를 공략하고자 하는 전략적 의도를 엿볼 수 있다.

또한, 왕이카올라는 충성고객을 늘리기 위하여 블랙카드 考拉黑卡라는 회원 제도를 도입하여 1년에 279위안만 지불하면 특별 할인, 관세 면제, 무료 배송 등 17가지의 프리미엄 서비스를 제공하고 있다. 더욱이, 1년 동안 받은 혜택이 279위안보다 적으면 그 차액을 환급받을 수 있는 보장까지 해 주면서 소비자들의 큰 호응을 얻었다.

향후 알리바바 계열사로서 왕이카올라는 입점 브랜드 및 판매 품목을 확장

▲ 왕이카올라의 블랙 프라이데이 프로모션 페이지 예시 화면

하는 데 더욱 적극적으로 나설 것이다. 또한 2019년 12월에 진행한 사업설명회에서 '10만 셀러와 1000만 상품을 발굴하겠다'라는 계획까지 내세웠다. 향후 왕이카오라는 브랜드 입점 프로세스를 간편화하고 쇼핑몰 운영, 물류 관리 면에서 지원을 더욱더 확장할 것으로 예상된다.

한국 기업들이 중국의 모든 전자상거래 플랫폼에 입점하여 이를 관리하고 운영하는 데에는 수많은 시행착오와 인적/시간적 투입이 필요하다. 따라서, 각 기업의 현황에 맞는 온라인 유통 전략 수립이 필요한데, 티몰, 징동, 샤오홍슈 외에 한국 기업들이 관심 갖고 지켜보아야 할 플랫폼이 왕이카오라인 것이다.

윈지 - 웨이상들의 쇼핑몰

윈지云集는 위챗 등 모바일 메신저로 제품을 홍보하고 판매하는 웨이상微商들에게 상품을 공급하는 특별한 전자상거래 플랫폼이다. 웨이상으로 창업하는 사람들의 가장 큰 고민거리가 바로 상품 발굴 및 재고 관리인데, 윈지는 이런 재고 부담을 없애고 웨이상들에게 상품 링크와 홍보 소재물을 제공해 주는 등 판매자에게 필요한 여러 가지 편리한 서비스를 제공하고 있다. 판매가 성사될 경우, 직접 소비자에게 상품을 배송하고, 정해진 수수료를 웨이상들에게 지불하는 운영 방식이다.

다음 장의 그림과 같이 79.9위안의 가격으로 윈지에서 판매되고 있는 ○○ 브랜드의 마스크팩 상품을 위챗으로 공유하여 판매가 이루어지면 15위안의 수수료를 웨이상에게 지급하게 된다.

또한 윈지의 상세페이지 상단 [제품 리뷰口碑圈]를 클릭하면❶ 브랜드사에서 제공해 준 홍보 소재물을 다운로드하고, 위챗 모멘트로 포스팅❷,❸도 할 수 있어 매우 간편하게 퀄리티 높은 위챗 모멘트 홍보 콘텐츠를 만들 수 있다.

윈지는 2016년부터 해외직구몰을 운영하기 시작하였고, '구매대행' 형식으

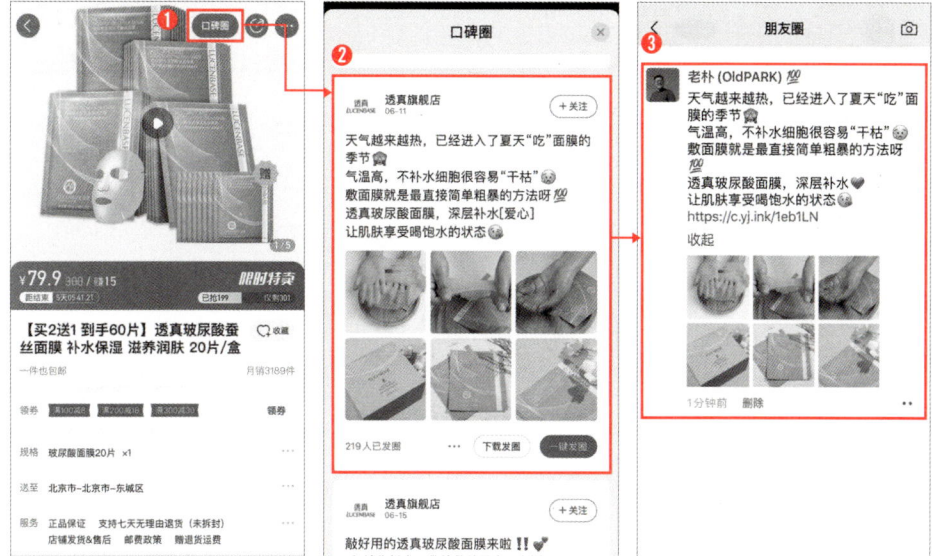

▲ 윈지를 통한 홍보 소재물 다운로드 및 위챗 모멘트 포스팅 예시

로 해외 상품을 판매하는 웨이상들에게 정식적인 통관 프로세스를 거쳐서 제품을 판매할 수 있게끔 전자상거래 시스템을 마련해 주었다. 지금은 한국의 여러 브랜드들도 입점되어 판매를 진행하고 있다.

아직은 한국 기업들에게 여전히 생소한 플랫폼이지만, 중국의 구매대행 유통 방식이 사라지지 않는 한, 윈지는 앞으로도 계속해서 그 영향력을 확대할 확률이 높다. 따라서 윈지에서 판매되고 있는 상품 카테고리와 가격대를 깊이 있게 분석하면서 각 기업들에 맞는 유통 판로이자 하나의 마케팅 창구로 활용하는 전략도 함께 고민해 보길 바란다.

06 놓치면 안 되는 기타 채널 소개

인터넷 사용자 규모와 발전 속도 면에서 매우 빠르게 성장하고 있는 중국은 위에서 소개한 플랫폼 외에도 다양한 온라인 마케팅 채널들이 있다. 이 중에는 빌리빌리와 같이 창업한 지 오랜 기간이 지난 뒤 최근에 들어서야 많은 주목을 받게 된 영상 플랫폼이 있는가 하면, 온라인 선두 기업들이 트렌드에 맞춰 새로 출시한 앱들도 많다. 마케팅 관점에서 향후 한국 기업들이 관심을 가지면 좋을 만한 채널들을 소개하면서, 각 채널의 특장점을 짚어보고자 한다.

빌리빌리 - '95后', '00后'들이 모이는 동영상 플랫폼

2009년에 설립한 빌리빌리는 중국 ACG(Animation, Comic, Game)문화를 이끄는 동영상 커뮤니티 사이트이다. 일본 만화 스트리밍 서비스로부터 시작한 빌리빌리는 현재 게임, 생활, 예능 오락, 드라마(영화) 등 다방면으로 퀄리티 높은 콘텐츠를 송출하고 있고, 유쿠优酷, 텐센트TV腾讯TV, 아이치이爱奇艺 다음으로 영향력이 큰 영상 플랫폼으로서 2018년에 미국 나스닥까지 상장했다.

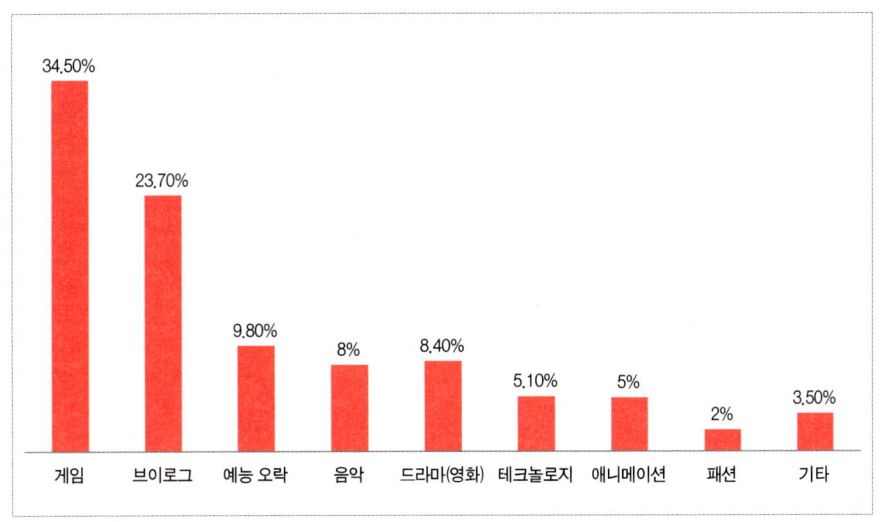

▲ 빌리빌리 각 영상 콘텐츠 카테고리별 비중(출처: 2019년 상반기 빌리빌리 운영보고)

　빌리빌리의 영상 콘텐츠 구성을 살펴보면, 게임 및 브이로그VLOG가 전체 50% 이상을 점유하고 있다. 게임 영상뿐만 아니라 메이크업, 맛집 탐방, 애완동물 등 생활 브이로그 영상도 점유율이 높다. 한마디로 요약하면 빌리빌리는 재미있고 오락성이 강한 영상 콘텐츠가 주도하고 있는 영상 플랫폼이라고 할 수 있다.

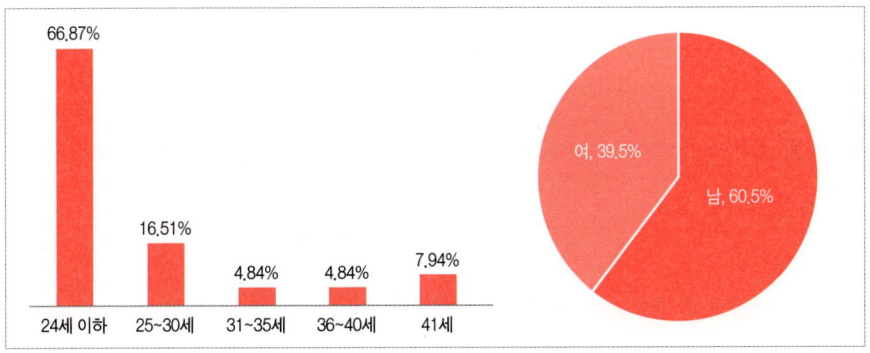

▲ 빌리빌리의 사용자 연령대 및 성별 구성(출처: 2019년 상반기 빌리빌리 운영보고)

빌리빌리의 사용자 비중을 분석해 보면, 24세 이하의 사용자, 특히 '95后', '00后' 등 젊은 사용자들의 비중이 매우 높다는 것을 알 수 있다. 그중 남성 유저가 60% 이상을 차지한다.

이와 같은 플랫폼의 특성을 감안하여 게임, 디지털 기기, IT서비스, 스포츠 등의 업종에 속해 있는 한국 기업의 경우, 중국 온라인 홍보 채널을 고려할 때 전략적으로 빌리빌리를 고려할 필요가 있다. 특히 '95后', '00后' 등 향후 중국 소비시장의 주력 세대로 성장할 계층을 미리 타기팅할 필요가 있는 뷰티, 패션 업종들도 빌리빌리에 관심을 가질 필요가 있겠다.

뤼저우 - 웨이보의 '야망'

2019년 9월에 론칭한 뤼저우绿洲는 웨이보가 샤오홍슈에 대응하기 위해 출시한 모바일 전용 SNS다. 뤼저우 론칭 직후, 중국 애플스토어에서 앱 다운로드 순위 차트 1위에 올라서는 등 단숨에 중국인들의 시선을 사로잡았다.

최근 몇 년간의 추세를 살펴보면, 샤오홍슈, 도우인 등 다른 SNS 플랫폼이 급부상하면서 웨이보에서 활동했던 연예인과 왕홍들이 다른 플랫폼으로 유실되고 있었다. 이러한 이탈 및 사용자 이용률 하락을 막기 위해, 웨이보가 샤오홍슈와 유사한 서비스를 론칭한 것으로 볼 수 있다.

뤼저우 서비스가 출시된 지 얼마 안 되었기 때문에 2020년 4월 기준, 아직 베타 버전이고 여러 가지 버그도 많아 사용하기에 다소 불편할 수 있다. 또한, 기존 회원이 초청해야 회원 가입이 가능하기 때문에 아직은 가입 방식도 번거로운 편이다.

뤼저우가 아직 테스트 단계에 있음에도, 웨이보에서 등륜邓伦, 우이판吴亦凡 등 TOP급 연예인들을 섭외해 대대적으로 팝업 광고를 집행하면서 뤼저우로의 트래픽 유입을 유도하고 있다. 또한 새로운 연예인이 뤼저우 계정을 오픈하면

▲ 뤼저우 앱 화면

CHAPTER 4 플랫폼 트렌드 _ 183

▲ 뤼저우에서 연예인을 활용한 팝업창 광고 사례

바이두 실시간 검색어에 올라올 정도로 바이럴 마케팅에도 공격적인 홍보에 나서고 있다.

또한 연예인 팬덤 효과를 이용하여 웨이보의 트래픽을 뤼저우라는 앱에 이동시키고, '웨이보판 샤오홍슈'를 통해 그들만의 SNS 생태계를 구축하고자 하고 있다. 이미 중국의 발빠른 MCN 기업들은 소속 왕홍들을 뤼저우에 입점시켜 홍보 활동을 시작하였다. 뤼저우는 중국 로컬 마케팅 업계에서도 높은 관심도를 가지고 있는 플랫폼인 만큼, 지금이라도 앱을 다운로드하고 웨이보에서 뤼저우 공식 계정을 팔로우하여 변화 추이를 유심히 지켜보자. 중국에서 떠오르는 모든 SNS를 운영할 수는 없겠지만, 최소한 중국 사용자들이 환호하는 플랫폼들을 학습해야 올바른 중국 마케팅 전략 수립도 가능할 것이다.

닝멍아이메이 - 바이두가 만든 성형 앱

닝멍아이메이 柠檬爱美는 바이두가 2018년에 시작한 성형 전문 앱으로, 1년간의 테스트와 버전 업데이트를 거쳐 현재 다수의 중국 현지 성형외과와 치과 병원들이 입점되어 있다. 아직 한국 성형외과의 입점이 많지는 않지만, 중국에서도 빠르게 성장하고 있는 앱인 만큼, 앞으로 한국 성형외과의 입점도 계속 늘어날 것으로 보인다.

현재 바이두 모바일에서 성형 관련 키워드를 검색할 때, 자연 검색 영역에 닝멍아이메이 콘텐츠들의 상위 노출이 늘어나고 있다. 심지어 '턱 성형' 등과 같은 성형 키워드를 검색하면 닝멍아이메이에 입점한 각 병원들이 바이두 첫 페이지에 노출되고 있다. 마음에 드는 병원을 클릭하면 수술 비용, 원장 소개 및 상담 예약까지 가능한 페이지로 넘어간다. 이처럼 바이두 검색 트래픽의 적극적인 지원을 받는 것으로 볼 때, 바이두에서도 닝멍아이메이에 대한 기대감이 상당히 크다는 것을 알 수 있다.

▲ 닝멍아이메이의 바이두 노출 화면 및 사용자 동선 흐름도

바이두에서 닝멍아이메이를 론칭하기 전에 중국 성형의료 시장에서는 2013년에 설립한 신양新氧, 그리고 신양과 비슷한 시기에 론칭한 껑메이更美 두 개의 성형의료 중개 플랫폼이 오랫동안 시장 점유율 1, 2위를 이루고 있었다. 바이두가 이렇게 뒤늦게 뛰어든 원인은 무엇이고, 전략적인 의도는 무엇인지에 대해 간단하게 분석해 보자.

2016년 중국에서 바이두 의료 검색 광고를 보고 ○○병원을 찾아갔던 네티즌이 해당 병원에서 수술을 받고 의료사고로 사망한 적이 있었다. 이후, 의료 광고에 대한 중국 정부의 검열이 강해지면서 바이두 역시 의료기관에 대한 광고 심사가 전례 없이 엄격해질 수밖에 없었다. 검색 광고 노출 영역도 PC 5개와 모바일 3개로 줄어들어, 광고 수익에 큰 타격을 받게 되었다. 게다가 의료 영역뿐만 아니라 다른 검색 매체의 성장으로 최근 몇 년간 바이두의 광고 수익이 정체되고 있었다.

이러한 환경을 타파하기 위해 바이두는 닝멍아이메이를 출시하여 광고 수요가 가장 빠르게 성장하고 있는 성형외과 병원들을 우선 입점시켰다. 이로써 다양한 광고 상품의 판매뿐만 아니라 성형 상담, 병원 예약, 구매 결제 등 모든 의료 서비스를 바이두만의 생태계로 만들어 상업 수익의 최대화를 꾀하고 있다.

의료기관에 대한 광고 심사 강화로 사실상 바이두에서 어떠한 광고도 집행할 수 없게 된 해외 성형외과 병원들도 닝멍아이메이로의 입점을 통해 우회적인 방식의 홍보 활동을 진행할 수 있게 되었다. 닝멍아이메이는 바이두의 해외 사업 매출을 늘리는 데에도 적지 않은 도움이 될 것이다.

이러한 이유로 바이두는 앞으로도 닝멍아이메이에 대한 투자를 계속 늘릴 것으로 보인다. 성형외과를 포함한 의료 업계에 있는 한국 분들은 닝멍아이메이에 지속적으로 관심을 갖고 성장 추이를 지켜봐야 할 것이다.

CHAPTER 5

Case Study

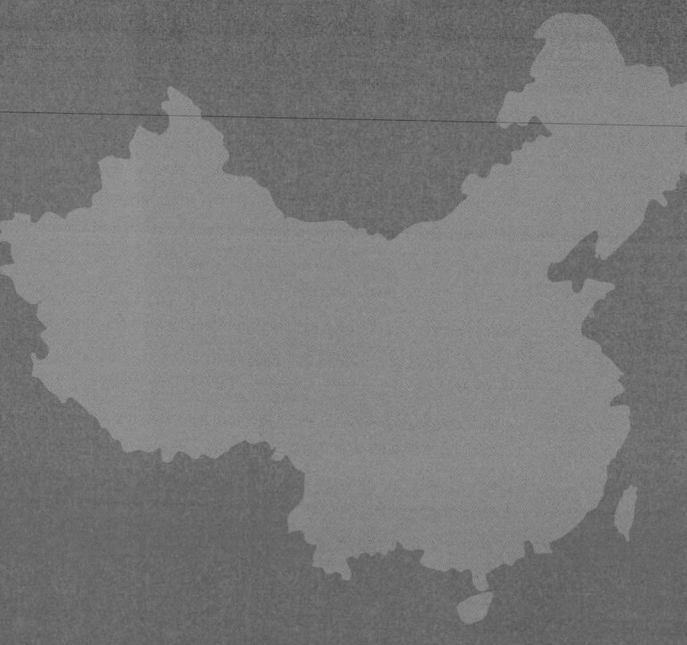

CHINA DIGITAL MARKETING
TREND 2020

01 중국 뷰티 업종의 라이징 스타, 퍼펙트 다이어리

퍼펙트 다이어리完美日记는 2016년 8월에 설립된 중국의 뷰티 브랜드이다. 온라인 마케팅과 온라인 유통만으로 설립한 지 3년도 되지 않아 중국을 대표하는 중국 로컬 브랜드의 리더로 성장하였다. 퍼펙트 다이어리는 "무한한 아름다움"이란 브랜드 콘셉트로 95后의 주 활동 무대인 온라인에서 효율적인 마케팅 커뮤니케이션과 소셜 커머스 전략을 집행하면서 단기간에 급성장을 이룰 수 있었다.

2017년 7월	티몰 입점하여 본격적으로 판매 시작
2018년 5월	1억 달러의 브랜드 가치 달성
2019년 9월	10억 달러의 브랜드 가치 달성
2019년 11월	티몰 색조화장품 분야에서 판매 1위 달성

퍼펙트 다이어리는 소셜 미디어와 인터넷을 통해 제품 정보를 얻는 95后 소비자의 요구를 이해하고, 더 좋고 고급스러운 메이크업 제품을 개발하기 위해 소셜 미디어에 대한 정보를 수집하는 데 중점을 두면서 성장해 왔다. 지금부터

퍼펙트 다이어리의 성공 비결을 자세하게 살펴보자.

샤오홍슈를 메인 플랫폼으로!

퍼펙트 다이어리는 감각적인 디자인을 살린 브랜드 가치, 그리고 가성비와 가심비 마케팅을 통해 젊은 여성 소비자로부터 커다란 호응과 환영을 받을 수 있

▲ 퍼펙트 다이어리의 샤오홍슈 콘텐츠

었는데, 그 중심에는 효율적으로 잘 활용된 샤오홍슈 마케팅이 있었다.

샤오홍슈의 가장 인기 있는 기능은 쇼핑 정보 공유 커뮤니티이다. 사용자가 특정 제품을 사용하여 경험을 생성한 후, 그 경험을 후기를 통해 공유한다. 퍼펙트 다이어리는 이러한 특성을 살려 마케팅의 주요 플랫폼으로 샤오홍슈를 설정하였고, 이를 통해 브랜드와 고객 간의 관계를 완벽히 구현하였다.

샤오홍슈에서 퍼펙트 다이어리를 검색하면, 제품 컷, 제품별 비교 분석, 스틸 컷, 모델 컷, 일반인 컷, Before/After 콘텐츠 등 다양한 스타일의 콘텐츠가 노출된다. 이는 퍼펙트 다이어리를 검색하는 잠재 소비자에게 신뢰도를 줄 수 있는 가장 효과적인 마케팅 중 하나이다.

◀ 샤오홍슈에서 노출되고 있는 퍼펙트 다이어리의 콘텐츠 및 상품 수

샤오홍슈에서 노출되고 있는 퍼펙트 다이어리의 콘텐츠 수는 15만 건에 달하며, 판매되고 있는 상품 SKU도 543개에 이른다. 보통 국내 유명 뷰티 브랜드의 샤오홍슈 콘텐츠 수가 2~3만 건임을 감안하면, 퍼펙트 다이어리가 샤오홍슈 마케팅을 얼마나 중요시하고 있고, 얼마나 많은 소비자들의 콘텐츠가 자발적으로 확산되고 있는지 가늠해 볼 수 있다.

또한, 퍼펙트 다이어리는 샤오홍슈 왕홍 마케팅도 매우 스마트하게 진행하고 있다. 먼저 각 왕홍을 연예인, TOP급 왕홍, 중소형 왕홍, 일반인과 같은 네 가지의 레벨로 나누어 콘텐츠 확산을 할당하였다. 퍼펙트 다이어리는 주로 인기 있는 유명 연예인의 추천을 받아 소비자의 관심과 토론을 먼저 유도한 다음, TOP급 왕홍과 중소형 왕홍을 통해 고퀄리티의 콘텐츠를 확산하고 소비자의 구매를 유도하는 방식으로 진행한다. 그리고 다른 온라인 매체에서 공격적인 배너 광고를 통해 신제품 출시를 전방위적으로 알린 뒤, 일정 시점이 지나면 신제품을 구매한 일반인 소비자의 구매 및 사용 후기가 2차 바이럴 확산되어 샤오홍슈 콘텐츠가 자발적으로 늘어나는 방식을 취하고 있다.

퍼펙트 다이어리는 콘텐츠 제작 능력과 성장 가능성이 높은 중소형 왕홍과의 협력을 강화함으로써, 협업 왕홍의 인기를 높이는 동시에 퍼펙트 다이어리의 마케팅 비용 절감도 시도하고 있다.

◀ 퍼펙트 다이어리의 샤오홍슈 공식 계정(팔로워: 176.2만 명)

이러한 마케팅 결과, 2020년 1월 기준 이미 퍼펙트 다이어리의 샤오홍슈 계정 팔로워는 176.2만 명이며, 인터랙션이 매우 강한 샤오홍슈의 특성상, 앞으로도 퍼펙트 다이어리의 마케팅 영향력은 더욱 커질 것으로 보인다.

지금까지 퍼펙트 다이어리의 주요 마케팅 채널로 샤오홍슈를 설명하였지만, 퍼펙트 다이어리는 그 외에도 웨이보, 빌리빌리, 도우인 채널에서도 활발하게 마케팅을 진행하고 있다. 각 채널의 공식 계정을 팔로우하고 그들의 마케팅 활동을 유심히 관찰하며 중국 로컬 기업의 마케팅 사례를 분석해 보는 것도 도움이 될 것이다.

모델 전략은 다다익선이다?

중국의 뷰티 브랜드는 물론이고, 중국에 진출한 글로벌 뷰티 브랜드들은 모두 멀티 모델 전략을 사용하고 있다. ATL 광고를 메인으로 집행하던 시대에는 잘 만들어진 CF 한 편을 불특정 다수에게 집중적으로 노출하고 브랜드가 일방향으로 소비자를 교육시키는 형태였으나, 현재의 모델 전략은 그 맥락이 완전히 달라 멀티 모델이 기본 형태가 되어 있다.

특히 중국의 뷰티 영역은 온라인 유통이 중심이 되면서 모델은 다양한 팬덤과 연령층, 이슈 거리를 흡수하는 가장 효율적인 툴로 쓰이고 있다.

퍼펙트 다이어리는 온라인에서 멀티 모델 전략을 활용한 이슈 거리와 이벤트 만들기, 팬덤 흡수에 매우 능숙한 모습을 보이고 있다.

▲ 퍼펙트 다이어리의 공식 모델들

예컨대 뷰티에 관심도가 높은 고객들에게 어필할 수 있는 뷰티 왕홍을 모델로 쓰고, 20대의 팬덤을 가지고 있을 만한 아이돌 스타와 여자들이 닮고 싶어 하는 '워너비'의 여성 스타들을 동시다발적으로 모델로 활용하고 있다. 이 외에도 뷰티 애호가이자 스타 예술가인 린윤Lin yun을 통해 방수 슬림 마스카라 출시를 홍보하는 등 제품 콘셉트별로 다양한 셀럽 및 연예인을 통해 신제품 홍보를 하고 있다.

▲ 바이두에서 "퍼펙트 다이어리 모델"로 이미지를 검색한 결과

기본적으로 중국에서 모델 계약을 하면 PR기사는 물론이고, 모델 계약 성사 후 브랜드의 SNS 계정에서 모델 콘텐츠를 활용하게 되면 해당 연예인이나 왕홍의 팬덤들이 해시태그를 통해 대량 유입된다. 아이돌의 팬덤인 경우 구매까지 바로 이어지는 경우도 많다. 이런 식으로 팬덤을 브랜드의 고객으로 흡수하는 전략을 쓰다 보니 중국에서는 모델 계약은 다다익선인 것이 사실이다.

중국 뷰티 브랜드의 멀티 모델 전략

한국 브랜드들의 경우 보통 연간 한 명의 연예인과 모델 계약을 하며, 뷰티 영역에서는 특히 여성 배우를 중심으로 계약 체결을 한다. 그러나 중국 온라인 마케팅에 이런 방식을 활용하기엔 매우 한계가 있다. 설화수나 닥터자르트 등 중국 온라인 마케팅에 익숙해진 한국 브랜드들은 이미 멀티 모델 전략을 쓰고 있고, 남성 아이돌을 모델로 하는 형태에 매우 익숙하지만 중국 마케팅이 아직 생소한 브랜드들의 경우 이런 제안에 멈칫하고 두려워할 때가 많다.

중국에서 연예인을 이렇게 다각도로 쓰는 이유는 단발성 계약, 특정 채널, 특정 브랜드가 아닌 특정 '상품'에 대한 모델 계약이 활성화되고 있기 때문이기도 하다. 예를 들어, 2019년을 뜨겁게 달군 남자 배우 A는 기초 화장품은 랑콤과, 마스크팩은 한국 브랜드와, 색조 화장품은 P사와 계약했다. 랑콤을 비롯하여 한국 브랜드와 P사 모두 배우 A와 모델 계약을 했다는 기사를 언론에 냈고, SNS에서의 적극적인 홍보를 통해 배우 A의 팬덤을 흡수하려는 다양한 노력을 기울였다.

온/오프라인을 넘나드는 퍼펙트 다이어리!

퍼펙트 다이어리는 사회 초년생인 95后를 주요 타깃으로 하기 때문에, 브랜드 설립 이후 온라인 채널 및 전자상거래 채널에서의 마케팅으로 빠르게 성장해 왔다. 최근에는 이에 더해 북경과 상해 등에 팝업 스토어를 오픈하여 고객의 체험 또한 중시하는 운영을 하고 있다.

매장에서 모든 종류의 인기 제품을 체험할 수 있도록 하고 소비자에게 더 나은 경험을 제공하기 위해 여러 메이크업 아티스트를 초청하는 행사를 진행한다. 그리고 이러한 활동들은 퍼펙트 다이어리에 대한 소비자들의 브랜드 로열티를 더욱 높여주고 있다.

▲ 퍼펙트 다이어리 팝업 스토어(출처: 바이두)

　퍼펙트 다이어리는 뷰티 업종의 특성상 소비자의 빠른 유행 패턴에 맞추기 위해, 한 달에 5~6개 이상의 신제품을 출시하고 있다. 상품 종류만 하더라도 700개가 넘는다. 그리고 신제품을 출시할 때도 유명한 모델과 뷰티/패션 왕홍을 초청하는 등 다양한 행사를 통해 온/오프라인을 넘나들면서 그 영향력을 확대해 나가고 있다.

콜라보 마케팅

국내에서도 여러 기업이 다양한 콜라보 마케팅을 통해 마케팅 효과를 극대화 하듯이, 퍼펙트 다이어리도 중국에서 디스커버리, 내셔널 지오그래픽 등 다양한 브랜드와의 콜라보 마케팅을 통해 퍼펙트 다이어리의 인지도를 끌어 올리는 동시에, 파트너 브랜드의 충성 고객까지 흡수하면서 브랜드 영향력을 키우고 있다.

▲ 퍼펙트 다이어리와 디스커버리 콜라보 마케팅 사례

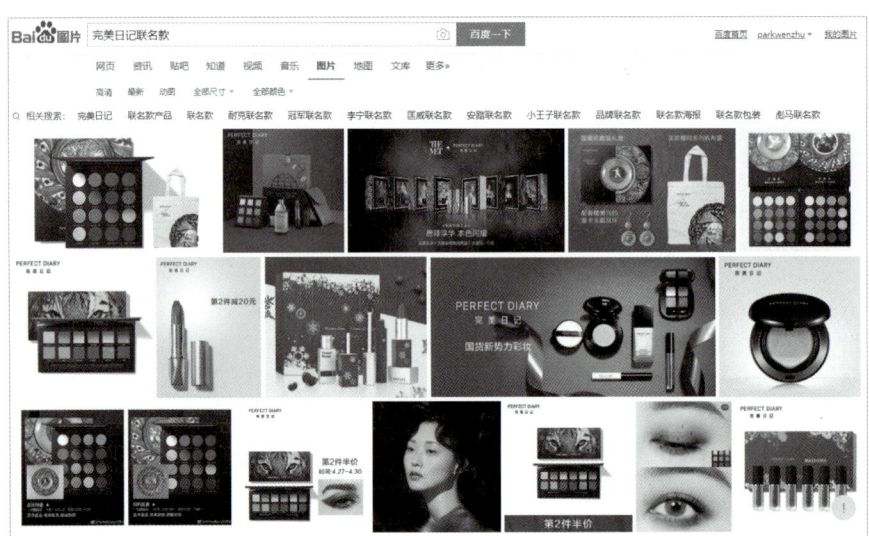
▲ 바이두에서의 "퍼펙트 다이어리 콜라보 마케팅" 검색 결과

중국인들은 기본적으로 콜라보 마케팅을 통한 한정판 세트 제품에 대한 수요도 매우 큰 편이다. LG생활건강의 "WHOO"는 국내 유명 예술인과의 콜라보를 통해 10개 한정판 고가 제품을 중국에 출시하여 큰 호응을 얻은 적이 있다. 한국 기업이 단독으로 유명한 중국 기업과의 콜라보 마케팅을 진행하기에는 여러 가지 제약이 있겠지만, 반대로 중국에서 많이 알려진 예술, 캐릭터, 패션 분야의 한국 기업과 콜라보를 통해 마케팅 효과를 극대화하는 방법은 우리도 고민할 수 있지 않을까?

지금까지 퍼펙트 다이어리의 온라인 마케팅 사례를 알아보았지만, 퍼펙트 다이어리의 마케팅이 아무리 훌륭하더라도 브랜드와 제품 자체의 경쟁력이 없었다면 지금의 퍼펙트 다이어리는 없었을 것이다. 다시 말해, 퍼펙트 다이어리는 그들만의 브랜드 스토리를 가지고 있고 사용하기 쉬우면서 고품질의 잘 디자인된 패션 메이크업 제품이라는 비즈니스 철학을 확고히 갖고 있다. 이는 중국에 진출하는 한국 기업들이 반드시 짚어 보아야 할 핵심 포인트이다. 과연 확고한 비즈니스 철학과 경쟁력을 가지고 중국 시장에 들어갈 준비를 하고 있는지 말이다. 만일 그렇다면, 지금 당장 성장 속도가 다소 느리더라도 가까운 미래에 당신의 브랜드를 알아보는 중국 소비자들이 많아질 것이라 확신한다.

02 오프라인 기반의 HEY TEA 성공 스토리

2019년, 차 브랜드인 희차HEY TEA가 텐센트와 세쿼이아 캐피털이 주도하는 90억 위안의 새로운 자금 투자 유치 및 조달을 완료하였다. 이는 중국에서 새로운 차 회사가 공개적으로 얻은 가장 높은 평가 가치로 기록되었다. 2012년, 광동성 장먼에 있는 골목에서 시작한 희차가 90억 위안의 회사 가치를 받을 수 있었던 이유는 무엇일까?

▲ 희차 홈페이지

오프라인에 기반을 두고 있는 희차가 온라인에서 어떻게 마케팅과 유통 전략을 가지고 성장해 왔는지 마케팅 관점에서 알아보고자 한다.

브랜드의 본질을 지킨다

희차는 브랜드의 정의를 음료 판매에 두지 않는다. 브랜드 문화, 제품 개발 또는 비용 구조와 상관없이 모든 브랜드의 본질은 '차'를 기본으로 한다. 차를 핵심으로 두고 진정한 차 맛을 소비자에게 전달하기 위해 차의 품종을 선택한다. 심지어 상품 네이밍으로도 차를 강조하고 있다. 희차는 차에 과일과 치즈를 첨가하여 여러 가지의 주요 음료 시리즈를 보유하고 있지만, 치즈 티든, 계절 과일 음료든 가장 중요한 것은 기본적으로 차인 것이다. 이러한 브랜드 전략은 젊은 소비자들이 차를 음료로서 빠르게 받아들이도록 했다.

희차는 젊은 소비자층을 충성 고객으로 만들기 위해 브랜드 가치와 본질에 맞는 상품을 개발할 뿐만 아니라, 새롭고 감각적인 패키징을 시도한다. 건강을 테마로 다양한 아이디어와 요소들을 희차라는 브랜드에 넣어, 소비자가 정서적으로 브랜드와 공감하고, 좋아하는 '제품'에서 좋아하는 '브랜드'로 전환할 수 있도록 큰 노력을 기울였다.

다음에서 소개할 희차의 온라인 마케팅 전략도 희차 성공의 한 측면이지만 그보다 더 주목해야 하는 사실은 희차는 이미 브랜드의 핵심 경쟁력을 갖춘 상태에서 온라인 마케팅을 통해 영향력을 확산했다는 것이다.

특히 중국 시장에 진입하는 한국의 뷰티나 패션 기업의 경우, 중국에서 빠르게 변하는 유행과 그에 따른 상품 개발과 단기적인 매출 성장에만 치우치는 경우가 많다. 물론 희차 사례가 모든 기업에 모범 답안이 될 순 없을 것이다. 하지만 한국 기업들도 희차처럼 일관된 브랜드 전략을 수립하고 고유의 브랜드 본질을 지키면서 중국 시장을 공략한다면, 지금보다 중국에서 성공하는 한국 기업도 더 많아지지 않을까?

온라인 기업보다 온라인 마케팅을 더 잘 하는 오프라인 기업, 희차

희차는 오프라인에 기반을 두고 있으며, 주요 고객층은 20~30세의 사무직 근로자, 특히 20~25세의 젊은 사무직 근로자다. 하지만 각종 온/오프라인의 이슈 메이킹을 통해, 중국에서도 온라인 기업보다 마케팅을 잘한다고 인정받고 있다.

심지어 희차 홈페이지의 메인 화면에서는 웨이보와 위챗, 인스타그램의 공식 계정으로 연결되는 QR코드를 소개하고 있다. 이는 희차가 소비자와의 소통력을 높이기 위해 SNS 마케팅을 얼마나 중요하게 생각하고 있는지 보여주는 단면이라고 할 수 있다.

희차는 의도적으로 온라인에서 이슈화될 만한 포토존과 팝업 스토어로 오프라인 고객이 SNS를 통해 자발적인 바이럴 확산이 이루어지게끔 기획한다. 또

▲ 희차 홈페이지의 메인 화면에서 소개되고 있는 SNS 공식 계정

한 상하이 매장 내에 줄을 서서 먹는 모습을 언론 보도 및 SNS를 통해 대대적으로 홍보함으로써, 다른 도시의 소비자들까지 희차의 맛에 대해 궁금증을 유발하는 바이럴 마케팅을 진행하기도 한다.

▲ 희차의 온/오프라인을 결합한 이슈 메이킹

2017년 1월 1일에는 심천항공의 개항에 맞춰, 새해 첫날부터 무사히 항공 스케줄을 마무리하고 비행기에서 내린 승무원들을 응원하는 이벤트를 진행하였다. 희차가 기획하여 준비한 선물과 따뜻한 차 한 잔을 심천항공 승무원들에게 제공함으로써, 당시 현장에 있던 모든 사람들의 마음을 훈훈하게 하였다. 또한, 각종 SNS를 통해 이벤트 준비 과정과 인증샷을 의도적으로 유포하면서, 브랜드 이미지를 한 층 업그레이드할 수 있었다.

▲ 바이럴 마케팅에 활용한 희차의 매장 이미지

◀ 중국 SNS에 올라온 희차의 심천항공 개항 축하 프로모션

희차는 이렇듯 소셜 미디어에서 매우 활발한 활동을 하고 있다. 상점에서 많은 소비자들이 밀크티를 받을 때 가장 먼저 하는 일은 사진을 찍어 친구나 지인에게 SNS를 보내는 것이다. 브랜드 호감도를 올린 희차는 단순하게 '마시는 음료 브랜드'라는 의미를 넘어 소비자와의 친근함에 더욱 신경을 쓰면서 이런 현상들을 자연스럽게 만들고 있다. 고객들이 SNS에서 재생산하는 콘텐츠는 2차, 3차 바이럴이 되며 희차를 트렌디하게 만들어 준다. 사실, 이러한 현상은 다른 로컬 브랜드와도 비교하기 어려울 정도로 희차에서는 보편화되어 있다.

또한 희차는 2012년 브랜드를 론칭하면서 희차를 대표하는 캐릭터를 내세웠고, 지금은 이 캐릭터가 SNS에서 왕홍 급의 인기를 갖고 있다. 아래 그림과 같이, 지금도 희차는 SNS에서 이모티콘 시리즈를 통해 더욱 친근한 브랜드로 기억시키기 위해 큰 노력을 기울이고 있다.

▲ 희차 캐릭터(좌)와 짝퉁 캐릭터 시리즈(우)

또한 희차는 콜라보 마케팅에도 매우 열정적이며, 개방적이다. 희차의 협력 대상은 애니메이션, 잡지, 웹 사이트에서 빠르게 변화하는 패션, 화장품 등 소비재 브랜드에 이르기까지 광범위한 범위에 걸쳐 있으며, 끊임없는 창의력을 발휘하면서 공격적으로 콜라보 마케팅을 진행하고 있다. 또한 희차는 분야가 완전히 다른 기업들과의 콜라보를 통해 이슈 거리를 생성함은 물론이고, 상대 기업의 충성 고객들에게 자신을 효율적으로 노출하고 있다. 이러한 희차의 콜라보 마케팅은 콜라보를 할 때마다 기발하고 귀여운 아이디어와 디자인으로 많은 소비자들의 사랑과 환영을 받으며 희차의 콜라보 마케팅 마니아들을 통해 자발적으로 이슈화되고 있다.

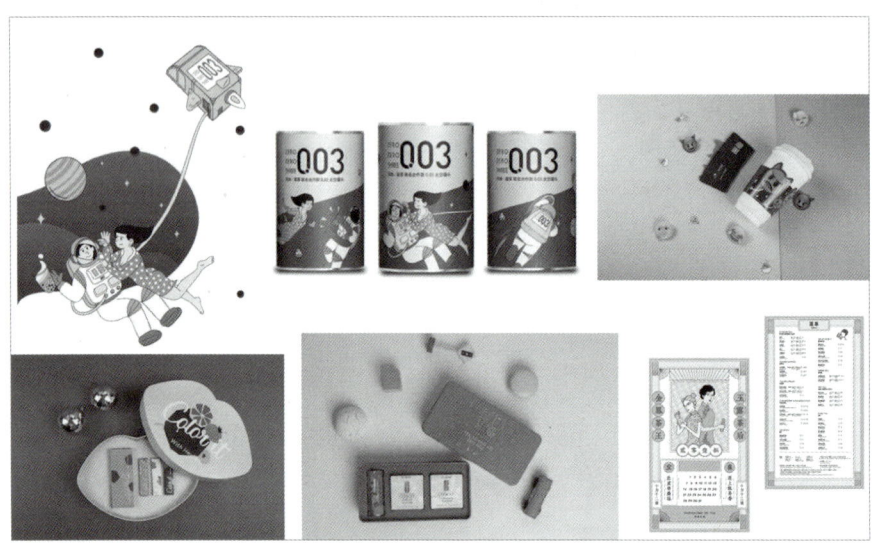

▲ 희차 콜라보 마케팅 사례

이렇게 온라인 마케팅에 적극적인 오프라인 기업 희차는 스스로를 '온/오프 브랜드'라고 정의한다.

부록

중국 마케팅을 위한 행정 절차 Q&A

CHINA DIGITAL MARKETING
TREND 2020

01 중국 법인, 꼭 있어야 하나요?

"중국 법인, 꼭 있어야 하나요?"

중국 온라인 마케팅 업종에 있다 보니, 가장 자주 받는 질문 중 하나이다. 실제로 중국 사업을 시작하기 전에 누구나 한 번쯤 생각해 볼 수 있는 질문인데, 중국 온라인 마케팅 관점에서 약간의 설명을 드리고자 한다.

바이두, 웨이보, 위챗, 샤오홍슈 등 중국 온라인 플랫폼에서 광고를 집행하기 위해서는 가장 먼저 공식 기업 계정을 개설해야 한다. 위에서 언급한 중국의 주요 플랫폼들은 한국지사 또는 공식 대행사가 있어서 한국 법인으로도 쉽게 기업 계정을 오픈할 수 있다. 중국 법인으로 진행할 때와 차이점이 있다면, 추가 서류가 필요하고 플랫폼별로 비용 면에서 다소 차이가 있는 정도이다.

그다음으로 이커머스 채널이 있는데, 개인 타오바오 쇼핑몰은 한국인 명의로 알리페이를 개설하여 개인 타오바오를 오픈할 수 있고, 티몰 글로벌이나 징동 글로벌 등 역직구 채널에는 한국 법인 명의로 입점 가능하다.

이처럼 온라인 홍보 채널을 구축하고, 이커머스 채널에 입점해서 판매하기까지는 중국 법인이 없어도 가능하다. 다만, 향후 중국 오프라인 매장에 입점하거나, 내륙 티몰 tmall.com에서 판매하기 위해선 반드시 중국 법인 명의가 필요하고, 업종에 따라 각종 인허가증도 준비되어야 한다.

즉, 중국 법인 없이도 중국 온라인상에서의 마케팅이나 판매 활동은 가능하지만 해외 법인으로서의 한계가 있을 수 있다는 점을 기억하면서, 사전에 중국 진출의 목적과 각 기업의 배경을 감안하여 전략을 수립해야 할 것이다.

02 중국 상표등록증은 필수인가요?

중국 법인의 필요성 다음으로 자주 듣는 질문 중 하나가 바로 "중국 상표등록증은 필수인가요?"라는 질문이다. 중국 상표 등록을 번거롭게 느낄 수도 있겠지만, 웬만하면 권하고 싶다. 왜냐하면 상표등록증은 웨이보, 위챗 등 공식 SNS 계정이나 티몰, 징동, 샤오홍슈 등 이커머스 채널에 입점할 때 필수로 제출해야 하는 서류이고, 중국 상표등록증이 없을 경우, 플랫폼 내에서의 광고 활동에도 제약이 있기 때문이다.

중국 상표등록증은 외국인, 해외 기업 명의로도 신청이 가능하다. 일반적으로 상표 등록 신청부터 등록증을 받기까지 1년 6개월에서 2년의 기간이 걸리기 때문에 미리 준비해 놓는 것이 좋다.

중국 내 상표 등록 현황을 조회할 수 있는 두 개의 방법을 알려드리고자 한다. 이 방법을 활용하면 중국에서 등록하고자 하는 브랜드의 중국명을 상표로 등록 가능한지에 관해서도 확인해 볼 수 있다.

중국상표관리국

중국상표관리국 사이트 http://wsjs.saic.gov.cn 에 들어가서 조회하는 방법이다. 해외 IP 또는 잦은 업데이트로 인하여 접속이 원활하지 못한 경우가 종종 있으므로 다음에 소개하는 상표 거래 사이트를 더 추천한다.

상표 거래 사이트 权大师

췬다스权大师는 중국 최대 온라인 상표 거래 사이트이다. 췬다스 사이트 https://www.quandashi.com에 접속하여 검색창에 조회하고 싶은 브랜드명을 입력한 뒤, 검색 버튼을 누르면 된다.

예를 들어, 검색창에 ABC라는 브랜드명으로 검색해 보자. 검색 결과 페이지 상단 선택 항목을 통해, '상표 분류申请类别', '등록 상태法律状态', '신청 연도申请年份' 등의 조건으로 검색 결과의 필터링이 가능하다. 그다음 하단에서 ABC의 상표 등록 정보를 확인하면 된다.

브랜드명의 네이밍도 중요하지만, 정성 들여 정한 브랜드명이 중국에서 법적으로 보호받을 수 없다면, 이 또한 무용지물이 될 것이다. 따라서, 중국 시장에서 사용할 브랜드명을 정할 때 상표등록 가능 여부를 미리 점검해 보는 것도 도움이 될 것이다.

▲ '权大师权大师에 ABC를 검색한 결과

03 중국의 각종 인허가증 안내 가이드

인허가증의 발급은 개인이 진행하기에는 많은 어려움과 한계가 있기 때문에, 로컬 또는 한국에 있는 인허가 등록 대행업체를 통해 준비하는 경우가 많다. 중국에 진출하고자 하는 한국 기업의 업종에 따라 필요한 인허가증은 천차만별이다. 가장 보편적으로 문의가 잦은 업종 위주로 중국 내에서의 유통 판매 및 마케팅 활동에 필요한 몇 가지 인허가증을 간단하게 소개해 보고자 한다.

화장품 위생허가

만약 당신이 뷰티/화장품 업종에 속해 있다면, 중국 시장에 진입할 때 역직구 채널을 제외한 중국 온/오프라인에서의 유통, 그리고 마케팅 홍보 활동에 반드시 화장품 위생허가증进口化妆品备案이 필요하다. 화장품을 수입하는 중국지사 또는 중국 대리상의 법인 명의로 신청 가능하다.

- 신청 소요 기간: 일반 화장품 4~6개월/기능성 화장품 10~12개월
- 허가증 유효기간: 4년
- 주관 기관: 중국식약청(http://samr.cfda.gov.cn)

식품유통허가증

식품유통허가증食品流通许可证은 최근 중국에서도 가파르게 성장하고 있는 건강식품을 포함한, 식품류의 중국 현지 온/오프라인 유통 판매 활동에 반드시 필요한 허가증이다. 아무래도 신체에 직접적으로 섭취되는 품목이기 때문에, 중

국 온라인 마케팅을 진행할 때에도 각종 플랫폼의 심사 과정에서 가장 난이도가 높다.

- 신청 소요 기간: 3~6개월
- 허가증 유효기간: 3년
- 주관 기관: 중국공상행정관리국(http://www.samr.gov.cn)

프로그램 저작권

개발한 게임이나 앱을 중국의 바이두, 텐센트, 360, 샤오미 등 앱 스토어에 등록하기 위해선 반드시 사전에 프로그램 저작권软件著作权 등록을 해야 한다. 실제로 많은 한국 기업들이 중국 앱 스토어의 등록 관리를 소홀히 하여, 새로운 버전의 앱을 출시했을 때 기존 앱과 중복 노출되거나 하는 사례가 많다. 처음 앱 등록할 때부터 조금만 신경을 써서 관리해 두는 것이 좋다.

- 신청 소요 기간: 1~2개월
- 허가증 유효기간: 50년(법인 명의로 등록 시)
- 주관 기관: 중국저작권보호센터(http://www.ccopyright.com.cn/)

전자제품강제인증CCC

가정용 및 공업용을 포함한 모든 전자 제품으로 중국 시장에 진입하고자 할 때, 반드시 인증받아야 하는 게 전자제품강제인증CCC产品认证이다. 최근에는 중국 시장에서 뷰티/미용기기 시장이 빠르게 성장하고 있는데, 만약 당신이 전자제품 카테고리에 속해 있다면, 반드시 CCC 인증이 필요하다.

- 신청 소요 기간: 1~2개월
- 허가증 유효기간: 5년(법인 명의로 등록 시)
- 주관 기관: 중국품질인증센터(https://www.cqc.com.cn)

04 홈페이지 도메인/ICP

많은 한국 기업들의 중문 사이트를 보다 보면, 잘못된 도메인을 선택해서 바이두에 홈페이지를 등록할 수 없는 경우가 종종 발생한다. 이렇게 되면 제대로 검색 노출이 안되거나, 서버를 옮길 수 없어서 ICP 비안을 받지 못한다. 한중 양국 간의 검색엔진 노출 로직 및 인터넷 관리 규정상의 차이가 있으므로 중문 사이트의 도메인을 정할 때, 꼭 유의해야 할 몇 가지 사항들을 정리해보았다.

도메인 선택의 중요성

도메인 선택의 중요성을 한 가지 예시를 들어 설명하고자 한다.

만약 당신의 한국 사이트 주소가 "domain.com"이라면, 절대로 중문 사이트의 도메인 주소를 "domain.com/cn" 형식으로 설정하지 않도록 하자. 바이두 검색 엔진이 이를 인식할 때에는, "domain.com/cn"는 "domain.com"의 일부분이지, 독립적인 사이트가 아니어서 사이트 등록을 할 수 없다. 이로 인해 바이두에서의 검색 노출에 많은 어려움이 생기게 되고, 서버를 중국으로 옮겨 ICP 비안을 받는 것도 불가능하다.

따라서 당신이 갖고 있는 한국 사이트 주소와는 별개로, "domain.cn"과 같이 중문 온라인 환경에 맞는 별도의 도메인을 등록해서 사용하는 것이 좋고, 만약 원하는 도메인이 이미 등록되어 있을 경우에는 "cn.domain.com" 형식으로 2차 도메인을 사용하는 것이 검색 노출에 더 유리하다는 점을 기억하자.

ICP 비안은 필수인가?

ICP는 "Internet Content Provider"의 영어 약자이다. ICP 비안은 중국 정부에서 인터넷으로 서비스를 제공하는 모든 주체(개인, 기업, 공공기관 등)가 사전에 서버, 도메인, 운영자 정보 등을 미리 신고하게 하는 관리 규정이다(중국 홍콩, 마카오, 대만 지역 제외).

외국인 또는 외국기업은 ICP 비안을 신청할 수 없고, 비안 신청 기간에는 반드시 사이트의 서버를 중국으로 이전해야 하는 등 번거로움이 많다. 따라서 우선 ICP 등록의 필요성을 이해하고 각 기업의 현황에 맞는 ICP 전략을 취하면 좋을 것이다.

대부분의 브랜드와 제품 홍보용 중문 사이트는 별도의 ICP 비안 필요 없이, 중국에서도 접속 속도가 빠른 홍콩에 서버를 두고 운영해도 된다. 참고로 홍보용 중문 사이트라면, ICP 비안 유무는 바이두 검색 노출의 필수 조건이 아니기 때문에 ICP 이슈에 너무 신경쓰지 않아도 된다.

하지만, 중문 사이트에 쇼핑몰 기능이나 온라인 교육 등 중국 온라인 결제 시스템이 탑재되거나, 앱 서비스 등을 할 경우에는 반드시 ICP 비안을 받아야 한다. 특히 여성의류 사이트 같은 경우, 중국 진출 시 접속 속도 등의 원인으로 중국으로 서버를 옮기는 경우가 있다. 그러므로 앱 서비스나 쇼핑몰 기능이 포함된 중문 사이트를 론칭하고자 할 때에는 반드시 ICP 비안을 신청해야 함을 기억하자.

ICP 비안 신청 서류 및 프로세스는 신청하고자 하는 중국의 각 지역마다 약간의 차이가 있다. 알리바바 클라우드의 ICP 비안 센터 http://beian.aliyun.com에 접속하여 준비해야 할 신청 서류와 상세 프로세스를 확인한 뒤, 해당 지역에 맞는 내용을 참고하여 진행할 것을 권장한다.

중국 내 접속 속도 테스트

중문 사이트의 론칭 전에 반드시 중국 여러 지역에서 접속 속도 테스트를 진행하는 것이 좋다. 당신이 중국에서 바이두 검색 광고나 DA 광고를 집행하여 많은 트래픽을 유입 시키더라도, 접속 속도가 느려 이탈되는 경우를 막기 위해서라도 말이다. 중국은 면적이 워낙 넓기 때문에, 반드시 각 지역별로 접속 속도 테스트를 하는 것이 가장 바람직하다.

▲ 17CE 사이트 접속 속도 테스트 사이트 첫 페이지

웹사이트의 접속 속도를 테스트해 볼 수 있는 사이트 17CE를 사용하면 편리하다. 17CE의 활용법에 대해서도 간단하게 알아보자.

우선 17CE 사이트 https://www.17ce.com 에 접속한다. 회원 가입을 할 필요 없이 검색창에 직접 속도 테스트를 원하는 사이트 주소를 입력하여 오른쪽의 [테스트 检测一下]를 클릭한다.

다음 장의 두 그림은 각각 바이두와 어느 한국 화장품 사이트의 접속 속도 테스트 결과 화면이다. 그림에서 알 수 있는 바와 같이, 중국의 지역별로 다른 색의 결괏값이 나와 있는데, 색의 진하기는 접속 속도를 나타낸다. 빨간색이 짙을수록 접속 속도가 빠르다는 뜻이다.

따라서, 중문 사이트에 트래픽 유입을 위해 검색 광고 또는 DA 광고 등을 집행하기에 앞서, 당신의 중문 사이트 접속 속도가 중국 전역에서 어떠한지를 먼

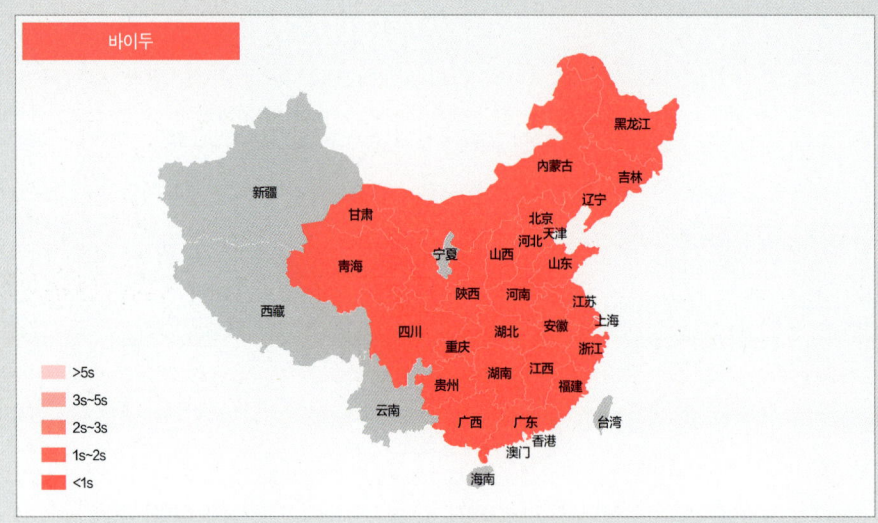

▲ 바이두의 접속 속도 테스트 결과 화면

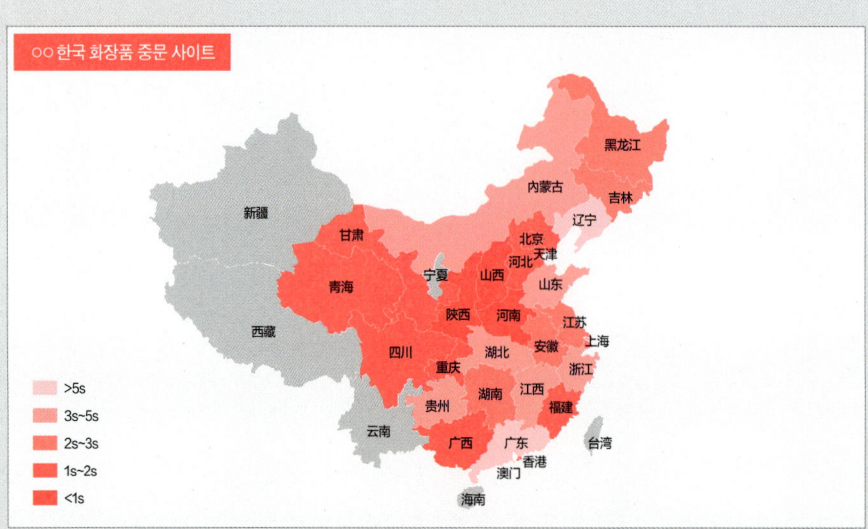

▲ ○○한국 화장품 중문 사이트의 접속 속도 테스트 결과 화면

저 점검해 보자. 최소한 당신의 마케팅 비용에서 불필요하게 새나가는 부분은 막아줄 수 있을 것이다.